U0177667

"十四五"时期国家重点出版物出版专项规划项目
食品药品安全监管研究丛书
总主编　于杨曜

食品安全监督管理概览

Overview of Food Safety Supervision and Management

彭少杰　顾振华　著

华东理工大学出版社
EAST CHINA UNIVERSITY OF SCIENCE AND TECHNOLOGY PRESS
·上海·

图书在版编目（CIP）数据

食品安全监督管理概览／彭少杰，顾振华著. —上海：华东理工大学出版社，2023.11
ISBN 978 - 7 - 5628 - 7023 - 4

Ⅰ.①食…　Ⅱ.①彭…②顾…　Ⅲ.①食品安全—安全管理—研究　Ⅳ.①TS201.6

中国国家版本馆 CIP 数据核字（2023）第 196643 号

内 容 提 要

食品安全事关人民群众的身体健康与生命安全，事关国民经济健康发展与社会和谐稳定。

本书共十五章，涵盖了食品安全基础知识、法律法规、标准、行政许可、行政检查、行政处罚、抽检监测、投诉举报、事故应急处置、风险交流、智慧监管等多方面，还介绍了食品标签及广告、特定环节食品安全监管、重大活动食品安全监督保障等内容，对近年来上海市食品安全监管工作进行了总结，也对当前国际上先进食品安全监管理念进行了梳理。

本书可作为各级食品安全监管人员的培训教材，也可供食品生产经营从业人员培训时参考。

项目统筹 / 马夫娇　韩　婷
责任编辑 / 陈婉毓
责任校对 / 金美玉
装帧设计 / 靳天宇
出版发行 / 华东理工大学出版社有限公司
　　　　　　地址：上海市梅陇路 130 号,200237
　　　　　　电话：021 - 64250306
　　　　　　网址：www.ecustpress.cn
　　　　　　邮箱：zongbianban@ecustpress.cn
印　　　刷 / 上海中华商务联合印刷有限公司
开　　　本 / 710 mm×1 000 mm　1/16
印　　　张 / 21.25
字　　　数 / 368 千字
版　　　次 / 2023 年 11 月第 1 版
印　　　次 / 2023 年 11 月第 1 次
定　　　价 / 158.00 元

食品安全监督管理概览
编委会

主　　编：彭少杰　顾振华

编　　者：（按姓氏笔画排序）

　　　　　宋庆训　陈向荣　陈蓉芳　赖树生

编写秘书：王晨诚

彭少杰　上海市市场监督管理局信息应用研究中心

顾振华　上海市食品安全工作联合会

宋庆训　上海市市场监督管理局特殊食品安全监督管理处

陈向荣　上海市市场监督管理局食品生产安全监督管理处

陈蓉芳　上海市市场监督管理局执法总队

赖树生　上海市长宁区市场监督管理局

王晨诚　上海市市场监督管理局信息应用研究中心

前　言

foreword

食品安全事关人民群众的身体健康与生命安全，事关国民经济健康发展与社会和谐稳定。习近平总书记强调，要用最严谨的标准、最严格的监管、最严厉的处罚、最严肃的问责，加快建立科学完善的食品安全治理体系。食品安全既是"产"出来的，也是"管"出来的。因此，如何提高食品安全监管能力，提升食品安全执法水平，如何真正贯彻"四个最严"要求，着力解决群众反映的食品安全问题，如何创新机制和方法，推进食品安全治理体系和治理能力的现代化，一直是食品安全监管部门的努力方向。

近年来，我国食品安全监管体制历经多次改革，目前已经形成基于市场综合监管背景下的食品安全监管体制。上海市也在"大市场、大质量、大监管"的背景下，积极探索新形势下食品安全监管新机制、新模式和新手段，不断完善食品安全监管模式，推广先进技术支撑体系，加强监管队伍建设和能力建设，这对规范上海市食品市场秩序，促进产业发展，保障市民食品安全，提升城市食品安全监管能力，发挥了积极作用。

本书对近年来上海市食品安全监管工作进行了回顾和总结，也对当前国际上先进食品安全监管理念进行了梳理和吸收。本书力求将食品安全法律知识、专业知识、实践经验和操作技能融会贯通，让监管人员能容易地掌握食品安全监管工作的基本要求、基本方法、基本程序，既知晓食品安全"怎样做"，也知晓其背后的"为什么"，从而使科学的监管理念内化于心、外化于行，促使食品安全监管工作规范化、制度化和科学化。为了帮助读者理解食品安全监管的理论知识和法律法规要求，本书收集、整理了食品安全监管部门在具体监管实践中形成的一些典型案例。

本书专设一章来论述智慧监管，这是本书的一大特色和创新。当前，我国食品安全监管仍然面临着监管人员数量不足、专业知识匮乏、监管任务繁重的局面，采用传统的监管模式难以全方位保障食品安全，智慧监管是解决这一困局的有效方式。智慧监管是指利用新一代信息技术，通过数字化、物联化、感知化、智能化等新手段，使用云计算、大数据、人工智能、区块链、移动互联等新技术，收集、整合、分析监管业务相关信息，让监管链条中的各项功能协同运作，让监管资源的分配更加合理，让监管工作对需求做出智能响应，以集成共享、开放协同的方式使监管具备敏捷、高效、实时、自动化等一系列智慧化特征，从而创造更好而非更少的监管。

本书针对当前社会广泛关注的特殊环节的食品安全监管，特别是新冠肺炎疫情①发生后给食品安全带来的新挑战，对校园食品安全、网络食品安全、农村食品安全等也做了专门阐述，力求结合当前国内外最新的研究成果及标准规范，赋予特殊环节食品安全监管新的动能。本书也将快速检测纳入相关章节，目的是帮助食品安全监管人员掌握如何在当前的食品大生产、大流通、大消费的形势下，通过快速、便捷、灵敏的方法及时发现和处置食品安全隐患，提高食品安全监管效率。

近年来，食品安全监管的理论和实践发展较快，作者在编写的过程中参考和引用了大量的国内外文献，因篇幅所限只能列出主要参考文献，在此向所有被引用文献的作者致以敬意。本书的编撰力求系统性、完整性、操作性和先进性，可作为各级食品安全监管人员的培训教材，也可供食品生产经营从业人员培训时参考。但由于编者学识有限，加上时间仓促，书中难免存在疏漏之处，恳请广大读者批评指正。

编者

2023 年 9 月

① 2022 年 12 月 26 日，国家卫生健康委员会发布公告，将新型冠状病毒肺炎（简称新冠肺炎）更名为新型冠状病毒感染；同时，自 2023 年 1 月 8 日起，新型冠状病毒感染不再纳入《中华人民共和国国境卫生检疫法》规定的检疫传染病管理。由于作者在编写本书时仍处于疫情防控阶段，因而本书中仍称之为"新冠肺炎疫情"。出于对作者在构建本书框架时联系当下的想法与组建本书内容时搜索资料的辛苦付出的尊重，同时考虑到书稿内容的连贯性和全面性，编辑决定沿用"新冠肺炎疫情"这一说法，并保留相关的阐述，特此说明。

目 录

contents

第一章 绪 论

第一节 食品安全监管概述

一、引言

国以民为本，民以食为天，食以安为先。习近平总书记强调，"食品安全是民生，民生与安全联系在一起就是最大的政治。""能不能在食品安全上给老百姓一个满意的交代，是对我们执政能力的重大考验。"食品安全已成为重大基本民生问题、重大经济问题和重大政治问题。加强食品安全监管，有利于促进食品产业的健康发展，有利于维护公平竞争的市场秩序，有利于保障广大人民群众的正当合法利益。食品安全监管的缺位和失范将直接导致食品安全问题泛滥，市场秩序混乱，局部问题演变为全局性问题，甚至酿成重大的公共危机，也将直接影响政府的权威性和公信力。

食品产业是国民经济支柱行业之一，也是社会治理创新和公共安全体系的重要内容，食品安全监管是现代政府的基本职责。随着经济社会的发展和群众消费水平的提高，我国食品产业由小变大，在有效解决温饱问题的基础上不断满足人民群众对食品安全、营养、健康的更高需求。当前，我国食品安全面临着多重复杂因素的影响，食品安全在生态环境、产业基础、业态发展、监管能力等方面都必须直面新的挑战。目前，我国已跨入国民经济和社会发展第十四个五年规划（简称"十四五"规划）的实施进程，在统筹新冠肺炎疫情防控和社会经济发展的大背景下，全国各地区各部门认真贯彻落实党的十九大报告关于"实施食品安全战略，让人民吃得放心"的战略部署和习近平总书记关于食品安全"四个最严"工作要求，切实增强责任感、使命感、紧迫感，为提升食品安全保障水平，在食品安全法律法规、监管体制、政策规划、人才队伍、科技保障等方面做了诸多努力。

在新形势下，我国正在加快构建严密高效、社会共治的食品安全治理体系，将食品安全上升到公共安全和国家战略的政治高度。2019 年 5 月 20 日，《中共中央 国务院关于深化改革加强食品安全工作的意见》（以下简称《意见》）公开发布，这是第一个以中共中央、国务院名义出台的食品安全工作纲领性文件，具有里程碑式重要意义。《意见》明确了当前和今后一个时期做好食品安全工作的指导思想、基本原则和总体目标，提出了一系列重要政策措施，为各地区各部门贯彻落实食品安全战略提供了目标指向和基本遵循。《意见》提出，要建立食品安全现代化治理体系，提高从农田到餐桌全过程的监管能力，提升食品全链条质量安全保障水平，切实增强广大人民群众的获得感、幸福感、安全感。

二、食品安全监管概念

食品安全监管是指国家职能部门为保证食品安全，保障公众身体健康和生命安全，根据法律法规的规定，对食品生产经营活动和食品生产经营者实施行政监管，监督检查食品生产经营者执行食品安全法律法规的情况，并对其违法行为追究行政法律责任的过程。食品安全监管具有强制性、规范性、权威性、技术性和普遍约束性的特点，是政府履行职责、保障食品安全的重要方式。联合国粮食及农业组织（Food and Agriculture Organization of the United Nations，FAO）和世界卫生组织（World Health Organization，WHO）在《保证食品安全与质量：强化国家食品控制体系指南》中将食品安全控制定义如下：为强化国家或地方当局对消费者利益的保护，确保所有食品在生产、加工、储藏、运输及销售过程中是安全的、健康的、宜于人类消费的一种强制性的约束行为，同时确保食品符合安全及质量的要求，以及依照法规的规定诚实、准确地予以信息标注。食品安全控制的首要任务是强化食品立法，以确保食品消费安全，使消费者远离不安全、不卫生和假冒食品。

三、食品安全监管基本原则

2015 年修订通过的《中华人民共和国食品安全法》，确立了"预防为主、风险管理、全程控制、社会共治"的食品安全监管基本原则。通过落实这四项基本原则，建立科学、严格的食品安全监管制度。

"预防为主"是指在食品生产、加工、运输、贮存、销售过程中，采取有效的措施把食品中可能存在的危害因素控制和消除在对人体产生健康危害之前，即防患于未然，将食品安全事件消灭在萌芽状态。

"风险管理"是指运用风险分析的基本原理，科学地开展风险监测和风险评估，根据食品安全风险监测和评估结果，确定监管的重点、方式和频次，实施分类分级的风险管理，科学、合理地采取风险管控措施和技术手段，降低或防范食品安全风险，确保食品安全风险处于社会可接受水平，以最小的成本获得对公众最大的食品安全保障。

"全程控制"包含两层含义。一是从农田到餐桌的全过程控制，既包括了食用农产品的种植养殖、采摘捕捞、收获屠宰，以及食品的生产、加工、包装、运输、贮存、销售和餐饮消费等全链监管，还包括了食品的原料、成品、添加剂、包装材料、洗涤剂、消毒剂、设施设备、工用具等，以及生产经营场所和环境的全面监管。《中华人民共和国食品安全法》明确提出国家要建立食品安全全程追溯制度，食品生产经营者要建立食品安全追溯体系，实现食品安全信息全过程可追溯。二是企业在食品生产经营过程中应实施严格的全程控制，如实施良好生产规范（Good Manufacturing Practice，GMP）、危害分析与关键控制点（Hazard Analysis and Critical Control Point，HACCP）等全程控制体系。

"社会共治"是指调动社会各方力量，包括政府监管部门、相关职能部门、食品生产经营者、行业协会、消费者组织、新闻媒体、社会第三方组织及每个社会成员，形成共同关心、支持、参与食品安全社会共治的良好格局。社会各方责任包括政府的食品安全监管责任、食品生产经营者的主体责任、行业协会的自律管理责任、消费者组织维护消费者权益的责任、消费者的自我保护和约束责任、新闻媒体的社会监督责任等。通过充分的信息交流与沟通，形成食品安全社会共建、共管、共治、共享的格局。社会共治是创新社会管理的新举措，是促进政府职能转变、实现公共利益最大化的重要途径。近年来，食品安全有奖举报、新闻媒体舆论监督、行业协会诚信自律、食品安全责任保险等已经成为食品安全社会共治的重要形式，成为解决食品安全监管力量相对不足等突出问题的重要举措。

四、食品安全监管主要内容

食品安全监管内容主要包括食品安全监管部门依据法律法规，对食品生产经营者实施的行政许可、行政检查、监督抽检、事故调查处理、行政处罚等事项。

行政许可，指食品安全监管部门依法对食品生产经营者核发许可资质，以及对新食品原料、食品添加剂新品种、食品相关产品新品种、特殊食品等上市前的审批和注册的活动。

行政检查，指食品安全监管部门依法对食品生产经营者在生产经营过程中是否遵守食品安全法律法规、规章、标准和技术规范的情况进行检查的活动。

监督抽检，指食品安全监管部门依法对食品生产经营者采购、生产、加工、运输、贮存、使用的食品原料和产品、食品添加剂、食品相关产品以及生产经营场所和环境等进行抽样，并按照相关规律法规和标准进行检验检测和合格判定的活动。

事故调查处理，指食品安全监管部门依法对食源性疾病、食品污染等源于食品，对人体健康有危害或者可能有危害的食品安全事故产生的原因、性质、影响范围及责任主体进行调查，并采取控制措施来降低和消除食品安全危害等的活动。

行政处罚，指食品安全监管部门对违反食品安全法律法规、规章、标准等的行为依法追究其行政法律责任的活动，包括警告，没收违法所得，没收违法生产经营的食品和用于违法生产经营的工具、设备、原料等物品，罚款，责令停产停业，吊销许可证等。

食品安全监管部门在实施食品安全监管时具有以下职权：（1）进入生产经营场所实施现场检查；（2）对生产经营的食品、食品添加剂、食品相关产品进行抽样检验；（3）查阅、复制有关合同、票据、账簿及其他有关资料；（4）查封、扣押有证据证明不符合食品安全标准或者有证据证明存在安全隐患及用于违法生产经营的食品、食品添加剂、食品相关产品；（5）查封违法从事生产经营活动的场所等。

第二节　食品安全监管形势与挑战

一、食品安全监管面临的形势

（一）食品产业基础比较薄弱

目前，我国食品生产经营主体有 1 500 多万家，呈现点多面广、产业基础总体薄弱、质量不高、生产经营链条长且相对松散的特点，食品产业"多、小、散、乱、差"的总体状况还将在一定范围内长期存在。消费者认知水平有限，不法商人唯利是图，假冒伪劣产品案件时有发生，人民群众日益增长的食品安全需求和食品安全保障能力相对不足的矛盾仍然很突出。

例如，2003 年，安徽省阜阳市发生了由劣质婴幼儿乳粉导致的"大头娃娃"事件。事件起源于不法分子先用淀粉、蔗糖等价格低廉的食品原料全部或部分替代乳粉，再用奶味香精等添加剂进行调香调味，制造出劣质婴幼儿乳粉，其中婴幼儿生长发育所必需的蛋白质、脂肪、维生素、矿物质等营养物质的含量远低于国家食品安全标准。在该事件曝光前，大量劣质婴幼儿乳粉充斥阜阳市多个区、县的近郊和农村，许多婴幼儿因食用劣质乳粉而罹患重度营养不良综合征，体重严重下降，头骨畸形，酷似"大头娃娃"。

（二）食品安全问题较为隐蔽

近年来，食品新原料、新配方、新业态等不断出现，食品生产经营和购买消费模式日益多样化、个性化、国际化、网络化，食品安全信息不对称问题愈加凸显，食品安全问题和风险更加隐蔽，发现和控制风险的难度不断加大，即使是发达国家也存在食品污染和掺杂掺假现象，这已经成为全球食品安全治理的重点关注方向。

例如，2005 年 2 月，英国食品标准局在官方网站上公布了一份通告：亨氏、联合利华等 30 家企业的产品中可能含有致癌性的工业染色剂"苏丹红一号"。随后，一场声势浩大的查禁"苏丹红一号"的行动席卷全球。十多天之后，我国也在 18 个省、市 30 家企业的 88 个样品中检测出"苏丹红一号"。2006 年 11 月，中央电视台《每周质量报告》栏目曝光，一些所谓的"红心蛋"并非像商家宣传的那样——是因为鸭子经常吃小鱼、小虾后产出来的营养蛋，而是用比"苏丹红一号"毒性更大的"苏丹红四号"间接染出来的，人们又走入"苏丹红四号"的阴影。

（三）企业主体责任落实不到位

生产企业是食品安全的第一责任人。但是，一些食品企业的主体法制观念弱化、责任意识淡薄、诚信自律缺失、管理制度不严、保障投入不足，或者擅自改变生产工艺和配方，为追求额外利润而非法添加、掺杂掺假等违法犯罪行为还时有发生。

例如，2008 年，我国爆发了从奶粉中检测出三聚氰胺的食品安全事件，涉事企业不乏我国知名乳品企业,反映出生产企业的食品安全意识淡薄,对食品原料把关不严。不法分子通过往奶粉中添加三聚氰胺,虚高蛋白质含量,使奶粉中蛋白质含量达到国家标准。由于婴幼儿的食物来源单一,相比于成年人,其饮水量小且肾小管还未发育完善,三聚氰胺容易在其体内形成结石,对身体健康乃至生命安全造成损害。据原卫生部统计,此次重大食品安全事故共导致 29 万余名婴幼儿出现泌尿系统异常,其中 6 人死亡。

二、食品安全监管存在的问题

(一)法规制度和技术规范尚不完善

食品产业飞速发展,新型业态不断涌现,原有食品安全问题尚未得到彻底解决,新的问题又不断出现,亟待从法律制度和技术规范层面给予解决。

(二)监管协作尚不能满足大流通要求

食品流通日益呈现国际化、网络化的大流通格局,大流通需要大监管,但当前各区域、多部门信息共享还不充分,协作机制还不完善,需要进一步加强在监管标准、执法行动、信息追溯等方面的有效对接与联动。

(三)监管人员专业化水平亟待提高

食品安全监管不同于一般的市场监管,具有很强的专业性,需要一支专业化、高素质的监管队伍。本轮市场监管体制综合改革后,食品安全监管已经被纳入市场监管重要的职责之一,但监管人员的食品安全专业化水平还不高,特别是基层监管人员的知识和技能匮乏更为普遍。

(四)监管科技手段和智能化应用滞后

面对产业技术创新、模式创新、管理创新,以及不法分子手段多样化、违法隐蔽化,当前监管的技术、装备、手段显得相对滞后。特别是在信息化建设、数字化转型方面,食品安全信息左右不能共享、上下不能贯通,信息"孤岛"问题仍未得到彻底解决,进行大数据分析与利用的难度仍然很大。

(五)风险管理理念尚未得到深化

近年来,尽管食品安全监管工作中不断引入风险管理手段,但推进风险管理的机制和方式方法的转变还不够深入，监管方式单一粗放，资源配置较为分散，靶向性监管不足，事后监管仍较普遍。

三、食品安全监管的发展趋势

（一）风险管理和全程控制成为核心理念

风险管理和全程控制是全球公认的食品安全监管基本原则。围绕风险管理和全程控制的食品安全法规制度将更加完善，专业人员的能力将逐步提高。特别是随着食品工业的发展，食品生产加工过程将更加现代化。因此，未来食品安全执法检查将更加注重企业食品安全控制体系运行的有效性，如企业良好农业规范（Good Agricultural Practice，GAP）体系、GMP 体系、HACCP 体系、食品安全管理体系（Food Safety Management System，FSMS）（ISO 22000）等是否正常运行，生产经营过程中出现问题时能否及时采取纠偏措施等。

（二）从单纯行政监管向社会共治格局转变

食品安全治理属于社会管理范畴，食品安全风险的多样性、影响因素的复杂性决定了食品安全管理的内涵不仅仅是单纯的监管执法，更需要培育和鼓励社会主体参与，促进管理主体多元化以增强社会共治能力。当前，我国食品生产经营者主体数量巨大，"小""散""乱"的现象仍较普遍，假冒伪劣、以次充好、滥用食品添加剂、故意使用非食用物质等行为时有发生，常规的执法检查难以及时发现，需要通过社会共治的方式解决各类食品安全问题。

（三）"制度加科技"的监管模式是发展趋势

当前，食品行业进入"互联网+"发展阶段，传统食品安全监管方式已不能适应新的经济形势。食品安全监管将从传统监管模式向信息化、智能化监管模式转变，即依托大数据、云计算、物联网、人工智能、区块链等技术在食品安全监管领域的应用，推进食品安全行政许可、日常监管、稽查执法、信用评定、广告监测等的数字化转型，不断提升"机器换人""机器助人"的智能化监管水平。

（四）发挥法律和信用双重制约机制作用

安全的食品首先是企业生产出来的，企业的自觉要建立在有效法律和信用约束上。随着市场经济发展和信用体系建设的完备，违法成本和守法受益将会同步提高。对违法者加大行政处罚和惩罚性民事赔偿的同时，应加强监管信息公开，发挥社会舆论和消费者监督作用，使违法者受到监管和市场的双重惩戒。

（五）防控微生物导致的食源性疾病仍是重点

从全球来看，食物中毒是世界范围内的重大公共卫生问题，也是导致全球人类发病和死亡的重要原因之一。其中，食品微生物污染是导致食物中毒的重要原因，是食品安全的头号问题。在中国每年发生的各类食物中毒事件中，由微生物导致的食物中毒事件占一半以上。当然，农药兽药残留、重金属等化学性污染，滥用食品添加剂，非法添加，欺诈行为等问题也不容忽视。

第三节　食品安全监管体制

一、食品安全监管体制沿革

食品安全监管体制是关于食品安全监管机构设置、隶属关系、权责划分的组织形式及其相关制度的总称。从食品安全社会共治角度来说，广义上的食品安全监管涉及食品生产经营者、政府监管部门、食品行业协会、社会组织、新闻媒体，甚至是消费者个人；从狭义上看，食品安全监管组织通常是指食品安全监管部门，即具有行政执法职责的行政机构或法律授权的食品安全执法机构。

（一）食品卫生法时期

1982 年 11 月 19 日，第五届全国人民代表大会常务委员会第二十五次会议通过了《中华人民共和国食品卫生法（试行）》，我国食品卫生监管开始步入法治轨道。国家实行食品卫生监督制度，改变了我国食品生产经营由以"主管部门为主、卫生部门为辅"监管的格局，明确了各级卫生行政部门领导食品卫生工作、履行食品卫生监管执法职责。

1995 年 10 月 30 日，第八届全国人民代表大会常务委员会第十六次会议通过了《中华人民共和国食品卫生法》。与社会主义市场经济体制相适应，传统行政干预手段基本退出历史舞台，卫生行政部门继续强化立法、技术标准、行政执法等工作，同时质量认证、风险监测、科普宣传等新型监管工具也初现端倪。这一时期食品安全问题已由食品卫生问题发展到食品供应链质量安全问题，食品安全事件也频频发生，如安徽阜阳发生了由劣质婴幼儿乳粉导致的"大头娃娃"事件，使得"食品质量安全"概念开始受到重视。

2004 年 9 月 1 日，国务院发布了《国务院关于进一步加强食品安全工作的决定》（国发〔2004〕23 号）。针对种植养殖、生产加工、市场流通、餐饮消费等方面存在的突出问题，以及食品安全监管体制、法规标准等方面存在的缺陷，国务院决定实施政府领导下的分段管理，理顺食品安全监管职能，进一步加强食品安全监管的职业化和专业化。但随后以"三鹿奶粉"事件为代表的食品安全事件暴露出分段监管体制的弊病。

（二）食品安全法时期

2009 年 2 月 28 日，第十一届全国人民代表大会常务委员会第七次会议通过了《中华人民共和国食品安全法》，"食品安全"概念首次被赋予法律内涵并取代"食品卫生"概念。该法进一步明确了"分工负责、统一协调"的分环节监管体制，确立了卫生部、农业部、质监局、食药监、工商局五部门按环节行使监管权限的多部门分段监管体制。

2015 年 4 月 24 日，《中华人民共和国食品安全法》经第十二届全国人民代表大会常务委员会第十四次会议修订通过，其亮点是创新了信息公开、风险交流、行刑衔接、惩罚性赔偿等监管手段，明确了社会共治机制，为科学划分监管事权等未来监管体制的进一步改革埋下了伏笔。

（三）现代化治理时期

党的十八大以来，我国社会经济发展进入新时代，新型食品生产经营主体不断涌现，食品安全新兴技术创新驱动产业发展。2015 年，习近平总书记提出要用最严谨的标准、最严格的监管、最严厉的处罚、最严肃的问责这"四个最严"来保障食品安全。新时代对食品安全治理提出了新论断，即食品安全既是"产"出来的，也是"管"出来的。对于食品安全问题，既要治标，更要治本。

一是"产"的因素。我国食品工业已成为国内第一大产业和国民经济支柱产业，但其产业基础仍旧薄弱，产业结构呈现"多、小、散、低"的特点，产业集约化程度不高，部分生产经营者的诚信意识和守法意识淡薄。此外，我国现有两亿多农民从事种植养殖行业，粗放的农业生产模式导致的化学污染已成为当前食用农产品的突出问题。二是"管"的因素。我国食品安全监管人员编制长期为 10 余万人，而各类有证的食品生产经营主体已有 1 500 多万家，监管人员数量相对不足，需要不断优化监管资源、创新监管模式、提高监管效率。三是"本"的因素，即环境给食品安全带来的本底风险。快速工业化发展带来的源头环境污染仍会在今后较长一段时间内影响食品安全。

（四）大市场监管改革

2018 年 3 月 17 日，第十三届全国人民代表大会第一次会议批准了《国务院机构改革方案》。该方案提出，将原食品药品监管部门、质量技术监管部门、工商行政管理部门、发展改革委职能中的物价执法全部整合到新成立的市场监管部门，将原出入境检验检疫部门整合到海关，由此形成在国务院食品安全委员会协调下的农业农村部门负责食用农产品种植养殖、市场监管部门负责食品生产经营、海关负责食品进出口的大分段监管模式。大市场监管模式更加注重食品安全监管的协调性和综合性，但如何保障食品安全监管的专业性，这成为新时期需要解决的重要问题。

（五）监管部门职责分工

国务院食品安全委员会及其办公室。国务院食品安全委员会的主要职责是分析食品安全形势，研究部署、统筹指导食品安全工作；提出食品安全监管的重大政策措施；督促落实食品安全监管责任。国务院食品安全委员会办公室挂靠国家市场监督管理总局，承办国务院食品安全委员会交办的综合协调任务，具体包括：组织制定食品安全重大政策并组织实施；负责食品安全应急体系建设；承担国务院食品安全委员会日常工作。

国家市场监督管理总局。负责：建立覆盖食品生产、流通、消费全过程的监督检查制度和隐患排查治理机制并组织实施，防范区域性、系统性食品安全风险；推动建立食品生产经营者落实主体责任的机制，健全食品安全追溯体系；组织开展食品安全监督抽检、风险监测、核查处置、风险预警和风险交流工作；组织实施特殊食品注册、备案和监管。

农业农村部。负责食用农产品从种植养殖环节到进入批发、零售市场或生产加工前的质量安全监管，以及畜牧屠宰和生鲜乳收购环节的质量安全监管等。

国家卫生健康委员会。负责组织开展食品安全风险监测和风险评估，会同食品安全监管部门制定并公布食品安全国家标准，以及对新食品原料、食品添加剂新品种和食品相关产品新品种的审批等。

海关总署。负责食品、食品添加剂和食品相关产品进出口的监管。

公安部。负责食品安全犯罪侦办工作。

以上是国家层面的食品安全监管机构。按照法律规定，县级以上地方人民政府根据食品安全监管机构改革和职能调整要求，建立相关食品安全监管部门，履行食品安全监管工作。

二、食品安全监管主要机制

（一）综合协调机制

各级食品安全委员会及其办公室根据职责，建立多层次、多部门、多领域的食品安全综合协调机制，加强部门间、区域间信息通报和交流，建立健全风险会商、联合执法、行刑衔接、事故处置等协调联动机制，凝聚齐抓共管合力。

（二）全程监管机制

农业农村部门与市场监管部门就加强食用农产品安全监管，建立产地准出和市场准入衔接机制。国家建立食品安全信息全程追溯制度，食品生产经营者依法建立食品安全追溯体系，保证食品来源可查、去向可追、风险可控、责任可究，实现食品"从农田到餐桌"的全程监管机制。

（三）分类监管机制

食品安全监管部门开展食品安全风险分级管理，根据风险等级确定监管频次。探索建立统一的食品信用分级分类标准，构建守信激励、失信惩戒机制和联合惩戒机制。推进食品生产经营企业信用体系建设，合理配置监管资源。

（四）应急管理机制

各级政府和食品安全监管部门制定食品安全事故应急管理预案，完善事故预防机制，及时处置各种食品安全事故。健全食品安全信息发布机制，通过各种渠道发布信息，回应社会关切，引导安全消费。

（五）主体责任机制

食品生产经营者是食品安全第一责任人，承担主体责任和社会责任，接受社会监督。企业要建立食品质量安全管理机构，配备食品质量安全管理人员，建立健全的原料采购、生产、加工、运输、贮存等各环节食品安全管理制度。

（六）社会共治机制

食品行业协会通过制定行规行约、自律规范和职业道德准则，促进规范生产经营活动，交流食品安全风险信息，加强行业自律。新闻媒体加强食品安全知识宣传教育，开展舆论监督，增强广大消费者食品安全意识和自我保护能力。设置全国统一的"12315"投诉举报热线电话，建立举报奖励制度，推进群众参与食品安全社会监督的积极性。

第二章 食品安全基础知识

第一节 食品安全危害与风险

一、基本概念

（一）食品及食品安全

食品是指各种供人食用或者饮用的成品和原料以及按照传统既是食品又是中药材的物品，但是不包括以治疗为目的的物品。食品对人体的作用主要体现在营养价值和感官价值。营养价值是食品的基础价值，为人体提供所需的各种营养素和能量，满足人体机能和代谢所需的物质来源。部分食品对特殊人群还具有一定的生理调节功能，或满足特定人群的特殊生理需求而被称为特殊食品，包括保健食品、特殊医学用途配方食品、婴幼儿配方食品等。

食品也包括食用农产品——供食用的源于农业的初级产品，即从种植、养殖、采摘、捕捞等传统农业活动和设施农业、生物工程等现代农业活动中直接获得的，以及经过分拣、去皮、剥壳、粉碎、清洗、切割、冷冻、打蜡、分级、包装等加工的，未改变其基本自然性状和化学性质的产品。食用农产品是各类食品原料的主要来源。

世界卫生组织（WHO）对食品安全的定义包含质量安全与数量安全两个方面。食品的质量安全是指食物中有毒、有害物质对人体健康影响的公共卫生问题，涉及两个方面的安全：一是食品中存在有毒、有害物质，且会对人体健康造成危害；二是这些危害可以不拘于个体，有可能产生群体性危害，即公共卫生问题。食品的数量安全是指食品供给数量不足或者供应的营养素结构不平衡，对人体健康造成的危害。当前，全球还有很多国家没有解决温饱问题，食品的数量安全仍是一个突出问题。

《中华人民共和国食品安全法》规定，食品安全是指食品无毒、无害，符合应当有的营养要求，对人体健康不造成任何急性、亚急性或者慢性危害。因此，食品安全主要包含三个要素。一是食品无毒、无害，正常人在正常食用情况下摄入可食状态的食品，不会对人体造成危害。一般而言，食品只要符合相应的食品安全标准，就不会对人体产生健康危害。二是符合应当有的营养要求，既包括人体代谢所需要的蛋白质、脂肪、碳水化合物、维生素、矿物质等营养素，还包括该食品在被人体消化吸收后，维持正常生理功能应发挥的作用。三是对人体健康不造成任何急性、亚急性或者慢性危害。本书讨论的主要是食品的质量安全。

（二）食品安全危害与风险

国际食品法典委员会（Codex Alimentarius Commission，CAC）对食品安全危害的定义：食品中存在或因条件改变而产生的对健康有不良作用的生物、化学或物理等因素。由于种植养殖、生产加工、贮存运输、餐饮服务等环节的复杂性和多样性，从农田到餐桌的任何一个环节都可能存在危害因素。这些危害因素通过食品进入人体后，就可能引起食源性疾病，包括食物中毒。无论是在发达国家还是在发展中国家，食源性疾病一直是一个现实且棘手的问题，它不仅造成大量人群患病，而且带来巨大的经济损失。据悉，发达国家每年至少有1/3的人可能受到食源性疾病侵袭，这个问题在发展中国家更为普遍，估计每年有数百万人因食源性或水源性腹泻而死亡，其中大部分是儿童。

从危害的形成原因来看，其可分为天然性危害和人为性危害。天然性危害包括食品本身具有和外界污染两种。前者是指作为食品原料的动植物在生长过程中蓄积的对人体健康造成危害的物质，如河鲀毒素，它是自然界中所发现的毒性极大的神经毒素之一，天然存在于河鲀体内，特别是处于生殖季节的野生河鲀，其毒素含量尤其高；后者如重金属，自然环境中存在的各类重金属可以通过生物链迁移，富集到动植物中。人为性危害包括加工产生和人为添加两种。前者如高温加热淀粉类食品时产生潜在致癌物丙烯酰胺、高温精炼油脂过程中产生氯丙醇酯等；后者如食品生产过程中超范围或超限量使用食品添加剂、保健食品中违规添加西布曲明等非食用物质等。另外，从业人员不规范操作也可产生食品安全危害，如食品贮存温度不当引起的腐败变质、生熟存放不分导致致病菌交叉污染等。

从危害的性质来看，其可分为生物性危害、化学性危害和物理性危害。其中，生物性危害包括细菌、真菌、病毒、寄生虫等，其污染食品后可在适当的条件下生长繁殖或产生毒素，容易造成人体急性食物中毒。化学性危害包括重金属、农药、兽药等，可从食物链上游到下游不断富集，其污染食品后具有相对稳定性，长期过量摄入会对人体产生慢性危害。物理性危害主要为进入食物内的异物或杂质，包括土块、杂草、石子、木屑等。另外，放射性核素一般也被视为物理性危害，当人体通过被污染食品吸收过量放射性核素时，可产生急性或慢性危害，以及致畸、致癌、致突变效应。

食品安全风险与食品安全危害的概念不同。国际食品法典委员会对食品安全风险的定义：食品中危害因素对健康产生不良作用的概率和严重程度。食品安全风险和食品安全危害既相互联系，又相互区别，食品安全风险综合考虑了食品安全危害发生的可能性和严重程度。严格地说，如果食品中没有危害因素，或者存在的危害因素没有在人体暴露的机会，就不会产生对人体健康造成影响的食品安全问题。例如，生牛排中的沙门氏菌对于某些人来说不属于食品安全风险，因为这些人从来不吃生牛排。再如，虽然生鸡蛋中可能含有沙门氏菌，但若把鸡蛋彻底煮熟后才食用，通过烹煮过程把危害因素降低或消除，则因感染沙门氏菌而导致食物中毒的风险便会微乎其微。相反，若生吃鸡蛋，则把活体沙门氏菌吃进体内的健康风险就会较高。近年来出现的一些突发食品安全事件，如掺杂掺假、以假充真、以次充好、以不合格冒充合格等，经媒体报道后常常引发舆情风险，这种社会风险有别于传统意义上的食品安全风险，多由于食品生产经营者法律意识淡薄、诚信缺失和道德沦丧，为了追求额外利润而故意违法犯罪。

（三）食品安全风险分析

科学了解食源性疾病危害及其给消费者造成的风险，同时具备采取正确干预措施的能力，可以显著提高食品安全保障水平。然而，食品安全危害与人体疾病之间的关联有时难以确定，而且更加难以量化，即使确定了两者之间的关联，所采取的干预措施从技术、经济或者管理角度来看也不总是切实可行的，因而许多国家的食品安全监管者依然面临着严峻的挑战。建立科学、有效的食品安全保障体系是应对食品安全风险挑战的重要基础。

食品安全风险分析是国际公认的食品安全科学管理手段，包括风险评估、风险管理和风险交流三个部分。它们在功能上既互相独立，又紧密相关、互为补充，融合于风险分析框架内。风险评估是风险分析框架的核心和基础，是一个以科学为基础的过程，由危害识别、危害特征描述、暴露评估和风险特征描述四个步骤组成。要想准确判定食品安全风险来源、风险范围、风险大小、风险特征等，制定有效的食品安全政策、法规、标准、规范等食品安全管理措施，就需要科学开展食品安全风险评估。《中华人民共和国食品安全法》基于国际公认的风险分析框架，将风险评估作为一项基础性的法律制度。风险管理是指在风险评估的基础上，各利益相关方通过对各种备选的食品安全监管措施或方案进行磋商，权衡利弊，最终选择最合适的预防或控制方案。风险交流是指在风险分析过程中，风险评估人员、风险管理人员、消费者、食品企业、学术界、新闻界等利益相关方就风险、风险相关因素和风险认知等方面的信息和观点进行互动式交流，主要内容包括风险评估结果的解释和风险管理决策的依据。

二、食品的生物性危害

（一）细菌

1. 细菌的种类和危害

细菌是地球上种类和数量最多的微生物类群，只能通过显微镜才能看见，在适当的环境条件下，约 15 min 就可繁殖一代，按致病性可分为致病菌、条件致病菌和非致病菌。致病菌是可以导致人体发生食源性疾病和食物中毒的细菌。在我国发生的细菌性食物中毒事件中，以沙门氏菌、副溶血性弧菌、金黄色葡萄球菌、志贺菌、致泻性大肠杆菌、蜡样芽孢杆菌等较为常见。致病菌通过自身繁殖造成人体感染，或者通过产生毒素导致人体中毒。细菌性食物中毒发生与否，取决于致病菌种类，食品种类，食物放置时间、温度和湿度，食用前是否经过高温处理等。条件致病菌在通常身体条件下并不致病，但当条件发生改变时，特别是当机体抵抗力下降时，就可能导致食源性疾病。如铜绿假单胞菌，它在自然界中分布广泛，土壤，水，空气，正常人的皮肤、呼吸道和肠道等都有该菌的存在。该菌存活和繁殖的重要条件之一是潮湿的环境，如桶装饮用水生产过程容易受铜绿假单胞菌污染，这是近年来桶装饮用水监督抽检发现的主要不合格指标之一。非致病菌一般来说不直接致病，如葡萄球菌属、芽孢杆菌属、梭菌属等，但可以分解食品中的蛋白质、碳水化合物、脂肪等，导致食品发生腐败变质，出现异常的颜色、气味、荧光、磷光等感官性状，降低食品品质，间接增加致病菌及产毒霉菌污染的机会。

菌落总数和大肠菌群作为评价食品卫生和质量安全的指示菌，可以判断食品受细菌污染程度。其中，菌落总数是指在规定条件下培养所生成的细菌菌落总数（colony forming unit，CFU），反映食品的卫生清洁状况，预测食品的保藏期限，可以用来评价生产加工、贮存运输、经营销售过程中的食品卫生管理效果。大肠菌群是指一群具有需氧及兼性厌氧、在 37℃ 下能分解乳糖产酸产气的革兰氏阴性无芽孢杆菌，主要来自人与温血动物粪便，经常作为食品受到粪便污染的指示菌。菌落总数和大肠菌群不能直接反映细菌对人体健康危害的程度。

2. 细菌生长繁殖条件

细菌的生长繁殖速度与食品本身的特性（如营养成分、水分活度、酸碱度等）及食品所处的环境（如氧气含量、温度、湿度等）有密切关系。食品的营养成分是不同细菌选择性污染的基础。多数细菌喜欢在富含蛋白质的食品（如肉、蛋和奶等）中生长繁殖，少数细菌喜欢在富含脂肪的食品中生长繁殖，而酵母菌则喜欢在富含碳水化合物的食品（如米饭、馒头等）以及蔬菜、水果中生长繁殖。细菌生长繁殖需要水作为环境介质。食品中能被细菌利用的游离水含量，称为水分活度。一般情况下，细菌、酵母菌和霉菌都能在食品水分活度大于 0.8 的环境中生长繁殖。细菌生长繁殖还依赖食品的酸碱度，大多数细菌需要在 pH>4.5 的食品中才能生长繁殖，细菌生长繁殖过程中产生的代谢产物可以使食品的 pH 发生改变。

不同细菌对氧气含量和温度有不同的需求。需氧菌在氧气充足的条件下才能快速生长繁殖，而厌氧菌则相反。细菌按其适应的生长繁殖温度的不同，可分为嗜热菌、嗜温菌和嗜冷菌。自然环境中的大多数细菌是嗜温菌，嗜热菌可以在 65℃ 以上的环境中存活，嗜冷菌一般在冷藏温度下不会死亡。经盐腌和糖渍的高渗透压食品，可以抑制大多数细菌的生长繁殖，通常具有更长的保质期，但是霉菌和少数酵母菌能忍受高渗透压环境，并可引起糖浆、果酱和浓缩果汁等腐败变质。

某些细菌在缺乏营养物质时和处于不利的环境条件下可以转变为芽孢状态。处于芽孢状态的细菌对高温、紫外线、化学物质等都有很强的抵抗力。芽孢通常不会对人体产生危害，但一旦条件合适，可以重新萌发成具有危害性的细菌，因而在食源性疾病防控方面有特殊的意义。另外，有些致病菌在环境适宜时可产生毒素，其产生的毒素在加工温度条件下即被分解。但有些细菌毒素，如金黄色葡萄球菌产生的肠毒素，即使经过通常的加工温度也不被破坏，具有较大的食品安全风险。

3. 细菌性危害的控制

一是温度控制。通过降低温度以抑制细菌活性，或者升高温度以彻底杀灭细菌。对于需要在低温环境中保存的食品，可以降低食品中酶的活性和食品内化学反应的速度，延长细菌的繁殖周期，防止或减缓食品的腐败变质。低温保存方法分为冷藏和冷冻两种方式。冷藏是指食品在不冻结状态下的低温保存，温度一般设定在 0~8℃。冷冻是指食品在冻结状态下的低温保存，温度一般设定在 -12℃以下，此温度下几乎所有的细菌不再生长繁殖。冷冻保存的食品一般具有较长的保存期。高温加热能破坏细菌体内的酶、脂质体和细胞膜，使蛋白质凝固，导致细菌死亡，从而达到保存的目的。食品加热杀菌的方法主要有常压杀菌法（如巴氏消毒法）、高压杀菌法、超高温瞬时杀菌法和微波杀菌法等。其中，高压杀菌法通常的温度为 100~121℃（绝对压力为 0.2 MPa），可杀灭繁殖型和芽孢型细菌，常用于肉类制品和罐头食品等。

二是理化控制。通过改变食品的渗透压、酸碱度、水分含量等理化性质，达到控制食品中细菌生长繁殖的目的。例如盐腌法和糖渍法，通过改变渗透压，使细胞发生脱水、收缩、凝固来消灭细菌。盐腌浓度达 10% 时可抑制大多数细菌，但不能杀灭细菌。糖渍食品的糖含量一般要达到 60% 以上时才有抑菌作用。又如酸渍法，在加工泡菜等酸渍食品时，通过降低食品的 pH 进行抑菌防腐。通过各种干燥或脱水手段来降低食品的水分含量也是抑制细菌生长繁殖的方法，如日晒、阴干、喷雾干燥、减压蒸发、冷冻干燥等，使食品的水分含量在 15% 以下或水分活度在 0.6 以下，就能抑制腐败菌的生长繁殖。另外，加入食品添加剂，如苯甲酸、山梨酸等防腐剂，通过抑制微生物代谢活动而起到食品抑菌和防腐作用。

（二）真菌

1. 真菌的种类和危害

真菌是一种具有真核、可产孢子、无叶绿体的真核生物，广泛存在于自然界中。目前已经发现了十二万多种真菌，包括霉菌、酵母菌、蕈菌等。具有食品安全学意义的产毒真菌主要包括曲霉菌属中的黄曲霉和赭曲霉、青霉菌属中的灰绿青霉和黄绿青霉、镰刀菌属中的雪腐镰刀菌和禾谷镰刀菌等。真菌在生长繁殖过程中可产生有毒代谢物，即真菌毒素，是人体健康的主要危害因素。真菌毒素主要产生于农作物收获后或贮存期，容易受到真菌污染的食品包括大米、玉米、小麦等粮食，苹果、葡萄、柠檬等水果，以及花生、面包、果酱、蜂蜜、奶酪等。真菌毒素的种类繁多，一般无抗原性，较耐高温，人类摄入被真菌毒素污染的食品后会发生急性中毒或慢性中毒。

黄曲霉和寄生曲霉是重要的食源性真菌，其产生的黄曲霉毒素是一类结构相似的化合物，其中以 B_1 型的毒性最大。粮油食品（如花生、玉米、稻谷、小麦、大麦等）中以黄曲霉毒素 B_1 污染最为常见，干果类食品和动物性食品中也时有发现。我国长江流域和长江以南的高温高湿地区是黄曲霉毒素污染严重的地区。黄曲霉毒素耐高温，加工温度达到200℃以上时才被破坏，故一般烹调温度不能去除其毒性。黄曲霉毒素具有很强的急性毒性、基因毒性、致癌性、生殖毒性等。1974 年，印度发生了 200 多个村庄的村民因食用含有黄曲霉毒素的霉变玉米而导致上百人中毒死亡的事件。研究表明，黄曲霉毒素对肝脏具有特异性损伤作用，其暴露量与肝癌发病率呈正相关关系。国际癌症研究机构（International Agency for Research on Cancer，IARC）将黄曲霉毒素列为 1 类致癌物，即对人为确认致癌物。

青霉是一类重要的食源性真菌，其营养来源极为广泛，营腐生生活，属于杂食性真菌，可生长在任何含有机物的基质上。青霉孢子的耐热能力较强，菌体的繁殖温度较低。青霉可引起水果、蔬菜、谷物等食品的腐败变质，并产生橘青霉素和展青霉素。被青霉严重污染的食品，可以从食品表面生长出绿色霉菌。橘青霉素具有肾脏毒性，严重时可导致肾衰竭。展青霉素对有些试验动物具有致畸作用，能引起器官水肿和充血。青霉也有对人类有用的方面，部分发酵食品（如奶酪）的制作过程需要青霉的参与，著名的抗生素青霉素就是从青霉的某些品系中提取而来的。

镰刀菌是自然界中分布极广的真菌之一，普遍存在于土壤及动植物有机体中，甚至存在于严寒的北极和干旱炎热的沙漠中。受镰刀菌污染的食品主要包括小麦、大麦、玉米、大豆和油菜等，多发生在农作物收获前的田间。镰刀菌毒素包括脱氧雪腐镰刀孢菌烯醇、玉米赤霉烯酮和伏马菌素等。脱氧雪腐镰刀孢菌烯醇又名呕吐毒素，具有致呕吐作用和细胞毒性，过量摄入后会出现厌食、呕吐、腹泻、发烧、站立不稳、反应迟钝等急性中毒症状，严重时损害造血系统，甚至造成死亡。玉米赤霉烯酮在由霉变玉米或赤霉病变小麦制成的食品中较为常见，儿童长期摄入后会出现雌激素过多症。伏马菌素主要污染玉米及其制品，具有神经毒性、肾脏毒性和肝脏毒性等慢性危害。

2. 真菌性危害的控制

控制真菌污染主要是防止食品霉变。做好田间控制是预防真菌污染的根本措施。选用或培育抗霉病的农作物品种，合理喷施安全性高的防霉剂，收获农作物时及时去除霉变部分，贮存期间保持环境干燥等，都是关键预防措施。不同食品的安全水分限值不同，因此可以通过控制食品水分，如对玉米控制在 12.5% 以下、对花生控制在 8% 以下等，有效防止食品霉变。食品生产企业应对原料真菌毒素进行检测，保证其符合安全限量要求。食品加工过程中可通过原料筛选、搓洗、紫外线照射等手段减少真菌毒素污染。

（三）病毒

1. 病毒的种类和危害

病毒相对于细菌的体积更小，无细胞结构，基本结构由核酸与蛋白质组成，只能在活细胞中增殖，大多用电子显微镜才能观察到。只要摄入少量被病毒污染的食品，病毒就有可能在人体内复制繁殖。被病毒污染的食品在外观、理化性质上没有明显变化，不容易被提前发现其受污染情况，因此食源性病毒更容易造成突发公共卫生事件。常见的食源性病毒有甲型肝炎病毒、诺如病毒、轮状病毒等，主要来源于人畜粪便，感染病毒的从业人员也可通过污染食品进行病毒传播。我国食源性肝炎病毒污染较为严重，有显著的流行病学意义。近年来，在中小学校等人群聚集场所，由诺如病毒引起的腹泻呈不断扩展之势。

甲型肝炎病毒可以引起甲型病毒性肝炎（简称甲型肝炎），隐形感染比临床发病更为普遍，症状一般有发热、全身不适、厌食、恶心和腹痛等，潜伏期为 15~30 d。该病毒的载体包括所有被粪便污染的食品，特别是甲壳类食品（如毛蚶、牡蛎、蛤蜊、贻贝等），被认为是最主要的甲型肝炎病毒中间宿主。1988年，上海市发生了甲型肝炎疫情，近 30 万人患病，原因是居民生食已被甲型肝炎病毒污染的毛蚶。另外，患有甲型肝炎的从业人员违规上岗，在食品加工时未采取必要的预防措施，也会造成食源性病毒传播。

诺如病毒属于杯状病毒科，具有较强的环境耐受性。被诺如病毒污染的食品经 60℃ 加热 30 min，仍能保持较强的传染性。10~100 个诺如病毒颗粒就能引起人体感染，是非细菌性急性胃肠炎的主要病原之一。诺如病毒感染性腹泻在全世界范围内均有流行，全年均可发生感染，感染对象主要是成人和学龄儿童，在寒冷季节呈现高发态势，具有发病急、传播速度快、涉及范围广等特点。诸如病毒以粪-口途径传播为主，也可通过接触或空气传播，常在学校、托幼机构、养老院、医院及社区等处暴发流行。感染诸如病毒后的主要症状是腹泻、呕吐、发热等，患者通常在 1~2 d 即可痊愈，但抵抗力弱的老年人在感染病毒后病情容易恶化。

轮状病毒是病毒性胃肠炎的主要病原，也是导致婴幼儿死亡的主要原因之一。轮状病毒在环境中相当稳定，在粪便中可存活数天到数周。轮状病毒存在于肠道内，通过粪便排出体外，污染土壤、食品和水源，主要通过粪-口途径传播。在人群密集场所，轮状病毒主要通过带毒者的手造成食品污染而传播，在儿童及老年人病房、幼儿园和家庭中均可发生。人体被轮状病毒感染后会出现严重腹泻，潜伏期为 24~48 h。感染者发病突然，出现发热、腹泻、呕吐和脱水等症状，一般为自限性，可完全恢复健康。当婴儿营养不良或已经脱水时，若治疗不及时，则会导致婴儿的死亡。

2. 病毒性危害的控制

对于由病毒引起的食源性疾病，目前尚无很好的治疗方法。避免接触污染源、切断污染途径是防控食源性病毒传播的重要手段。一是减少对生食或半生食水产品等的消费。二是加强对食品的清洗和消毒。如通过清洗的方式去除新鲜蔬菜、水果表面的病毒，采用高温消毒的方法（加热至85℃并持续 1 min）杀灭甲型肝炎病毒。紫外线照射也可以减弱病毒的传染性，但是其效果取决于食品表面的病毒数量、病毒类型及食品基质。三是保持良好的个人和环境卫生，严格执行卫生操作规范，做好水源的有效消毒过滤。

（四）寄生虫

1. 寄生虫的种类和危害

世界卫生组织曾指出，全世界约 7% 的食源性疾病是由寄生虫引起的，这表明食源性寄生虫病对人类健康构成重大威胁。食源性寄生虫包括原虫、吸虫、绦虫、线虫等。人类因生食或半生食含有感染期寄生虫的食物而感染食源性寄生虫病，其流行具有明显的地域性，与特定人群的生活和饮食习惯有着密切的联系，尤其是与当地人所喜食的生鲜食物种类有关。食源性寄生虫可寄生在畜禽、水产、软体动物、爬行动物、水生植物等多类动植物中，部分寄生虫（如隐孢子虫）也可在水中生存一段时间。食源性寄生虫进入人体后，可寄生在人体的各个器官中并造成相应危害。如淡水鱼中的华支睾吸虫可引起胆道的病理改变，福寿螺中的广州管圆线虫可侵犯中枢神经系统，海水鱼中的异尖线虫可引起胃肠疾病。

2. 寄生虫危害的控制

一是控制传染源。饮用水源要远离被粪便污染的区域，选用食品时要选择经卫生检验或检疫合格的产品；食品贮存环境中要定期"除四害"，以控制和消灭传播媒介。二是切断传播途径。不生食或半生食海鲜等水产品及畜禽肉，不喝生水，不吃不洁的生鲜蔬菜；食品加工器具要生熟分开，以防止交叉感染。三是保护易感人群。通过积极的宣传教育，加强易感人群的预防意识，形成良好的饮食卫生习惯，预防食源性寄生虫病的发生。

三、食品的化学性危害

（一）农药

1. 农药的种类和危害

农药是指用于预防、控制危害农业、林业的病、虫、草、鼠和其他有害生物以及有目的地调节植物、昆虫生长的物质。按照急性毒性大小，农药可分为剧毒农药、高毒农药、中毒农药、低毒农药和微毒农药；按照残留特性，农药可分为高残留农药、中残留农药和低残留农药；按照化学组成及结构，农药可分为有机氯类农药、有机磷类农药、氨基甲酸酯类农药、拟除虫菊酯类农药等；按照使用功能，农药可分为除草剂、杀虫剂、杀菌剂、杀鼠剂、杀螨剂、植物生长调节剂等。食品中农药残留的来源有施用农药后的直接污染、环境的间接污染和食物链的生物富集三个途径。

有机氯类农药不易降解，脂溶性好，生物富集作用强，是一类高残留的中高毒农药。该类农药施用后可长期残留于环境中，有一定的致畸、致癌和致突变作用，可导致肝脏病变、神经系统损害和癌症发生率上升等。目前大多数有机氯类农药被禁止使用，包括六六六、艾氏剂、氯丹等持久性有机污染物。

有机磷类农药是目前使用量最大的杀虫剂。大部分有机磷类农药属于低残留农药，在环境中易降解，在生物体内的蓄积性较小。但是该类农药的毒性差异较大，部分有机磷类农药具有剧毒性，如甲胺磷通过抑制体内胆碱酯酶的活性，导致神经传导功能紊乱，而乐果则具有迟发性神经毒性，患者在急性中毒后的第二周出现神经中毒症状。

氨基甲酸酯类农药主要被用作杀虫剂和除草剂，对虫害的选择性强，对人体的毒性中等或较低，具有低残留性。该类农药的急性中毒机理与有机磷类农药类似，通过对胆碱酯酶的抑制作用导致胆碱能神经兴奋而引起相应的症状，但抑制作用有较大的可逆性。

拟除虫菊酯类农药多属于中低毒农药，是一类模拟除虫菊所含天然除虫菊素而合成的仿生农药。该类农药主要被用作杀虫剂和杀螨剂，在生物体内的蓄积性小，慢性中毒情况少见，在环境中可被光解、水解或氧化，对人畜较为安全，但对皮肤有一定的刺激和致敏作用。

2. 农药危害的控制

一是选择抗病虫害的农作物品种进行培育和种植，采取病虫草害综合治理措施，从源头上减少农药使用。二是严格按照农药登记要求和国家标准合理使用农药，严禁超范围、超限量、违反安全间隔期规定使用农药，禁止将剧毒、高毒农药用于蔬菜、瓜果、茶叶和中草药材等国家规定的农作物。三是采用合理的加工处理方式来有效减少农药残留，如通过洗涤、剥皮、去壳等手段去除食用农产品表面的农药残留，通过研磨、发酵、过滤、稀释和澄清等工艺降低农药残留，通过加热、烫漂等方式加快食品中热不稳定农药的分解。

（二）兽药

1. 兽药的种类和危害

兽药是指用于预防、治疗、诊断动物疾病或者有目的地调节动物生理机能的物质。为了保持动物健康和保证经济效益，直接施用或通过饲料添加兽药来改善动物营养、防控动物病害已经成为普遍做法。用药频率和剂量不当，容易造成食品中兽药及其代谢物的残留。常见的兽药种类有治疗用兽药、预防用兽药、促生长兽药、畜牧管理用兽药等，按具体功能可分为抗菌剂、抗寄生虫药物和激素类药物等。兽药残留对人体的危害包括急性中毒、慢性中毒、过敏症状和对药物产生耐受性。

治疗用兽药是指用来控制所饲养动物传染性疾病的药物，如用于治疗致病菌、真菌和寄生虫所引起的疾病。对于治疗用兽药，通常采用肌内注射的方法给药，一般是间断地、个别地用药。当大批量动物被感染时，可以将药物加入饲料中或混于饮用水中后供患病动物服用。

预防用兽药主要用于预防大规模动物饲养过程中的疾病流行，用药方法是通过饮用水、饲料等喂饲药物或用药物浸泡动物。预防用兽药有别于治疗用兽药，通常是持续地、普遍地在饮用水和饲料中添加，但是较难控制每头所饲养动物的剂量，容易导致某一动物个体体内药物残留超标。

促生长兽药可分为同化激素类促生长剂和抗菌剂两大类。同化激素类促生长剂可加快动物的新陈代谢，发挥促生长作用。抗菌剂通过抑制动物肠道内本身存在的某些细菌的活性来改变动物肠道内的微生物菌群，提高饲料转化率和营养成分吸收率，促使动物的体重加快增长。抗菌剂使用不当，易造成致病菌耐药性。

畜牧管理用兽药包括生育调节剂和镇静剂等。动物养殖场可以使用生育调节剂来控制动物的生殖性能，适量使用生育调节剂时还可增加奶牛的产奶量。镇静剂作为降低动物的兴奋度和缓解动物的紧张情绪的药物，可以减少动物在被运送到屠宰场的过程中所产生的紧张或攻击行为。

2. 兽药危害的控制

养殖企业应建立良好的养殖规范，通过改善动物饲养环境卫生条件，尽量减少兽药的使用；提升畜牧业饲养管理水平，改善动物营养，提高畜禽机体抵抗力，从而减少动物疾病的发生。养殖从业人员应熟悉我国允许使用的兽药和饲料添加剂，以及兽药使用的方式、对象、剂量；严禁使用我国明令禁止的兽药，对允许使用的兽药要严格遵守使用范围、使用量、休药期和残留限量规定；加强治疗性用药和预防性用药的区别使用管理，限制或禁止使用人畜共用的抗菌药物。

（三）化学污染物

1. 化学污染物的种类和危害

化学污染物是指食品从生产（包括农作物种植、动物养殖）、加工、包装、贮存、运输、销售直至食用等过程中产生的或者由环境污染带入的、非有意加入的化学性危害物质，主要包括重金属、硝酸盐、亚硝酸盐等无机污染物和丙烯酰胺、多环芳烃、二噁英等有机污染物。

重金属是指密度大于 $4.5 \ g/cm^3$ 的金属，如铅、砷、镉、汞等。重金属污染环境后，一般很难被微生物降解，可以通过食物链富集并产生生物放大作用。重金属对人体的危害隐蔽性高，不易在短时间内被发现，长期过量暴露时可导致慢性中毒，甚至具有致癌、致畸和致突变作用。

硝酸盐和亚硝酸盐广泛存在于自然界中，绿叶蔬菜通常天然含有较高浓度的硝酸盐，亚硝酸盐可以作为食品添加剂广泛用于肉制品加工与保存。研究表明，硝酸盐和亚硝酸盐可以通过人体代谢产生 N -亚硝基化合物，是引起胃癌、食管癌、肝癌等的危险因素之一。亚硝酸盐被误当作食盐使用是造成亚硝酸盐急性中毒的主要原因。

丙烯酰胺是由富含碳水化合物的食品（如炸薯条、炸薯片、谷物和面包等）经高温加工（如烘烤、油炸等）后产生的有机物。丙烯酰胺的最佳生成温度为 $140 \sim 180℃$，烘烤和油炸食品的时间越长、温度越高，生成的丙烯酰胺的浓度就越高。丙烯酰胺具有潜在的神经毒性、遗传毒性和致癌性。

多环芳烃是通过有机物的不完全燃烧或热解而产生的一类物质，具有全球性广泛分布的特点，通过生态循环进入食物链。其中，苯并［a］芘是多环芳烃的典型代表，在谷物、脂肪和油类食品中均有发现，其含量与农作物的源头环境污染有关，食物高温焙烤、油料干燥、食用油浸提等也会产生苯并［a］芘。苯并［a］芘具有致癌性、致畸性、基因毒性和免疫毒性，已被国际癌症研究机构列为 1 类致癌物。

二噁英是指在分子结构、化学性质和毒性方面相近的一组多氯联苯类有机物，在自然环境中广泛存在，可经自然形成（例如火山爆发）、由燃烧生成（例如废物焚化）、在工业过程中产生（例如化学品制造）等。二噁英在环境中难以降解，具有持久性和生物蓄积性，可通过食物链由植物到动物，再由动物到人类逐渐累积。人类接触二噁英，90%以上的途径是通过食品，其中主要是肉制品、乳制品、鱼类和贝类食品。二噁英是已知化合物中毒性最强的物质，可造成人体内多个系统中毒。1998 年，国际癌症研究机构把二噁英列为了 1 类致癌物。

另外，滥用食品添加剂也会产生化学性危害。食品添加剂是指为改善食品品质和色、香、味以及为防腐、保鲜和加工工艺的需要而加入食品中的人工合成物质或者天然物质。目前允许使用的食品添加剂有 2 300 余种，按照功能可以分为23 类，主要包括酸度调节剂、抗氧化剂、着色剂、防腐剂等。按照法规标准要求规范使用食品添加剂，不会对人体产生化学性危害。但现实情况是，有个别生产经营者为掩盖食品腐败变质、质量缺陷或者以掺杂掺假为目的，超范围、超限量使用食品添加剂，这种滥用食品添加剂的行为对人体健康有较大的危害。

应当注意的是，不能将非食用物质与食品添加剂混淆。非食用物质不属于传统意义上认为的食品原料，不属于批准使用的新资源食品，不属于卫生行政部门公布的食药两用物质，不作为普通食品管理，也未列入我国食品添加剂、营养强化剂公告中的新品种名单。原卫生部曾公布过6批食品中可能违法添加的非食用物质名单，包括苏丹红、三聚氰胺、罂粟壳、皮革水解物、工业明胶、甲醛等数十种。这些物质主要由食品从业人员因缺失诚信而非法添加，以达到改善食品外观和口感、延长保质期、以次充好与掺假等目的。非食用物质有时通过常规检测方法不易被发现和追溯，从而对人体健康造成严重威胁。

2. 化学污染物危害的控制

一是加强综合治理和环境保护，减少因工业企业、交通运输、垃圾焚烧等对空气、土壤、水体的污染导致重金属、二噁英等化学污染物在食物链上污染、迁移、蓄积。二是改进生产工艺和烹饪方式，特别是对于需要烘烤和油炸的食品，尽量避免过高温度和过长时间的烹饪。三是严格遵照我国食品添加剂使用标准规定的使用范围和限量加工食品，严禁使用非食用物质，禁止餐饮服务单位采购、贮存、使用食品添加剂亚硝酸盐。

四、食品的物理性危害

（一）放射性核素

1. 放射性核素的种类和危害

放射性污染来源于自然环境和人类生产生活，可分为天然放射性核素和人工放射性核素。绝大多数食品中含有天然放射性核素的本底辐射剂量，通过食物摄入的本底辐射剂量对人体健康不会造成影响。人工放射性核素在能源、食品、医疗、科学研究等方面应用广泛，这些放射性核素的不规范排放、意外泄漏都可能导致环境和食品中的辐射水平上升，如1986年苏联切尔诺贝利核电站事故和2011年日本福岛核电站事故发生后，在事故发生地及其周边地区，泄漏的人工放射性核素使环境和食品中的辐射剂量急剧上升，超过了规定的安全限量标准。此外，环境中的放射性物质被生物富集，使某些动物和植物，特别是一些水生生物体内的放射性核素比环境值异常增高，并通过食物链传递、蓄积。当人体摄入含有较大辐射剂量的食品后，可在机体组织内形成内照射，造成人体免疫力下降及多系统损害，并可能造成致畸、致癌、致突变后果。

需要注意的是，不能将辐照技术与放射性污染混淆。辐照作为一种冷杀菌技术，在国内外食品工业中得到广泛应用。当用辐照技术处理食品时，食品本身不直接接触放射源，不会沾染放射性物质。联合国粮食及农业组织（FAO）、国际原子能机构（International Atomic Energy Agency，IAEA）、世界卫生组织（WHO）等国际组织多次提出，经 10 kGy 以下剂量处理的辐照食品是安全的。相对于其他食品工艺，辐照工艺并不会带来更多的营养损失。目前，人们对辐照食品所表现的恐惧更多地来源于对辐照技术的不了解。我国对食品辐照加工实行严格的许可制度，按照我国法规标准规定进行食品辐照加工，不会增加食品安全风险。

2. 放射性核素的控制

食品生产企业应远离核电站、化工厂、科研机构等可能排放放射性废弃物的单位。专业机构应加强环境和食品中放射性核素的动态监测与评估。放射性食品经营者，尤其是进口食品经营者，需密切关注原产地的放射性核素污染情况，根据出入境风险预警决定是否进口相关食品。

（二）物理性杂质

1. 物理性杂质的种类和危害

物理性杂质主要是指食品加工过程带来的非预期的杂物和异物，包括金属、机械碎屑、玻璃、首饰、碎石子、头发、蟑螂残体等。如：粮食收割时混入土壤、杂草等；生产车间的洁净度不佳、密闭性不好，造成废纸、烟头、个人物品和杂物被带入生产区域；动物被宰杀时的血渍、毛发和粪便对畜肉的污染；食品加工设备老化或故障，引起加工管道中的金属颗粒或碎屑混入成品中；流水线员工未穿戴防护设备，导致毛发、指甲、随身佩戴饰品等对食品的污染。此外，杂物污染还包括昆虫等动物的毛发、粪便、尸体等对食品的污染。与一般的食品中混入物理性杂质不同，食品掺杂是生产经营者故意向食品中加入杂物，以实现非法牟利的行为。近年来，由掺杂而引发的食品安全问题频频出现，涉及的食品种类和杂物种类众多，如小麦粉中掺入滑石粉、粮食中掺入沙石、糯米中掺入大米、肉中注入水等。

2. 物理性杂质的控制

一是食品企业应加强食品生产、贮存、运输、销售全程管理，严格执行良好操作规范，防止杂质混入食品。二是食品企业应提升加工过程的自动化程度，采用多重筛选方式来解决杂物混入问题，如可在出厂检验环节增设杂物检视项目。三是在贮存与运输环节严格做好二次污染防范，定期检查和清理杂物，防止病媒生物对食品的污染。四是加强生产经营者法制教育和诚信教育，一经发现掺杂掺假便进行严厉查处。

第二节　食源性疾病和食物中毒

一、概述

食源性疾病是指食品中致病因素进入人体而引起的感染性、中毒性等疾病，包括食物中毒。食物中毒是指食用了被有毒有害物质污染的食品或者含有毒有害物质的食品后出现的急性、亚急性食源性疾病。食物中毒事件是我国突发公共卫生事件的主要类型之一，是食源性疾病暴发的主要表现形式。根据致病源的不同，食源性疾病（食物中毒）的病因一般可分为致病菌、病毒、寄生虫、霉菌毒素、有毒动植物和有毒有害化学物质六类。

据世界卫生组织统计，全球每年有 6 亿人因食用受污染的食品而患病，有 42 万人死亡，造成 3 300 万健康寿命年损失；腹泻病是由食用受污染食品而引起的常见疾病之一，每年导致约 5.5 亿人患病、23 万人死亡；包括中国在内的西太平洋区域，每年因食源性疾病造成 1.25 亿人患病、5 万多人死亡。

二、致病菌引起的食源性疾病

（一）总体情况

致病菌是导致大多数食源性疾病的罪魁祸首，目前我国食源性疾病中 80% 以上由它们引起。食品含有致病菌可能是因为加工时未彻底去除，但更可能是因为受到污染。污染通常来自生的食物、操作环境、人和动物等。在我国，致病菌引起的食源性疾病具有明显的季节性和一定的地域性。夏秋季节的气温较高，微生物繁殖较快，因而成为食物中毒事件的高发季节。沿海城市因水产品被副溶血性弧菌污染而发生的食物中毒事件的概率要高于内陆地区。引起食源性疾病的主要致病菌见表 2－1。

表 2-1　引起食源性疾病的主要致病菌

致病菌	常见食品和污染来源	主要发病表现	主要预防措施
副溶血性弧菌	海产品及受该菌污染的食品	腹痛、呕吐和腹泻	不生食海产品，避免交叉污染
金黄色葡萄球菌	生牛奶、熟肉、糕点及受该菌污染的食品，常经由人体伤口、疖子、鼻子、口腔等污染	腹痛、呕吐	避免手部有伤口的从业人员上岗；接触后洗手、衣物消毒；控制食品加工与食用时间间隔及保存温度
沙门氏菌	家禽、蛋、生肉，亦可经由老鼠、昆虫和污水污染	腹痛、腹泻、呕吐、高热	避免有腹泻等消化道症状的从业人员上岗；将食品烧熟煮透，避免交叉污染；严格洗手
蜡样芽孢杆菌	谷物（尤其是大米）、含淀粉食品、奶类、肉类、蔬菜，土壤和灰尘中较常见	腹痛、腹泻、呕吐	将剩余食品彻底加热；将熟制后的食品保存在危险温度带之外
大肠杆菌	生牛肉、受到污染的蔬果等，常经由动物粪便、污水等污染	腹痛、腹泻、血便，严重者并发溶血性尿毒综合征，甚至引起死亡	避免有腹泻等消化道症状的从业人员上岗；将食品烧熟煮透，避免交叉污染；严格洗手
单核细胞增生李斯特菌	冷藏后未经彻底加热的肉制品、水产品、水果蔬菜，常经由土壤、污水、动物粪便等污染。其在低于 5℃ 的冷藏条件下仍可生长	发热、腹泻，重症可能表现为败血症、脑膜炎、心内膜炎、肺炎、孕妇流产	将冷藏食品彻底加热后食用；对于即食食品，注意避免交叉污染
肉毒梭菌	自制发酵豆、谷类制品（如面酱、臭豆腐等），自制罐头，土壤和人畜粪便中较常见	视物模糊、咀嚼无力、呼吸困难等，病死率高	正确冷却食品；自制酱类食品要经常搅拌，使氧气供应充足；自制罐头要彻底杀菌

（二）常见原因

1. 交叉污染

即食食品包括熟制食品、生食蔬菜、水果、生鱼片等，在食用前一般不再加热，一旦受到致病菌污染，极易引起食源性疾病。如即食食品和食品原料在存放中相互接触（包括食品汁水的接触），即食食品和食品原料的容器、工用具混用，操作人员接触食品原料后双手未经消毒就接触即食食品等，这些都属于交叉污染的常见情形。

2. 人员带菌污染

一旦操作人员的手部皮肤有破损、化脓、疖子，或者操作人员出现呕吐、腹泻等症状，便会携带大量致病菌。如果患病后仍继续接触食品，且不严格按要求进行手部的清洗、消毒，就极易使食品受到致病菌污染，从而引发食源性疾病。

3. 食品未烧熟煮透

即使生的食品原料带有致病菌，也可通过彻底加热杀灭其中的绝大部分。但如果未烧熟煮透，就不能彻底杀灭致病菌，从而引发食源性疾病。如：加热时间过短；待加热的食品未彻底解冻，但仍按平常的时间加热；一批食品的加工量变大，但仍按平常的时间加热；设备的加热部分发生故障，但仍按平常的时间加热；等等。

4. 食品贮存温度、时间控制不当

容易腐败变质的食品在 5~60℃ 的危险温度下的贮存时间如超过 2 h，食品中的致病菌就可能大量繁殖，有时甚至产生耐热性的毒素，极易引起食源性疾病。

5. 容器、工用具不洁

接触即食食品的容器或工用具清洗、消毒不彻底，或者消毒后受到二次污染，致病菌通过容器或工用具等污染食品，也可以引起食源性疾病。

（三）预防原则

1. 防止食品受到细菌污染

一是保持清洁。保持工具、操作台等食品接触表面的清洁；保持地面、墙壁、天花板等食品加工场所环境的清洁；保持手的清洁，不仅在上岗操作前和受到污染后要洗手，在加工食物期间也要经常洗手；避免老鼠、蟑螂等有害动物进入车间和接近食物等。二是生熟分开。用于即食食品和食品原料的容器、工用具要有明显的区分标记；在制作即食食品时，接触即食食品的容器、工用具和操作人员的双手应及时消毒等。三是使用安全的水和食品原料等。选择来源正规、优质新鲜的食品原料；在冲调、稀释食品时，要使用净水或煮沸后冷却的水。

2. 控制细菌生长繁殖

一是控制温度。如果容易腐败变质的即食食品从制作完成至食用的时间超过 2 h，那么其需要在低于 5℃ 或高于 60℃ 的温度条件下保存；容易腐败变质的食品原料应冷冻或冷藏保存；冷冻食品解冻应在 5℃ 以下的冷藏条件下或 20℃ 以下的流动水中进行。二是控制时间。对于冷库或冰箱中的生鲜原料、半成品，贮存时间不要太长，使用时要注意先进先出；对于加工后的成品，若需要冷藏或者冷冻，则应及时冷藏或者冷冻，尽量避免在危险温度下存放。

3. 杀灭致病菌

一是烧熟煮透。在加工食品时，必须使食品中心温度超过 70℃，为保险起见最好能达到 75℃ 并维持 15 s 以上；冷冻食品原料应彻底解冻后进行加热，以避免外熟内生。二是严格清洗和消毒。制作生食食品，如生食蔬菜和水果等，应在洗净的基础上进行消毒；接触成品的容器、工用具要彻底洗净、消毒后使用；接触即食食品的从业人员，手部要经常进行清洗和消毒。

三、病毒引起的食源性疾病

病毒只需极少的数量即可使人致病。携带病毒的人员如上厕所后不洗手，排泄物中的病毒就可能通过接触污染食品和水。病毒可通过携带病毒的人员传播至食品或食品接触表面，也可在人与人之间传播。病毒可以在冷藏、冷冻温度下存活。彻底加热可以灭活食品中的病毒。病毒不会在食品中繁殖，但被人体摄入后，可在肠道内繁殖。

近年来，诺如病毒在我国已成为其他感染性腹泻病暴发的优势病原体。尤其是在幼儿园、中小学校等人群聚集区域，诺如病毒感染暴发数量大幅增加。诺如病毒可通过食物、水、人传人等多种途径进行传播。

对于已感染病毒的病人，应采取以下措施来阻止病毒进一步传播：一是及时掩闭覆盖并严格消毒病人的呕吐物、排泄物；二是严格消毒病人接触的场所（如教室、宿舍、车辆、厕所等）和物品（如衣物、地板、桌椅、餐具等）；三是及时治疗并隔离病人。引起食源性疾病的主要病毒见表 2－2。

表 2－2　引起食源性疾病的主要病毒

病毒	来　源	典型症状	主要预防措施
甲型肝炎病毒	被污染的食物（如毛蚶）、水、餐具，病人或携带者	从发热、疲乏和食欲不振开始，继而出现肝功能损害	不生食毛蚶等甲壳类水产品；加强饮用水消毒

续　表

病毒	来　　源	典 型 症 状	主 要 预 防 措 施
诺如病毒	被污染的食物（如牡蛎）、水，生食的直接入口食品，病人或携带者	恶心、呕吐、腹痛、腹泻、腹部痉挛、发热	严格洗手、消毒；加强环境和食品接触工用具等消毒
轮状病毒	被粪便污染的食物和饮用水，病人或携带者	发热、腹泻、呕吐和脱水等，一般为自限性。婴幼儿和老年人等免疫力低下者在感染后可能出现严重腹泻	加强对环境和食品的清洗、消毒；食品要烧熟煮透

四、寄生虫引起的食源性疾病

寄生虫存在于特定的宿主或寄主体内，或者附着于体外，以获取维持其生存、发育、繁殖所需的营养。人体多是通过食用生的或半生的（包括未烧熟煮透的）的食品而感染寄生虫的，蔬菜、水果和水都有可能受到寄生虫的污染。寄生虫需在特定的宿主（人或动物）体内才能繁殖。低温冷冻（-20℃ 7 d 或 -35℃ 15 h）和彻底加热食品均能有效杀灭寄生虫。引起食源性疾病的主要寄生虫见表 2 - 3。

表 2 - 3　引起食源性疾病的主要寄生虫

寄生虫	来　　源	典 型 症 状	主 要 预 防 措 施
旋毛虫	被旋毛虫污染的猪和其他畜类动物	首先表现为稀便或为水样便，可能伴有腹痛、呕吐，随后出现中毒、过敏性症状，最后出现肌痛、乏力、消瘦	将肉品冷冻或彻底煮熟；不生食或半生食畜肉
肺吸虫	生的或不熟的淡水蟹、虾	起病多缓慢，有可能轻度发热、盗汗、疲乏、食欲不振、咳嗽、胸痛及咳棕红色果酱样痰，还有可能腹痛、腹泻、恶心、呕吐、排棕褐色黏稠脓血便	将水产品冷冻或彻底加热；不生食或半生食淡水产品
肝吸虫	生的或不熟的肉、淡水鱼、虾	腹泻、腹胀、肝肿大、食欲差	将水产品冷冻或彻底加热；不生食或半生食淡水产品

续　表

寄生虫	来　　源	典型症状	主要预防措施
姜片虫	生的荸荠、菱角、藕等水生植物	腹痛、腹泻、食欲减退、恶心、呕吐，患者便量增多，有腥臭，有可能腹泻和便秘交错	不生食水生植物
蛔虫	被蛔虫卵污染的蔬菜、瓜果和水源	食欲不振、恶心、呕吐、低热、间歇性脐周绞痛，有的出现荨麻疹、营养不良，严重的可发生肠穿孔	生食瓜果前必须严格清洗、消毒；饭前便后要洗手
广州管圆线虫	生的或半生的螺、虾、蟹等小水产	呕吐、腹痛、腹泻，伴有皮疹，严重的可发生脑膜炎、脑膜脑炎、肺出血	避免生食或半生食螺、虾、蟹等小水产

五、霉菌毒素引起的食源性疾病

食品被特定霉菌污染后产生毒素，人和动物摄入含有毒素的食品后可能会中毒，或增加罹患癌症风险，严重的可导致死亡。

霉变甘蔗中毒。引起中毒的主要有毒物质是霉变甘蔗中的节菱孢。主要症状表现：在食用霉变甘蔗十余分钟至十余小时后，出现呕吐、眩晕、阵发性抽搐、眼球偏侧凝视、昏迷，严重的可导致死亡。后遗症主要为锥体外系的损害，发生肢体屈曲、扭转、痉挛、强直，静止时张力减低等。预防方法主要是采取感官判断，不食用霉变甘蔗。被节菱孢污染的霉变甘蔗质软，瓤部比正常甘蔗色深，呈浅棕色，切开断面有红色丝状物，闻之有轻度霉味及酒糟味，食之甜中带酸。具有上述特征的甘蔗应当废弃，不应食用。

霉变小麦、玉米中毒。引起中毒的主要有毒物质是霉变小麦、玉米中的呕吐毒素。主要症状表现：在食用霉变小麦、玉米 $0.5 \sim 7$ h 后，出现恶心、呕吐、腹痛、腹泻、头晕、头痛、嗜睡、流涎、乏力，少数患者有发热、畏寒、颜面潮红、步履蹒跚等症状。预防方法是将收货的小麦、玉米干燥后贮存，控制存放环境湿度；不食用霉变小麦、玉米。

霉变花生、坚果中毒。引起中毒的主要有毒物质是霉变花生、坚果中的黄曲霉毒素 B_1。主要症状表现：急性中毒潜伏期为 $5 \sim 7$ d，起病之初有头晕、乏力、厌食等症状，很快进入肝损坏阶段，出现逐渐加重的黄疸、肝肿大、肝肿痛，严重的可导致死亡。长期食用含有黄曲霉毒素 B_1 的霉变花生、坚果可能会引起肝脏等发生癌变。预防方法是将花生、坚果干燥后贮存，控制存放环境湿度；不食用霉变花生、坚果。

六、有毒动植物引起的食源性疾病

有毒动植物中毒是指食用了一些含有某种有毒成分的动植物而引起的食物中毒，常见的有河鲀中毒、高组胺鱼类中毒、未煮熟豆浆中毒等。

河鲀引起的食物中毒。中毒原因是误食河鲀或者河鲀加工处理中未去除有毒部位。主要症状表现：在食用后数分钟至 3 h 内发病，出现腹部不适，口唇、指端麻木，四肢乏力，继而出现麻痹，甚至出现瘫痪、血压下降、昏迷，最后因呼吸麻痹而死亡。预防方法是不食用野生河鲀和河鲀干制品（包括生制品和熟制品）。2016 年 9 月，原农业部和原国家食品药品监督管理总局下发通知，有条件放开养殖红鳍东方鲀和养殖暗纹东方鲀加工经营。通知规定，销售的养殖河鲀必须来自经农业部备案的河鲀鱼源养殖源基地；经具备条件的农产品加工企业去除有毒部位和河鲀毒素并包装的河鲀加工制品，包装上应按照要求标示相关信息；禁止经营养殖野生河鲀活鱼和未经加工的河鲀整鱼。

青皮红肉鱼引起的食物中毒。中毒原因是食用了不新鲜的青皮红肉鱼（如青占鱼、秋刀鱼、金枪鱼、三文鱼等），这些鱼含有高水平的组胺，可能会引起急性过敏反应等。主要症状表现：在食用后数分钟至数小时内发病，出现面部、胸部及全身皮肤潮红，眼结膜充血，并伴有头疼、头晕、心跳加快、呼吸急促等，皮肤可能出现斑疹或荨麻疹。预防方法是采购新鲜的鱼，如发现鱼眼变红，鱼体色泽暗淡、无弹性，不要购买；运输、贮存都要保持低温冷藏。

未煮熟豆浆引起的食物中毒。中毒原因是豆浆未经彻底煮沸，其中的皂素、抗胰蛋白酶等有毒物质未被彻底破坏。主要症状表现：在食用后 30 min ~ 1 h 内，出现胃部不适、恶心、呕吐、腹胀、腹泻、头晕、无力等中毒症状。预防方法是在生豆浆烧煮时将上涌泡沫除净，煮沸后以文火维持沸腾 5 min 左右。需要特别提醒的是，当豆浆烧煮到80℃时，会有许多泡沫上浮，这是"假沸"现象，应将上涌的泡沫除净后继续加热。

七、有毒有害化学物质引起的食源性疾病

化学性食物中毒是指食用了被有毒有害化学物质污染的食品而引起的食物中毒，一般发病急骤、病情较重，严重的可导致死亡，常见的有"瘦肉精"食物

中毒、有机磷农药食物中毒、亚硝酸盐食物中毒等。

"瘦肉精"食物中毒。中毒原因是食用了含有盐酸克仑特罗（俗称"瘦肉精"）的畜肉及其内脏等。主要症状表现：在食用后 30 min ~ 2 h 内发病，出现心跳加快、肌肉震颤、头晕、恶心、脸色潮红等。预防方法是选择信誉良好的供应商，如果发现猪肉的肉色较深、肉质鲜艳，后臀肌肉饱满突出、脂肪非常薄，这种猪肉就可能含有"瘦肉精"。

有机磷农药食物中毒。中毒原因是食用了使用违禁有机磷农药或有机磷农药超标的蔬菜、水果等。主要症状表现：在食用后 2 h 内发病，出现头痛、头晕、恶心、呕吐、视力模糊等，严重者会出现瞳孔缩小、呼吸困难、昏迷，直至呼吸衰竭而死亡。预防方法是选择信誉良好的供应商；使用流水反复刷洗蔬菜（对于叶菜类蔬菜，应掰开后逐片刷洗），次数不少于 3 次。

亚硝酸盐食物中毒。中毒原因是误将亚硝酸盐当作食盐加入食物中或者食用了刚腌制不久的暴腌菜。主要症状表现：在食用后 1 ~ 3 h 内发病，出现口唇、舌尖、指尖青紫等缺氧症状，自觉症状有头晕、乏力、心率快、呼吸急促，严重者会出现昏迷、大小便失禁，最严重的可因呼吸衰竭而导致死亡。预防方法是严格按照 GB 2760《食品安全国家标准 食品添加剂使用标准》使用亚硝酸盐；餐饮单位不采购、贮存和使用亚硝酸盐加工食品。

第三章　食品安全法律法规

第一节　食品安全法律法规概述

一、食品安全法律关系

食品安全法律关系是指食品安全监管部门在监管活动中与行政管理相对人产生的权利和义务关系，由主体、客体和内容三要素组成。

（一）主体

法律关系的参加人或当事人是法律关系的主体，包括在法律关系中一定权利的享有者和相应义务的承担者。就食品安全行政法律关系来说，市场监管部门、农业部门、海关等监管部门是行政执法主体，食品生产经营者是守法主体。行政执法主体和守法主体体现的是行政法律关系中的监管和被监管的关系。

（二）客体

法律关系中主体的权利和义务所指向的对象是法律关系的客体，包括物、行为和非物质财富等，表现为一定利益的法律形式。食品安全行政法律关系中最大的客体是公众的身体健康和生命安全，其次是物和行为。其中，物包括食品、食品添加剂、食品相关产品，以及生产场所、设施、生产环境等；行为是指食品生产经营者从事的所有与食品、食品添加剂、食品相关产品有关的活动。

（三）内容

法律关系中主体所享有的权利和所承担的义务构成法律关系的内容。权利是指法律保护的某种利益，表现为权利人意志和行为的自由，以及利益的保障。义务是指人们必须履行的某种责任，表现为意志和行为的限制，以及利益的付出。如食品安全监管部门有权利对食品生产经营者遵守食品安全法律法规的情况进行监督检查，但应当承担记录监督检查结果的义务；食品生产经营者有权利对食品安全执法人员在执法过程中违反法律法规规定的行为进行投诉举报，但应当履行配合食品安全监管部门实施监督检查的义务。

二、法律适用的原则

《中华人民共和国立法法》是规范立法活动的基本法，是"诸法之法"，是依法治国体系中权力配置和利益分配的基础，适用于法律、行政法规、地方性法规、自治条例和单行条例的制定、修改和废止，国务院部门规章和地方政府规章的制定、修改和废止依照执行。该法于 2000 年 3 月 15 日第九届全国人民代表大会第三次会议通过，于 2015 年 3 月 15 日第十二届全国人民代表大会第三次会议修正。该法明确了法律的适用原则如下。

（一）上位法优于下位法

法的位阶是指法的效力等级。宪法具有最高的法律效力，一切法律、行政法规、地方性法规、自治条例和单行条例、规章都不得同宪法相抵触。法律的效力高于行政法规、地方性法规、规章。行政法规的效力高于地方性法规、规章。地方性法规的效力高于本级和下级地方政府规章。省、自治区的人民政府制定的规章的效力高于本行政区域内设区的市、自治州的人民政府制定的规章。自治条例和单行条例依法对法律、行政法规、地方性法规作变通规定的，在本自治地方适用。经济特区法规根据授权对法律、行政法规、地方性法规作变通规定的，在本经济特区适用。

（二）同位阶效力同等

同位阶的法律规范在部门规章之间、部门规章与地方政府规章之间容易引起冲突，应根据该事项是属于中央管理事项还是属于地方管理事项的权限范围来确定如何适用。

（三）特别法优于一般法

同一机关制定的法律、行政法规、地方性法规、自治条例和单行条例、规章，特别规定与一般规定不一致的，适用特别规定。所谓特别规定，就是根据某种特殊情况和需要调整某种特殊社会关系的法律规范；一般规定是为调整某种社会关系而制定的法律规范。

（四）新法优于旧法

新规定与旧规定不一致的，适用新规定。

（五）不溯及既往原则

法律、行政法规、地方性法规、自治条例和单行条例、规章不溯及既往，但为了更好地保护公民、法人和其他组织的权利和利益而作的特别规定除外。

三、法律适用的裁决

（一）新一般法与旧特别法不一致

对同一事项的新的一般规定与旧的特别规定不一致，不能确定如何适用时，法律之间的问题由全国人民代表大会常务委员会裁决，行政法规之间的问题由国务院裁决。同一机关制定的新的一般规定与旧的特别规定不一致时，由制定机关裁决。

（二）地方性法规与部门规章不一致

地方性法规与部门规章之间对同一事项的规定不一致，不能确定如何适用时，由国务院提出意见，国务院认为应当适用地方性法规的，应当决定在该地方适用地方性法规的规定；认为应当适用部门规章的，应当提请全国人民代表大会常务委员会裁决。部门规章之间、部门规章与地方政府规章之间对同一事项的规定不一致时，由国务院裁决。根据授权制定的法规与法律规定不一致，不能确定如何适用时，由全国人民代表大会常务委员会裁决。

第二节　国家食品安全法律法规

为了保障人民群众的生命安全和身体健康，我国从保护食品的质量、卫生、营养和安全的角度，制定了多项法律法规和规章，主要包括《中华人民共和国食品安全法》《中华人民共和国农产品质量安全法》《中华人民共和国产品质量法》《中华人民共和国进出境动植物检疫法》《中华人民共和国标准化法》《中华人民共和国动物防疫法》等 10 多部法律，《中华人民共和国食品安全法实施条例》《乳品质量安全监督管理条例》《生猪屠宰管理条例》《粮食流通管理条例》《农业转基因生物安全管理条例》《农药管理条例》《兽药管理条例》等 40 多部行政法规，《食品生产许可管理办法》《食品经营许可管理办法》《食品生产经营监督检查管理办法》《网络食品安全违法行为查处办法》《食用农产品市场销售质量安全监督管理办法》《水产养殖质量安全管理规定》等 100 多部规章，以及众多的地方层面的法规和规章。通过这些法律法规和规章，我国已经构建起较为完善的食品安全法律体系。

一、《中华人民共和国食品安全法》

《中华人民共和国食品安全法》（以下简称《食品安全法》）于 2009 年 2 月 28 日第十一届全国人民代表大会常务委员会第七次会议通过，于 2015 年 4 月 24 日第十二届全国人民大会常务会员会第十四次会议修订，根据 2018 年 12 月 29 日第十三届全国人民代表大会常务委员会第七次会议《全国人民代表大会常务委员会关于修改〈中华人民共和国产品质量法〉等五部法律的决定》第一次修正，根据 2021 年 4 月 29 日第十三届全国人民代表大会常务委员会第二十八次会议《全国人民代表大会常务委员会关于修改〈中华人民共和国道路交通安全法〉等八部法律的决定》第二次修正。

（一）修订背景

1. 巩固监管体制改革成果

食品安全监管体制是食品安全立法的重要内容。2013 年，第十二届全国人民代表大会第一次会议通过了《国务院机构改革和职能转变方案》，对我国的食品安全体制进行了重大调整。根据该方案，将原来由国务院食品安全委员会办公室、国家食品药品监督管理局、国家质量监督检验检疫总局、国家工商行政管理总局对食品安全分段监管的体制进行调整，组建国家食品药品监督管理总局，实施对食品生产、食品流通、食品消费环节的统一监督管理，这种体制上的调整需要在法律中予以固化。

2. 完善食品安全监管制度

2009 年之后，网络食品交易等新兴食品经营业态蓬勃发展，对于保健食品、特殊医学用途配方食品、婴幼儿配方食品，尤其是婴幼儿配方乳粉等特殊食品，如何从严监管？需要不断丰富新的监管措施，完善新的监管制度。另外，在十多年的食品生产经营发展和监管过程中，仍然存在有待完善的制度，这些都需要在修订的《食品安全法》中予以体现。

3. 建立最严厉的处罚制度

我国食品安全形势依旧严峻，少数不法分子主观故意从事食品安全违法犯罪活动，非法使用非食品原料生产食品，超范围、超限量使用食品添加剂，掺杂掺假、以假充真、以次充好、以不合格产品冒充合格产品等主观恶意违法行为时有发生，给社会造成了恶劣影响，给消费者带来了健康风险，也破坏了正常的经济秩序。因此，需要坚定猛药去疴、重典治乱的决心，需要通过食品安全立法加大对食品安全违法犯罪行为的打击力度。

（二）主要内容

修订后的《食品安全法》由原来的 104 条增加到 154 条，共十章，主要内容如下。

1. 适用范围

在中华人民共和国境内从事食品、食品添加剂、食品相关产品的生产经营，食品生产经营者使用食品添加剂、食品相关产品，食品的贮存和运输，对食品、食品添加剂、食品相关产品的安全管理，食用农产品的市场销售、有关质量安全标准的制定、有关安全信息的公布和本法对农业投入品作出规定的，应当遵守《食品安全法》规定。

2. 风险监测和风险评估制度

国家建立食品安全风险监测和风险评估制度。有计划地对食源性疾病、食品污染及食品中的有害因素进行监测，根据食品安全风险监测信息、科学数据等有关信息，对食品、食品添加剂、食品相关产品中生物性、化学性和物理性危害因素进行风险评估，包括危害识别、危害特征描述、暴露评估、风险特征描述。明确食品安全风险评估结果是制定、修订食品安全标准和实施食品安全监督管理的科学依据。

3. 食品安全标准制度

国家建立食品安全标准制度。除食品安全标准外，不得制定其他食品强制性标准。食品安全标准包括食品安全国家标准和食品安全地方标准。国家鼓励食品生产企业制定严于食品安全国家标准或者地方标准的企业标准，在本企业适用。制定食品安全国家标准，应当依据食品安全风险评估结果并充分考虑食用农产品安全风险评估结果，参照相关的国际标准和国际食品安全风险评估结果，广泛听取食品生产经营者、消费者、有关部门等方面的意见。

4. 食品生产经营主体责任要求

一般要求包括 11 项一般符合性规定和 13 项禁止性规定，食品添加剂和食品相关产品生产许可制度，食品生产经营许可制度，对食品生产加工小作坊和食品摊贩等的规定，新的食品原料、食品添加剂新品种、食品相关产品新品种许可制度，食品安全全程追溯制度和食品安全责任保险制度等。

生产经营过程控制要求包括食品安全管理制度，食品安全管理人员培训考核制度、从业人员健康管理制度，食品生产过程控制制度，食品安全自查制度，农业投入品安全使用和记录制度，进货查验记录制度，出厂检验记录制度，批发企业食品销售记录制度，网络食品交易第三方平台责任制度，食品召回制度等。

标签、说明书和广告要求包括预包装食品的标签标注、散装食品的销售标示、转基因食品和食品添加剂标示，食品和食品添加剂的标签、说明书宣传（含警示标志），食品广告规定等。

特殊食品要求包括保健食品注册和备案制度、特殊医学用途配方食品注册制度、婴幼儿配方食品备案和婴幼儿配方乳粉的产品配方注册制度、特殊食品广告规定等。

5. 食品检验规定

包括食品（含食品添加剂）检验机构许可制度、检验机构和检验人负责制度、食品购样抽检制度、食品快速检测制度、检验结论异议处置制度等。

6. 食品进出口规定

包括进口食品符合我国食品安全标准制度、进口食品备案和注册制度、进口食品标签制度、进口商进口和销售记录制度等；出口食品符合出口国（地区）标准或合同要求制度，出口食品生产企业和出口食品原料种植养殖场备案制度，出口国（地区）食品安全管理体系和状况评估、审查制度等。

7. 食品安全事故处置要求

包括食品安全事故处置方案制度、食品安全事故报告制度、食品安全事故调查处理制度、事故责任调查制度、配合事故调查制度等。

8. 监督管理要求

包括食品安全风险管理制度、监管部门制定食品安全年度监督管理计划制度、食品生产经营者食品安全信用档案制度、责任约谈制度、投诉举报处置制度、国家食品安全信息统一公布制度、监管部门公布食品安全日常监管信息制度、行政执法与刑事司法衔接制度等。

（三）特点

1. 完善统一权威的食品安全监管机构。将食品生产经营监管职责统一调整至食品药品监管部门，其他部门按职责承担相关食品安全管理工作。

2. 建立最严格的全过程监管制度。完善从农田到餐桌的监管制度，建立网络食品交易监管制度。

3. 强化预防为主、风险管理。进一步强化风险监测、风险评估制度，增加责任约谈、风险分级管理等预防性风险管理制度。

4. 突出特殊食品监管。将保健食品、特殊医学用途配方食品、婴幼儿配方食品列为特殊食品，对特殊食品实施注册或备案管理。

5. 建立最严厉的处罚制度。对违法者予以从严打击，大幅提高行政罚款金额，对失职、渎职的地方政府和监管部门实施严肃问责。涉嫌犯罪的，依法移送司法部门。

6. 强化社会共治。除食品生产经营者落实主体责任，政府和监管部门落实监管责任外，强调食品行业协会、社会组织、基层群众性自治组织、新闻媒体、研究机构、消费者在食品安全中的共同治理作用。

二、《中华人民共和国农产品质量安全法》

《中华人民共和国农产品质量安全法》（以下简称《农产品质量安全法》）于 2006 年 4 月 29 日第十届全国人民代表大会常务委员会第二十一次会议通过，根据 2018 年 10 月 26 日第十三届全国人民代表大会常务委员会第六次会议《关于修改〈中华人民共和国野生动物保护法〉等十五部法律的决定》对执法主体进行修正，2022 年 9 月 2 日第十三届全国人民代表大会常务委员会第三十六次会议修订通过。

（一）制定背景

农产品是公众每天消费的食物中比例较大的产品，农产品的质量安全直接影响到消费者的身体健康和生命安全。我国在《农产品质量安全法》制定之前，已制定《中华人民共和国食品卫生法》和《中华人民共和国产品质量法》，但作为食品源头的食用农产品却缺乏相应的法律制度，存在较大的风险隐患。《农产品质量安全法》是在我国农产品从数量增长到质量提升的转变形势下制定的，该法的制定填补了我国食品法律体系的空白，与《食品安全法》一起奠定了保障我国食品安全的法律基础。

（二）主要内容

1. 适用范围

本法所称农产品，是指来源于农业的初级产品，即在农业活动中获得的植物、动物、微生物及其产品。

2. 法律制度

风险分析、评估和管理制度。国务院农业行政主管部门应当设立由有关方面专家组成的农产品质量安全风险评估专家委员会，对可能影响农产品质量安全的潜在危害进行风险分析和评估，根据风险评估结果采取相应的管理措施。

质量安全信息发布制度。国务院农业行政主管部门和省、自治区、直辖市人民政府农业行政主管部门应当按照职责权限，发布有关农产品质量安全状况信息。

质量安全标准制度。国家建立健全农产品质量安全标准体系，农产品质量安全标准是强制性的技术规范。制定农产品质量安全标准应当充分考虑农产品质量安全风险评估结果，并听取农产品生产者、销售者和消费者的意见，保障消费安全。

农产品禁止生产区域制度。县级以上地方人民政府农业行政主管部门按照保障农产品质量安全的要求，根据农产品品种特性和生产区域大气、土壤、水体中有毒有害物质状况等因素，认为不适宜特定农产品生产的，提出禁止生产的区域，报本级人民政府批准后公布。

农业投入品监督抽查制度。国务院农业行政主管部门和省、自治区、直辖市人民政府农业行政主管部门应当定期对可能危及农产品质量安全的农药、兽药、饲料和饲料添加剂、肥料等农业投入品进行监督抽查，并公布抽查结果。

农产品生产记录制度。农产品生产企业和农民专业合作经济组织应当建立农产品生产记录，如实记载使用农业投入品的名称、来源、用法、用量和使用、停用的日期，动物疫病、植物病虫草害的发生和防治情况，以及收获、屠宰或者捕捞的日期。

包装和标识制度。农产品应当按照法律规定进行包装或者附加标识，内容包括农产品在包装、保鲜、贮存、运输中所使用的保鲜剂、防腐剂、添加剂等材料，农业转基因生物、检疫合格、无公害农产品等标识。

三、主要行政法规

（一）《国务院关于加强食品等产品安全监督管理的特别规定》

2007 年 7 月 25 日，《国务院关于加强食品等产品安全监督管理的特别规定》（国务院令第 503 号）（以下简称《特别规定》）经国务院第 186 次常务会议通过。《特别规定》的法律效力低于法律，高于一般性行政法规，即对产品安全监督管理，法律有规定的，适用法律规定；法律没有规定或者规定不明确的，适用本规定；行政法规与本规定中有关内容不一致的，适用本规定。

《特别规定》规定，生产经营者不得生产、销售不符合法定要求的产品。其中的法定要求，是指法律、法规、规章及强制性标准等安全技术规范规定的涉及人体健康和生命安全的强制性要求。《特别规定》还规定，依照法律、行政法规规定生产、销售产品需要取得许可证照或者需要经过认证的，应当按照法定条件、要求从事生产经营活动。其中的法定条件、要求，是指法律、行政法规及其授权的国务院有关部门依法以规章等规范性文件形式规定的取得许可的条件和通过认证的条件，以及法律、行政法规及其授权的国务院有关部门依法以规章等规范性文件形式规定的生产经营过程控制要求，包括强制性卫生要求、安全工艺要求等。

（二）《中华人民共和国食品安全法实施条例》

2009 年 7 月 20 日，国务院公布了《中华人民共和国食品安全法实施条例》（国务院令第 557 号）（以下简称《食品安全法实施条例》），根据 2016 年 2 月 6 日《国务院关于修改部分行政法规的决定》修订，2019 年 3 月 26 日国务院第 42 次常务会议修订通过。

《食品安全法实施条例》进一步强化食品安全监管责任。其内容包括：县级以上人民政府建立统一权威的食品安全监管体制，加强食品安全监管能力建设；

强调有关部门依法履职、加强协调配合，规定有关部门在食品安全风险监测和评估、事故处置、监督管理等方面的会商、协作、配合义务；丰富监管手段，规定食品安全监管部门在日常属地管理的基础上，可以采取上级部门随机监督检查、组织异地监督检查等方式，对可能掺杂掺假的食品，按照现有食品安全标准等无法检验的，国务院食品安全监管部门可以制定补充检验方法；完善举报奖励制度，明确举报奖励资金纳入各级人民政府预算，并加大对违法单位内部举报人的奖励；建立黑名单制度，实施联合惩戒，将食品安全信用状况与准入、融资、信贷、征信等相衔接。

《食品安全法实施条例》进一步落实生产经营者的食品安全主体责任。其内容包括：细化企业主要负责人的责任，规定主要负责人对本企业的食品安全工作全面负责，加强供货者管理、进货查验和出厂检验、生产经营过程控制、食品安全自查等工作；规范食品的贮存、运输，规定对贮存、运输有温度、湿度等特殊要求的食品，应当具备相应的设备设施并保持有效运行，同时规范委托贮存、运输食品的行为；明确禁止利用包括会议、讲座、健康咨询在内的任何方式对食品进行虚假宣传；规定不得发布未经资质认定的检验机构出具的食品检验信息，不得利用上述检验信息对食品等进行等级评定；完善特殊食品管理制度，对特殊食品的出厂检验、销售渠道、广告管理、产品命名等事项作出规范。

《食品安全法实施条例》进一步完善法律责任。其内容包括：落实党中央和国务院关于食品安全违法行为追究到人的重要精神，对存在故意违法等严重违法情形的单位的法定代表人、主要负责人、直接负责的主管人员和其他直接责任人员处以罚款；细化属于情节严重的具体情形，对情节严重的违法行为从重从严处罚；针对本条例新增的义务性规定，设定严格的法律责任；规定食品生产经营者依法实施召回或者采取其他有效措施减轻或消除食品安全风险，未造成危害后果的，可以从轻或者减轻处罚，以此引导食品生产经营者主动、及时采取措施控制风险、减少危害；细化食品安全监管部门和公安机关的协作机制，明确行政拘留与其他行政处罚的衔接程序。

四、主要部门规章

（一）市场监管部门主要规章

市场监管部门是主要的食品安全监管部门，负责食品生产经营和食用农产品市场销售质量安全监管。为更好地履行职责，国家市场监督管理总局制定并颁布了一系列规章，包括《食品生产许可管理办法》《食品经营许可管理办法》《食品生产经营监督检查管理办法》《食用农产品市场销售质量安全监督管理办法》《网络食品安全违法行为查处办法》《食品安全抽样检验管理办法》《食品召回管理办法》《市场监督管理投诉举报处理暂行办法》《市场监督管理严重违法失信名单管理办法》等。另外，国家市场监督管理总局还制定了一些特定食品的管理办法，如《保健食品注册与备案管理办法》《特殊医学用途配方食品注册管理办法》《婴幼儿配方乳粉产品配方注册管理办法》《食盐质量安全监督管理办法》等。

（二）农业农村行政部门主要规章

农业农村行政部门主要负责食用农产品进入市场销售前的质量安全监督管理。农业农村部颁布了一系列规章，包括《无公害农产品管理办法》《水产养殖质量安全管理规定》《农产品包装和标识管理办法》《生鲜乳生产收购管理办法》《绿色食品标志管理办法》《农产品质量安全监测管理办法》《农业转基因生物安全评价管理办法》《农业转基因生物进口安全管理办法》《农业转基因生物标识管理办法》《农业转基因生物加工审批办法》等。这些部门规章的颁布对于食品安全的源头监管和风险控制起到了重要的法治保障。

（三）卫生行政部门主要规章

卫生行政部门主要负责组织开展食品安全风险监测评估，依法制定并公布食品安全标准，承担新的食品原料、食品添加剂新品种、食品相关产品新品种的安全性审查等。国家卫生健康委员会颁布了一系列规章，包括《食品安全风险监测管理规定》《食品安全风险评估管理规定》《食品安全国家标准管理办法》《新食品原料安全性审查管理办法》《食品添加剂新品种管理办法》等。这些部门规章的颁布对于提高食品安全监管的科学性和专业化水平发挥了重要的作用。

（四）海关主要规章

海关对进出口食品生产经营者及其进出口食品安全实施监督管理。近年来，随着食品国际贸易的不断增长，进出口食品安全日益受到重视。为确保进出口食品安全，海关总署颁布了一系列规章，包括《中华人民共和国进出口食品安全管理办法》《中华人民共和国进口食品境外生产企业注册管理规定》《国境口岸卫生许可管理办法》《国境口岸食品卫生监督管理规定》《出入境邮轮检疫管理办法》《进出境粮食检验检疫监督管理办法》《进境水果检验检疫监督管理办法》等。

第三节　上海市食品安全地方性法规和规章

近年来，上海市以建设市民满意的食品安全城市为目标，深入贯彻《食品安全法》《食品安全法实施条例》等法律法规，不断完善法规体系，全面推进依法行政。上海市人民政府已颁布实施的食品安全相关法规和规章主要包括《上海市食品安全条例》《上海市清真食品管理条例》《上海市酒类商品产销管理条例》《上海市餐厨废弃油脂处理管理办法》《上海市食品安全信息追溯管理办法》《上海市食用农产品安全监管暂行办法》《上海市集体用餐配送监督管理办法》《上海市生猪产品质量安全监督管理办法》《上海市城市网格化管理办法》《上海市盐业管理规定》《上海市水产品质量安全监督管理办法》等。

一、《上海市食品安全条例》

2017 年 1 月 20 日，上海市第十四届人民代表大会第五次会议通过并颁布了《上海市食品安全条例》。

（一）制定背景

一是贯彻落实党中央关于食品安全"四个最严"要求；二是固化上海市近年来食品安全监管体制、制度建设成果；三是解决当前存在的网络食品无序经营等食品安全突出问题；四是推进食品安全社会共治体系建设。

（二）主要内容

1. 完善食品安全监管体制

强化市、区食药安办的综合管理、协调指导、监督考评、应急管理职责；明确乡、镇人民政府和街道办事处建立食品安全综合协调机构，做好辖区内食品安全综合协调、隐患排查、信息报告、协助执法和宣传教育等工作；进一步明确政府主要监管部门的职责、区市场监管部门及其派出机构的食品安全监管职责。

2. 强化食品源头管理

以食用农产品为原料，经清洗、切配、消毒等加工处理，生产供直接食用食品的，应当依法办理食品生产许可；从事生猪产品及牛羊等其他家畜的产品批发、零售的，应当依法取得食品经营许可；从事食品和食用农产品贮存、运输服务的经营者，应当依法向区市场监督管理部门备案。

3. 加强食用农产品监管

严禁使用国家禁止使用的农业投入品；严禁超范围或者超剂量使用国家限制使用的农业投入品；严禁收获、屠宰、捕捞未达到安全间隔期、休药期的食用农产品；严禁对畜禽、畜禽产品灌注水或者其他物质；严禁在食用农产品生产、销售、贮存和运输过程中添加可能危害人体健康的物质。

4. 强化企业主体责任

建立食品安全信息追溯制度；高风险食品生产企业建立主要原料和食品供应商检查评价制度；食品生产企业实施现代食品安全体系管理；食用农产品批发交易市场、大型超市卖场、中央厨房、集体用餐配送单位应当配备检验设备和检验人员或者委托有资质的食品检验机构，对入场销售或者采购的食品、食用农产品进行抽样检验；贮存、运输、陈列有特殊温度、湿度控制要求的食品和食用农产品的，应当进行全程温度、湿度监控。

5. 解决突出问题

解决"无证餐饮"问题，实施"小餐饮"备案制度；加强网络食品经营新业态的管理，建立网络食品交易第三方平台备案制度；细化网络食品经营者食品生产经营许可和信息公示制度；强调网络食品交易第三方平台提供者对入网食品经营者的事中事后管理责任。

二、《上海市集体用餐配送监督管理办法》

2005 年 7 月 11 日，上海市人民政府颁布了《上海市集体用餐配送监督管理办法》（市政府令第 51 号），根据 2010 年 12 月 20 日上海市人民政府公布的《上海市人民政府关于修改〈上海市农机事故处理暂行规定〉等 148 件市政府规章的决定》（市政府令第 52 号）修正。其主要内容如下：

（一）强化加工方式及温度控制要求

采用加热后冷藏保温的，应当在膳食烧熟后充分冷却，即在 2 h 内将中心温度降至 10℃ 以下，并在该温度下分装、贮存、运输；采用加热后高温保温的，应当在膳食烧煮后加热保温，使膳食在食用前的中心温度始终保持在 65℃ 以上。

（二）强化配送和食用时间要求

加工后冷藏保温的膳食从烧熟至食用的时间不得超过 24 h；加工后高温保温的膳食从烧熟至食用的时间不得超过 3 h。

三、《上海市食品安全信息追溯管理办法》

2015 年 7 月 27 日，上海市人民政府颁布了《上海市食品安全信息追溯管理办法》（市政府令第 33 号）。其主要内容如下：

（一）建立食品安全信息追溯管理制度

2015 年，上海市在借鉴国外经验、总结本市食品安全追溯体系运行经验的基础上，在全国率先制定食品安全信息追溯管理办法，以地方规章的形式固化和推进食品安全信息追溯制度，建立统一的"上海市食品安全信息追溯平台"。

（二）分步实施食品安全信息追溯

2015 年，上海市选择消费量较大、发生食品安全事故风险较高的 9 大类 20 个品种食品和食用农产品先行探索信息追溯；2021 年，上海市将食品安全信息追溯品种由 9 大类拓展至 11 大类，新增"特殊食品"和"酒类"2 个类别，具体品种由 20 个扩展至 44 个。

（三）明确追溯管理生产经营者范围

强制具有一定规模或具有较高风险的 14 类食品生产经营者实施食品安全信息追溯管理，包括从事食品追溯品种生产经营活动的生产企业、农民专业合作经济组织、屠宰厂（场）、批发经营企业、批发市场、兼营批发业务的储运配送企业、标准化菜市场、连锁超市、中型以上食品店、集体用餐配送单位、中央厨房、学校食堂、中型以上饭店及连锁餐饮企业等。

四、《上海市餐厨废弃油脂处理管理办法》

2012 年 12 月 26 日，上海市人民政府颁布了《上海市餐厨废弃油脂处理管理办法》（市政府令第 97 号）。其主要内容如下：

（一）实施餐厨废弃油脂收购制度

餐饮单位处置餐厨废弃油脂需要缴纳垃圾处理费，但鉴于餐厨废弃油脂比一般垃圾更具有资源化属性，本着与市场接轨原则，本办法取消产生单位缴纳垃圾处理费的规定，实行收运单位向产生单位收购制度，避免产生单位将餐厨废弃油脂转卖给非法渠道。

（二）合理控制餐厨废弃油脂收运、处置单位的数量

在以往实践中，上海市从事餐厨废弃油脂收运、处置活动的单位数量过多，整个收运、处置市场较为无序。本办法明确设置严格的招投标条件，以政府招投标方式合理确定并控制收运、处置单位的数量。

（三）强化餐厨废弃油脂处理的全过程监管

加大产生单位的源头管理，将油水分离器的安装和使用，餐厨废弃油脂产生申报、收运合同、收运联单和记录台账纳入许可条件；建立产生、收运和处置单位联单信息追溯制度；收运单位的车辆和收集容器以及收运、处置单位的处置场所安装电子实时监控设备。

五、《上海市城市网格化管理办法》

2013 年 8 月 5 日，上海市人民政府颁布了《上海市城市网格化管理办法》（市政府令第 4 号）。本办法所称的城市网格化管理，是指按照统一的工作标准，由区（县）人民政府设立的专门机构委派网格监督员对责任网格内的部件和事件进行巡查，将发现的问题通过特定的城市管理信息系统传送至处置部门予以处置，并对处置情况实施监督和考评的工作模式。食品安全相关事件的巡查处置是城市网格化管理的重要内容之一。其主要内容如下：

（一）建立城市网格化管理一般流程

一是将全市城市化地区按照一定的标准划分成大小适当、边界清晰的地域区块，即责任网格；二是网格监督员手持通信设备对责任网格进行巡查，对所发现的问题通过拍照、摄像等方式将相关信息报送区（县）城市网格化管理机构；

三是该网格化管理机构立案，并将案件分派至对所发现的问题负有处置责任的行政管理部门以及环卫、道路和绿化养护、燃气、供排水、电力、通信等公共服务单位；四是处置部门或者单位在规定的时限内完成案件处置工作，并将案件处置结果反馈至区（县）城市网格化管理机构；五是该网格化管理机构安排网格监督员对案件处置结果进行现场核查后予以结案。

（二）规定城市网格化管理适用范围

城市网格化管理适用于公用设施、建设管理、道路交通、交通运输、市容环卫、环境保护、园林绿化、工商行政、食品药品监督、安全生产监督、公共卫生等管理领域内可以通过巡查发现的部件、事件问题。其中，食品安全网格化巡查重点包括五项事件：无证无照生产经营食品，食品摊贩违法经营，餐饮油烟污染，餐厨废弃油脂非法处置，保健食品非法"会销"。

（三）明确疑难案件处理措施

一是对于辖区内情况复杂、需要多个行政管理部门共同处置的案件，由区（县）人民政府组织联合执法进行处置；二是对于属于跨区（县）行政区域或者市级有关部门管理情形的案件，区（县）城市网格化管理机构将该案件上报市数字化城市管理机构予以分派；三是对案件处置存在争议的，市建设交通行政管理部门负责案件处置的协调，必要时可以直接指定相关行政管理部门或者公共服务单位进行处置。

六、《上海市水产品质量安全监督管理办法》

2022年2月17日，上海市人民政府颁布了《上海市水产品质量安全监督管理办法》（市政府令第66号），自2022年5月1日起施行。其主要内容如下：

（一）明确生产经营者主体责任

增强生产经营主体责任意识，落实主体责任，对其生产经营活动承担管理责任。本办法明确水产品生产经营者对其生产经营的水产品质量安全负责，要求其加强生产经营过程控制，确保生产经营的水产品质量安全风险可控、质量可靠。

（二）加强源头治理和风险防范

一是水产品生产者应当定期对养殖用水水质进行监测，严格水产投入品管理，鼓励其采用生态养殖模式来优化养殖密度；二是鼓励水产品生产经营者及社会团体开展水产品质量安全科学技术研究，推广先进安全的生产技术和科学的管理方式，制定更高水平的企业标准或者团体标准；三是推进都市现代水产养殖示范场、水产良（苗）种场、池塘循环水养殖设施、工厂化水产养殖设施、池塘温室、生态养殖区等水产养殖基地及设施建设。

（三）建立全程监管机制，完善信息追溯制度

加强生产环节和经营环节监管对接，建立水产品质量安全追溯制度，要求水产品生产经营者及时、如实向食品安全信息追溯平台上传追溯信息。通过水产苗种来源、水产投入品使用、水产品质量安全检测、检疫等制度与水产品市场准入的进货查验记录、销售记录等制度相衔接。

（四）规范水产品贮存与运输

一是明确水产品仓储保鲜要求。鼓励水产品生产经营者根据实际需求建设仓储保鲜冷链设施，配备冷藏设备，控制水产品的贮存温度、湿度及气体浓度等关键要素。从事水产品贮存、运输服务的经营者，应当依法向住所地的区市场监管部门备案。二是明确储运禁止行为。禁止使用不符合国家卫生、动植物检疫和防疫要求的包装物、容器、运输工具，不得将水产品与有毒有害物品混装运输。

（五）加强部门和区域协调联动

一是建立水产品质量、水域生态环境联动监测机制。卫生行政部门会同相关部门开展水产品食品安全风险监测；生态环境行政部门会同相关部门制定本市水域生态环境监测点位布局方案，定期划定水域污染物含量影响水产品食用安全的水域，并向社会发布警示公告。二是建立长三角区域执法协作机制，通报监督抽检、产品追溯、不合格水产品召回等信息，组织协调跨省突发事件应急处置等工作。

第四章　食品安全标准

第一节　食品安全标准概述

一、食品安全标准的内涵

标准是对重复性事物和概念所做的统一规定，它是以科学、技术和实践经验的综合成果为基础，经有关方面协商一致，由主管机构批准，以特定形式发布，作为共同遵守的准则和依据。《中华人民共和国标准化法》规定，标准是指农业、工业、服务业以及社会事业等领域需要统一的技术要求。标准包括国家标准、行业标准、地方标准和团体标准、企业标准。国家标准分为强制性标准、推荐性标准，行业标准、地方标准（食品安全地方标准除外）是推荐性标准。强制性标准是必须执行的技术性法规。《食品安全法》第二十五条规定，"食品安全标准是强制执行的标准。除食品安全标准外，不得制定其他食品强制性标准。"食品生产经营者应当依照法律、法规和食品安全标准从事生产经营活动，保证食品安全。

二、食品安全标准的意义

食品安全标准是食品安全法律法规体系的重要组成部分，是具有法律属性的技术性规范，是判断食品是否安全、生产经营行为是否合法的标尺，是保障消费者免受各类食品污染物危害和确保监管部门有效执法、市场主体规范经营、食品产业持续健康发展的重要保障，是实施食品安全战略的重要抓手。食品生产企业生产加工的食品不仅要符合《食品安全法》《食品安全法实施条例》等相关法律法规的规定，还应当符合相应食品安全标准（包括食品安全国家标准和食品安全地方标准）的技术要求。《食品安全法》要求国务院卫生行政部门负责对食用农产品质量安全标准、食品卫生标准、食品质量标准和有关食品的行业标准中强制执行的标准予以整合，统一公布为食品安全国家标准。食品安全标准的发布及其体系的建立，解决了长期以来食品强制性标准存在的交叉、重复、矛盾等问题。

三、食品安全标准的分类

食品安全标准根据其适用的地域范围，分为食品安全国家标准、食品安全地方标准和食品安全企业标准三个层级。食品安全国家标准在全国范围内适用，食品安全地方标准在相应的省、自治区和直辖市管辖范围内适用，食品安全企业标准仅在本企业适用。除此之外，食品安全标准根据其本身的特性，分为食品安全通用标准、产品标准、卫生规范和检验方法四大类。

四、食品安全标准的内容

食品安全标准的内容涵盖从原料到产品中涉及危害健康的各种卫生安全指标、婴幼儿和其他特定人群食品的营养素要求、加工过程各环节的卫生安全控制与配套检验方法以及标签标识等。《食品安全法》明确规定食品安全标准应当包括下列内容：

（一）食品、食品添加剂、食品相关产品中的致病性微生物，农药残留、兽药残留、生物毒素、重金属等污染物质以及其他危害人体健康物质的限量规定；

（二）食品添加剂的品种、使用范围、用量；

（三）专供婴幼儿和其他特定人群的主辅食品的营养成分要求；

（四）对与卫生、营养等食品安全要求有关的标签、标志、说明书的要求；

（五）食品生产经营过程的卫生要求；

（六）与食品安全有关的质量要求；

（七）与食品安全有关的食品检验方法与规程；

（八）其他需要制定为食品安全标准的内容。

五、食品安全通用标准与产品标准的关系

食品安全通用标准（又称横向标准）是以食品污染物、食品添加剂等项目为主线的一类标准，包括食品中真菌毒素、污染物、致病菌等限量要求，食品添

加剂和营养强化剂使用要求以及预包装食品标签、营养标签等通用安全技术要求等，这些标准适用于所有食品类别。食品安全产品标准（又称纵向标准）是以某种或某类食品为主线，对涉及其中安全以及与安全有关的质量要求等项目指标设定限量或其他要求的标准。通用标准与产品标准的关系是普遍性与特殊性的关系，对于某种或某类食品而言，既要执行通用标准，也要执行产品标准，但产品标准不必重复制定通用标准已经规定的项目指标，直接引用通用标准即可。以食用植物油为例，其中真菌毒素、污染物和农药残留的限量应符合相应通用标准的规定，而原料、理化指标等技术要求应符合相应产品标准的规定。

六、食品安全标准的制修订及发布

2009 年 6 月 1 日，《食品安全法》颁布实施，其突出的亮点之一是在食品安全标准的制修订过程中引入了风险评估机制。国家卫生健康委员会根据相关法律法规的要求，建立了食品安全国家标准管理的组织机构、管理制度及工作流程。

食品安全标准的制修订工作主要由国务院卫生行政部门负责。根据《食品安全法》的规定，食品安全国家标准由国务院卫生行政部门会同国务院食品安全监督管理部门制定、公布，国务院标准化行政部门提供国家标准编号；食品中农药残留、兽药残留的限量规定及其检验方法与规程由国务院卫生行政部门、国务院农业行政部门会同国务院食品安全监督管理部门制定；屠宰畜、禽的检验规程由国务院农业行政部门会同国务院卫生行政部门制定。为规范食品安全标准的制修订工作，原卫生部于 2010 年发布了《食品安全国家标准管理办法》（原卫生部令第 77 号），该办法对食品安全国家标准制修订工作的组织机构及工作流程进行了细化。根据该办法，食品安全国家标准制修订工作包括规划、计划、立项、起草、审查、批准、发布以及修改与复审等。

食品安全国家标准的审查工作由国务院卫生行政部门组织的食品安全国家标准审评委员会（以下简称审评委员会）负责。审评委员会由医学、农业、食品、营养、生物、环境等方面的专家以及国务院有关部门、食品行业协会、消费者协会的代表组成。审评委员会设专业分委员会和秘书处。其中，专业分委员会负责对标准草案的科学性和实用性开展技术审查；秘书处设在国家卫生健康委员会下属的国家食品安全风险评估中心，承担标准制修订管理工作的具体事务。

第二节　食品安全国家标准

一、食品安全国家标准的内容

食品安全标准是食品生产经营、食品安全监管的重要依据，是我国唯一强制执行的食品标准。我国食品安全监管曾经历多部门监管，而这种多部门监管的格局导致了多部门发布食品标准的局面。在国家层面，这些标准主要有食品卫生标准、食品质量标准、食用农产品标准等，存在量多、重复、相互矛盾和覆盖面较窄的问题。为解决这些问题，提高食品强制国家标准的通用性、科学性和实用性，2009 年发布的《食品安全法》要求国务院卫生行政部门负责整合所有国家标准和行业标准中的强制性食品标准或者强制执行的内容。截至 2021 年 12 月，国务院卫生行政部门会同相关部门制定发布了食品安全国家标准 1 303 项（不包括取代废止的 65 项），其中通用标准有 14 项，食品产品标准有 84 项（包括特殊膳食用食品 12 项），食品添加剂的产品标准有 707 项，食品相关产品的产品标准有 12 项，卫生规范有 34 项，食品检验方法标准有 423 项（包括理化检验方法 245 项、微生物检验方法 32 项、农残检验方法 137 项、兽残检验方法 9 项），毒理学评价方法与程序有 29 项。

截至 2021 年年底，我国现行有效的食品安全通用标准共有 14 项（详见表 4-1），主要包括食品中污染物限量标准、食品中真菌毒素限量标准、食品中致病菌限量标准、食品中农药最大残留限量标准等相关标准，食品添加剂和营养强化剂使用标准，食品标签标识标准，食品接触材料及制品通用卫生规范等。

表 4-1　国家食品安全通用标准

序号	标准编号	标 准 名 称
1	GB 2760—2014	《食品安全国家标准　食品添加剂使用标准》
2	GB 2761—2017	《食品安全国家标准　食品中真菌毒素限量》
3	GB 2762—2017	《食品安全国家标准　食品中污染物限量》
4	GB 2763—2021	《食品安全国家标准　食品中农药最大残留限量》
5	GB 31650—2019	《食品安全国家标准　食品中兽药最大残留限量》

序号	标准编号	标准名称
6	GB 14880—2012	《食品安全国家标准　食品营养强化剂使用标准》
7	GB 29921—2021	《食品安全国家标准　预包装食品中致病菌限量》
8	GB 31607—2021	《食品安全国家标准　散装即食食品中致病菌限量》
9	GB 7718—2011	《食品安全国家标准　预包装食品标签通则》
10	GB 28050—2011	《食品安全国家标准　预包装食品营养标签通则》
11	GB 13432—2013	《食品安全国家标准　预包装特殊膳食用食品标签》
12	GB 29924—2013	《食品安全国家标准　食品添加剂标识通则》
13	GB 4806.1—2016	《食品安全国家标准　食品接触材料及制品通用安全要求》
14	GB 9685—2016	《食品安全国家标准　食品接触材料及制品用添加剂使用标准》

二、食品安全限量标准

国家食品安全通用标准中有 6 项限量标准，涉及真菌毒素限量标准、污染物限量标准、农药最大残留限量标准、兽药最大残留限量标准、致病菌限量标准。

（一）食品中真菌毒素和污染物限量标准

GB 2761—2017《食品安全国家标准　食品中真菌毒素限量》和 GB 2762—2017《食品安全国家标准　食品中污染物限量》分别重点对我国居民健康构成较大风险的真菌毒素和污染物以及对居民膳食暴露量产生较大影响的食品种类设置限量要求，并规定无论是否制定真菌毒素限量和污染物限量，食品生产加工者均应采取控制措施，使食品中真菌毒素和污染物的含量达到尽可能的最低水平。GB 2761—2017 规定了食品中黄曲霉毒素 B_1、黄曲霉毒素 M_1、脱氧雪腐镰刀菌烯醇、展青霉素、赭曲霉毒素 A 及玉米赤霉烯酮等 6 种真菌毒素的限量指标，新增了葡萄酒和咖啡中赭曲霉毒素 A 限量要求以及特殊医学用途配方食品、辅食营养补充品、运动营养食品、孕妇及乳母营养补充食品中真菌毒素限量要求。GB 2762—2017 规定了食品中铅、镉、汞、砷、锡、镍、铬、亚硝酸盐、硝酸盐、苯并[a]芘、N-二甲基亚硝胺①、多氯联苯、3-氯-1，2-丙二醇等 13 类

---

① 即 N-亚硝基二甲胺。

污染物的限量指标。

上述 2 项标准还进一步规定了以下内容：（1）应根据各自标准的食品类别（名称）说明，准确判定企业所生产经营食品的类别；（2）如果生产经营的产品为某类食品的干制品，且该标准中对这类制品有限量规定的，那么干制品中污染物限量应以其脱水率或浓缩率折算成相应新鲜食品中污染物限量，脱水率或浓缩率可通过对食品的分析或其他可获得的数据信息等确定，有特别规定的除外；（3）当某种真菌毒素限量、污染物限量应用于某一食品类别（名称）时，则该食品类别（名称）内的所有类别食品均适用，有特别规定的除外；（4）食品中真菌毒素限量、污染物限量以食品通常的可食用部分计算，有特别规定的除外。可食用部分是指食品原料经过机械手段（如谷物碾磨、水果剥皮、坚果去壳、肉去骨、鱼去刺、贝去壳等）去除非食用部分后，所得到的用于食用的部分。非食用部分的去除不可采用任何非机械手段，如粗制植物油精炼过程。这里均采用"机械手段"一词进行描述，主要是为了排除化学手段和水分蒸发等物理手段，并非指只能机器加工而不能手工加工。

（二）食品中农药最大残留限量标准

按照使用目的和场所进行分类，农药具体包括以下几类：（1）预防、控制危害农业、林业的病、虫（包括昆虫、蜱、螨）、草、鼠、软体动物和其他有害生物；（2）预防、控制仓储以及加工场所的病、虫、鼠和其他有害生物；（3）调节植物、昆虫生长；（4）农业、林业产品防腐或者保鲜；（5）预防、控制蚊、蝇、蜚蠊、鼠和其他有害生物；（6）预防、控制危害河流堤坝、铁路、码头、机场、建筑物和其他场所的有害生物。

GB 2763—2021《食品安全国家标准　食品中农药最大残留限量》规定了食品中 2，4 -滴丁酸等 564 种农药 10 092 项最大残留限量。GB 2763.1—2022《食品安全国家标准　食品中 2，4 -滴丁酸钠盐等 112 种农药最大残留限量》是 GB 2763—2021 的增补版，规定了食品中 112 种农药 290 项最大残留限量。上述 2 项标准适用于与限量相关的食品，包括农产品和初级加工品（如果汁和肉、蛋、奶等畜禽产品）。此外，还有部分农药被豁免制定食品中最大残留限量标准。使用该标准时要注意以下几个问题。（1）根据《农药管理条例》（2017 年修订）和《农药登记管理办法》（2022 年修订）的规定，国家实行农药登记制度，在中华人民共和国境内生产、经营、使用的农药，应当取得农药登记证；未依法取得农药登记证的农药，按照假农药处理。但值得注意的是，目前已在农业农村部登记的农药并未全部纳入 GB 2763—2021。（2）未列入 GB 2763—2021 的部分禁限用农药要按照农业农村部发布的《禁限用农药名录（2019 版）》执行。

（三）食品中兽药最大残留限量标准

兽药主要包括血清制品、疫苗、诊断制品、微生态制品、中药材、中成药、化学药品、抗生素、生化药品、放射性药品及外用杀虫剂、消毒剂等。

GB 31650—2019《食品安全国家标准　食品中兽药最大残留限量》规定了动物性食品中阿苯达唑等 104 种（类）兽药的最大残留限量；规定了醋酸等 154 种允许用于食品动物，但不需要制定残留限量的兽药；规定了氯丙嗪等 9 种允许作治疗用，但不得在动物性食品中检出的兽药。GB 31650.1—2022《食品安全国家标准　食品中 41 种兽药最大残留限量》是 GB 31650—2019 的增补版，规定了 41 种兽药 122 个限量要求。上述 2 项标准仅适用于动物性初级农产品（包括蜂产品），而不适用于加工后的制品。处理过但未改变其组分的奶，以及根据国家立法已按脂肪含量标准化处理过的奶仍属于动物性初级农产品。

该标准未收载原农业部公告第 235 号《动物性食品中兽药最高残留限量》附录 4 规定的禁止药物及化合物清单。食品动物中禁止使用的药品及其他化合物清单执行农业农村部公告第 250 号《食品动物中禁止使用的药品及其他化合物清单》，原农业部公告第 193 号《食品动物禁用的兽药及其它化合物清单》、第 235 号、第 560 号《兽药地方标准废止目录》等文件中的相关内容同时废止。但原农业部公告第 560 号中未被 GB 31650—2019 和农业农村部公告第 250 号整合的部分与原农业部公告第 2292 号仍然有效。综上可知，目前现行有效的动物性食品中兽药残留合规性判定依据包括 GB 31650—2019、GB 31650.1—2022 以及农业部门公告第 250 号、第 560 号和第 2292 号等。

此外，有些被列入 GB 31650—2019 的兽药同时也是杀虫剂，且被列入了 GB 2763—2021，其合规性要根据其具体用途进行判断。如果作为兽药使用，那么其应符合 GB 31650—2019 的规定；如果作为杀虫剂在谷类作物或油料作物上使用，因食品动物食用该草料或谷类而导致兽药残留，那么其应符合 GB 2763—2021 的规定。有些兽药在动物产蛋期或泌乳期禁用，如养殖户使用蛋鸡产蛋期或乳畜泌乳期禁用的药物，或者在鸡蛋、牛奶等中检出相关药物的残留，这属于养殖环节超范围、不规范用药范畴。

（四）食品中致病菌限量标准

致病菌是常见的一类致病性微生物，致病菌及其代谢产物是引起人或动物食源性疾病的重要因素，我国每年由致病菌引起的食源性疾病报告病例数占全部报告病例数的 50% 以上，预防和控制食品中致病菌的污染对预防食源性疾病非常重要。1999 年，国际食品卫生法典委员会（Codex Committee on Food Hygiene，CCFH）启动"食品-病原"组合的风险管理模式，优先制定高危食品中的重要致病菌限量，对降低高危致病菌导致食源性疾病的风险意义重大。

我国已发布的 GB 29921—2021《食品安全国家标准　预包装食品中致病菌限量》和 GB 31607—2021《食品安全国家标准　散装即食食品中致病菌限量》分别规定了预包装食品、散装即食食品中致病菌指标及其限量要求与检验方法。预先包装但需要计量称重的散装即食食品中致病菌限量按照 GB 29921—2021 相应食品类别执行。上述 2 项标准均不适用于执行商业无菌要求的食品，除此之外，GB 29921—2021 不适用于包装饮用水、饮用天然矿泉水，GB 31607—2021 不适用于餐饮服务中的食品、未经加工或处理的初级农产品。但无论是否规定致病菌限量，食品生产者、加工者、经营者均应采取控制措施，尽可能降低食品中的致病菌含量水平及其导致风险的可能性。

GB 29921—2021 采用了国际食品微生物标准委员会（International Commission on Microbiological Specifications for Foods，ICMSF）推荐的二级采样方案或三级采样方案。ICMSF 采样方案是根据统计学原理确定的微生物样品采样方案，即对一批产品抽取若干件样品，以便有代表性、客观地反映出该批产品中的微生物污染水平。ICMSF 采样方案中不同的字母代表不同的含义，其中 n 为同一批次产品应采集的样品件数，c 为最大可允许超出 m 值的样品数，m 为致病菌指标可接受水平限量值（三级采样方案）或最高安全限量值（二级采样方案），M 为致病菌指标的最高安全限量值。具体的采样方案及其判定如下。

1. 二级采样方案

只设合格判定标准 m 值，超过 m 值的为不合格品。以生食海产品鱼为例，设置采样方案和标准 $n=5$，$c=0$，$m=10^2$，$n=5$ 即抽取 5 件样品，$c=0$ 即意味着该批产品中不得有超过 m 值的样品，若有 1 件样品超过 m 值，则判定该批产品为不合格品。

2. 三级采样方案

设有微生物标准 m 值和 M 值两个限量，其中以 $m \sim M$ 的样品数作为 c 值，如 c 值在此范围内，即附加条件合格，而任意 1 件样品超过 M 值者，则为不合格品。以冷冻生虾的菌落总数为例，设置采样方案和标准 $n = 5$，$c = 3$，$m = 10^1$，$M = 10^2$，其意义是从一批产品中随机抽取 5 件样品，允许不多于 3 件样品的菌落总数在 $m \sim M$，若有 3 件以上样品的菌落总数在 $m \sim M$，或者 1 个检样菌数超过 M 值，则判定该批产品为不合格品。

三、食品添加剂和营养强化剂使用标准

GB 2760—2014《食品安全国家标准　食品添加剂使用标准》规定了食品添加剂的使用原则、允许使用的食品添加剂品种、使用范围及最大使用量或残留量。食品添加剂的质量规格应当符合相应的食品安全标准或质量规格要求。食品添加剂使用时应符合以下基本要求：（1）不应对人体产生任何健康危害；（2）不应掩盖食品腐败变质；（3）不应掩盖食品本身或加工过程中的质量缺陷或以掺杂、掺假、伪造为目的而使用食品添加剂；（4）不应降低食品本身的营养价值；（5）在达到预期效果的前提下尽可能降低在食品中的使用量。

此外，由食品配料带入的食品添加剂应当符合带入原则，即食品配料中的食品添加剂应符合该标准的规定，生产按既定配方加工的食品，其中所含添加剂的量不应超过由配料带入的量。例如，从某品牌的熟肉制品中检出含量为 0.02 g/kg 的对羟基苯甲酸甲酯钠，而熟肉制品中不允许使用这种添加剂，这时不能简单判定为非法添加，要排除由其他配料带入的可能性。查看该产品的配料表，发现有酱油、蚝油等调味料，而对羟基苯甲酸甲酯钠是被允许添加在酱油、蚝油（最大使用量均为 0.25 g/kg）中的，根据该产品的生产配方得知酱油的添加量为 8%、蚝油的添加量为 4%，经计算得到该产品中对羟基苯甲酸甲酯钠的带入量不应超过 0.03 g/kg，这样才符合带入原则。

为配方稳定或方便生产，食品添加剂常常与部分食品原料加工成预混料。对于这类产品，应注明其特定用途（如仅用于加工面包）和使用方法（如 1 kg 面粉中加入 20 g），预混料中所有添加剂在终产品中的使用量、残留量等应符合该标准的规定。同一功能的食品添加剂（相同色泽着色剂、防腐剂、抗氧化剂）在混合使用时，各自用量占其最大使用量的比例之和不应超过 1。

GB 14880—2012《食品安全国家标准　食品营养强化剂使用标准》规定了

食品营养强化的主要目的、使用营养强化剂的要求、可强化食品类别的选择要求及营养强化剂的使用规定。营养强化的主要目的如下。（1）弥补食品在正常加工、贮存时造成的营养素损失，如维生素 C 在高温下容易被破坏。（2）在一定的地域范围内，有相当规模的人群出现某些营养素摄入水平低或缺乏，通过强化可以改善其摄入水平低或缺乏导致的健康影响，如通过碘盐预防由地方性碘缺乏病引起的甲状腺肿或克汀病。（3）某些人群由于饮食习惯和（或）其他原因可能出现某些营养素摄入水平低或缺乏，通过强化可以改善其摄入水平低或缺乏导致的健康影响。根据《中国居民营养与慢性病状况报告（2015 年）》，我国居民的膳食结构中钙、铁、维生素 A、维生素 D 等部分营养素缺乏持续存在，可以通过在食品中选择性地添加一种或多种上述微量营养素，以改善人群的营养素缺乏。（4）补充和调整特殊膳食用食品中营养素和（或）其他营养成分的含量，如遗传性氨基酸代谢缺陷疾病——苯丙酮尿症，由于人体先天缺失苯丙氨酸代谢酶，食品中所含的苯丙氨酸不能实现转化，导致苯丙氨酸及其酮酸蓄积并引起疾病，因而苯丙酮尿症患者的食品中不能含有苯丙氨酸。

四、食品标签标识标准

目前已经发布实施的食品标签标识标准有 4 项，即 GB 7718—2011《食品安全国家标准　预包装食品标签通则》、GB 28050—2011《食品安全国家标准　预包装食品营养标签通则》、GB 13432—2013《食品安全国家标准　预包装特殊膳食用食品标签》和 GB 29924—2013《食品安全国家标准　食品添加剂标识通则》。

GB 7718—2011 适用于两类预包装食品，一是直接提供给消费者的预包装食品，二是非直接提供给消费者的预包装食品，但不适用于散装食品、现制现售食品和食品储运包装的标签。直接提供给消费者的预包装食品，该标准规定的强制标示内容均应在标签上标示；非直接向消费者提供的预包装食品，标签上必须标示食品名称、规格、净含量、生产日期、保质期和贮存条件，其他内容如未在标签上标注，则应在说明书或合同中注明。

GB 28050—2011 适用于预包装食品营养标签上营养信息的描述和说明，不适用于保健食品及预包装特殊膳食用食品的营养标签标示。营养标签是预包装食品标签上向消费者提供食品营养信息和特性的说明，其主要功能是引导消费者合理选择食品，促进膳食营养平衡，保护消费者知情权和身体健康，其内容包括营养成分表、营养声称（包括含量声称和比较声称）和营养成分功能声称。

GB 13432—2013 适用于预包装特殊膳食用食品的标签（含营养标签）。特殊膳食用食品是为满足特殊的身体或生理状况和（或）满足疾病、紊乱等状态下的特殊膳食需求，专门加工或配方的食品。这类食品的营养素和（或）其他营养成分的含量与可类比的普通食品有显著不同。特殊膳食用食品的类别主要包括：（1）婴幼儿配方食品（包括婴儿配方食品、较大婴儿和幼儿配方食品、特殊医学用途婴儿配方食品）；（2）婴幼儿辅助食品（包括婴幼儿谷类辅助食品、婴幼儿罐装辅助食品）；（3）特殊医学用途配方食品（特殊医学用途婴儿配方食品涉及的品种除外）；（4）除上述类别外的其他特殊膳食用食品（包括辅食营养补充品、运动营养食品，以及其他具有相应国家标准的特殊膳食用食品）。预包装特殊膳食用食品应特别标示食用方法和适宜人群，即应标示预包装特殊膳食用食品的食用方法、每日或每餐食用量和预包装特殊膳食用食品的适宜人群，必要时应标示调配方法或复水再制方法。对于特殊医学用途婴儿配方食品和特殊医学用途配方食品，其适宜人群按产品标准要求标示。

GB 29924—2013 适用于食品添加剂的标识，不适用于为食品添加剂在储藏运输过程中提供保护的储运包装标签的标识。食品营养强化剂的标识参照该标准执行。该标准规定，应在食品添加剂标签的醒目位置，清晰地标示"食品添加剂"字样。对于单一品种食品添加剂，应按 GB 2760—2014、食品添加剂的产品质量规格标准和国家主管部门批准使用的食品添加剂中规定的名称标示食品添加剂的中文名称。当 GB 2760—2014、食品添加剂的产品质量规格标准和国家主管部门批准使用的食品添加剂中已规定了某食品添加剂的一个或几个名称时，应选用其中的一个。复配食品添加剂的名称应符合 GB 26687—2011《食品安全国家标准　复配食品添加剂通则》中的命名原则。食品用香料需列出 GB 2760—2014 和国家主管部门批准使用的食品添加剂中规定的中文名称，可以使用"天然"或"合成"进行定性说明。食品用香精应使用与所标示产品的香气、香味、生产工艺等相适应的名称和型号，且不应造成误解或混淆，并明确标示"食品用香精"字样。食品用香精还可在名称前或名称后附加相应的词或短语，如水溶性香精、油溶性香精、拌和型粉末香精、微胶囊粉末香精、乳化香精、浆（膏）状香精和咸味香精等。

食品安全标准的正确执行离不开对食品类别的准确判定，各项标准之间食品类别的划分因目的不同而可能不尽相同，标准使用者应根据具体的使用目的和安全要求判定产品的食品类别。如预包装食品馒头属于中式面点，其产品标准应符合 GB 7099—2015《食品安全国家标准　糕点、面包》的规定，但要了解制作馒头时允许使用哪些食品添加剂，应查询 GB 2760—2014 的食品分类系统。馒头属于发酵面制品，允许添加在该类别食品中的添加剂都可以使用，如可以在馒头中添加海藻酸丙二醇酯，但不能添加丙酸钠。

第三节　食品安全地方标准

食品安全地方标准是食品安全标准体系的重要组成部分。根据《食品安全法》的规定，对地方特色食品，没有食品安全国家标准的，省、自治区、直辖市人民政府卫生行政部门可以制定并公布食品安全地方标准，报国务院卫生行政部门备案；食品安全国家标准制定后，该地方标准即行废止。食品安全地方标准属于强制执行的标准，也属于技术法规的范畴。

一、食品安全地方标准制定要求

省级卫生行政部门负责地方标准的立项、制定、修订、公布，开展标准宣传、跟踪评价、清理和咨询等。食品安全地方标准应当在贯彻食品安全国家标准的基础上，补充和完善具有地方特色的食品产品和工艺要求、国家标准未覆盖的检验方法与规程及促进地方食品安全监管的生产加工过程要求。具体制定要求如下：（一）以保障公众身体健康为宗旨，做到科学合理、安全可靠；（二）反映地方食品特点和食品产业发展需求；（三）有利于解决地方食品安全监管工作中的问题；（四）在制定过程中应当广泛听取各方意见，提高标准制定、修订过程的透明度；（五）以食品安全风险监测、评估结果为依据，将对人体健康可能造成食品安全风险的因素为控制重点，科学合理设置标准内容；（六）充分参考食品安全国家标准和其他地方食品安全标准，确保与相关食品安全标准相协调；（七）食品安全指标的设置严于食品安全国家标准时，应当有充分的食品安全风险监测和风险评估依据；（八）相关质量指标应当为能反映产品特征的指标。

二、食品安全地方标准的范围

地方特色食品是指在部分地域有 30 年以上传统食用习惯的食品，包括地方特有的食品原料和采用传统工艺生产的、涉及的食品安全指标或要求未能被现有食品安全国家标准覆盖的食品。地方标准包括地方特色食品的食品安全要求、与地方特色食品标准配套的检验方法与规程、与地方特色食品配套的生产经营过程卫生要求等。

食品安全国家标准（包括通用标准）已经涵盖的食品，婴幼儿配方食品、特殊医学用途配方食品、保健食品、食品添加剂、食品相关产品、农药兽药残留、列入国家药典的物质（列入按照传统既是食品又是中药材物质目录的除外）等不得制定地方标准。地方标准不得与法律、法规和食品安全国家标准相矛盾。各省份要根据国家要求和地方标准实际，及时清理、整合、修订或废止地方标准。

三、上海市食品安全地方标准

（一）总体情况

根据《上海市食品安全条例》的规定，对没有食品安全国家标准的地方特色食品，由市卫生行政部门会同市食品安全监管部门制定、公布本市食品安全地方标准，并报国务院卫生行政部门备案；市市场监管部门提供地方标准编号。制定食品安全地方标准，应当依据食品安全风险评估结果，参照相关国际和国家食品安全标准，广泛听取食品生产经营者、有关行业组织、消费者和有关部门的意见。截至 2023 年 9 月，本市现行有效的食品安全地方标准共有 19 项。公众可在上海市卫生健康委员会官方网站上免费查阅。

（二）产品类食品安全地方标准

截至 2023 年 9 月，本市现行有效的食品安全地方标准产品类标准共有 8 项（详见表 4-2）。其中，调理肉制品、现制饮料、发酵肉制品是本市近年来引进或发展起来的新型食品，相关标准的制定发布保障了市民安全消费的需求；青团、食用干制肉皮、糟卤体现了上海的地方特色，相关标准的制定发布为传统食品得以延续和发展提供了法规保障；集体用餐配送膳食标准和预包装冷藏膳食标准为针对本市高风险食品制定的地方标准。

表 4-2 上海市食品安全地方标准产品类标准

序号	标 准 编 号	标 准 名 称
1	DB 31/2001—2012	《食品安全地方标准 青团》（含第1号修改单）
2	DB 31/2004—2012	《食品安全地方标准 发酵肉制品》
3	DB 31/2006—2021	《食品安全地方标准 糟卤》
4	DB 31/2007—2012	《食品安全地方标准 现制饮料》
5	DB 31/2016—2021	《食品安全地方标准 调理肉制品》
6	DB 31/2020—2013	《食品安全地方标准 食用干制肉皮》
7	DB 31/2023—2014	《食品安全地方标准 集体用餐配送膳食》
8	DB 31/2025—2021	《食品安全地方标准 预包装冷藏膳食》

1. 糟卤

DB 31/2006—2021《食品安全地方标准 糟卤》适用于以香糟为原料，加水浸取糟汁，添加黄酒、香辛料、食盐等，经配制、过滤、灭菌、灌装而成的液态调味品。香糟是以酒糟为主要原料，经压碎并与香辛料均匀混合过筛后，密封发酵而成的产品。该标准规定了糟卤的感官要求、酒精度和全氮等理化指标以及微生物限量，其余技术要求直接引用相关国家标准。

2. 调理肉制品

DB 31/2016—2021《食品安全地方标准 调理肉制品》适用于非即食调理肉制品，包括直接向消费者提供的产品及供应食品生产经营单位使用的非直接提供给消费者的产品。调理肉制品是指鲜、冻畜禽肉（包括畜禽副产品）经初加工后，再经调味、腌制、滚揉、上浆、裹粉、成型、热加工等加工处理方式中的一种或数种，在低温条件下贮存、运输、销售，需烹饪后食用的非即食食品。该标准规定了调理肉制品的感官要求和致病菌限量要求，并要求：（1）预包装产品标签应标示"非即食"；（2）作为散装食品销售或供应的产品，容器、外包装上应标示产品包装（或拆除外包装冷藏产品的分装）日期和保质期，以及"非即食"；（3）冷冻调理肉制品解冻后不得再次冷冻出售。

3. 食用干制肉皮

DB 31/2020—2013《食品安全地方标准 食用干制肉皮》适用于以猪肉皮为主料，以食用油、食用盐为辅料，经拣选、清洗、修整、去油脂、烘干或晾干、油焖或盐焖、油炸或盐炒等加工工艺制成的膨化干制肉皮产品。该标准规定了食用干制肉皮的理化指标、微生物限量等。为了遏制通过淋油等手段掺杂掺假，该标准还特别规定了脂肪的限量要求。

4. 集体用餐配送膳食

DB 31/2023—2014《食品安全地方标准　集体用餐配送膳食》适用于集体用餐配送企业根据集体用餐服务对象订购要求，采用热链（也称加热保温）工艺或冷链（也称冷藏）工艺集中生产加工和配送的非预包装膳食（包括主食和菜肴）。集体用餐配送膳食根据分装形式分为盒饭和桶饭。该标准规定了集体用餐配送膳食的感官要求及微生物限量，并特别规定了冷链盒饭和热链盒饭的保质期，即冷链盒饭（包括主食和菜肴）从烧熟至食用的时间不得超过 24 h，热链盒饭与桶饭（包括主食和菜肴）从烧熟至食用的时间不得超过 3 h。

5. 预包装冷藏膳食

DB 31/2025—2021《食品安全地方标准　预包装冷藏膳食》适用于预包装冷藏膳食。该标准不适用于已制定产品类食品安全标准的食品。预包装冷藏膳食是指以谷物、豆类、薯类、畜禽肉、蛋类、水产品、果蔬、食用菌等中的一种或数种为主要原料（可配以馅料/辅料），热加工后 2 h 内中心温度降至 10℃ 以下，并在该中心温度下包装、贮存、运输、陈列、销售的即食预包装食品，如米饭、粥、馄饨、水饺、面条、饭团、寿司、三明治、汉堡、米粉、菜肴、汤等。该标准规定了预包装冷藏膳食的感官要求及微生物限量，其余安全指标直接采用相关国家标准。该标准还特别规定了产品的保质期从预包装食品形成最终销售单元的日期开始计算，生产日期和保质期应当标注到小时，并采用 24 小时制标注。

6. 现制饮料

DB 31/2007—2012《食品安全地方标准　现制饮料》适用于现场制作、现场销售，供消费者直接饮用的饮料，包括现榨饮料和现调饮料。由于 GB 19642—2005《可可粉固体饮料卫生标准》已废止，该标准第 1 号修改单删除了该标准第 4.1.2 条中的"GB 19642"，同时增加了"现调饮料在加工现场可使用食品添加剂二氧化碳"内容。

（三）卫生规范类食品安全地方标准

截至 2023 年 9 月，本市共发布食品安全地方标准卫生规范类标准 11 项（详见表 4 - 3）。

表 4 - 3   上海市食品安全地方标准卫生规范类标准

序号	标准编号	标 准 名 称
1	DB 31/2008—2012	《食品安全地方标准 中央厨房卫生规范》
2	DB 31/2009—2012	《食品安全地方标准 餐饮服务团体膳食外卖卫生规范》
3	DB 31/2011—2021	《食品安全地方标准 豆芽工业化生产卫生规范》
4	DB 31/2015—2013	《食品安全地方标准 餐饮服务单位食品安全管理指导原则》
5	DB 31/2017—2013	《食品安全地方标准 发酵肉制品生产卫生规范》
6	DB 31/2019—2013	《食品安全地方标准 食品生产加工小作坊卫生规范》
7	DB 31/2022—2014	《食品安全地方标准 冷鲜鸡生产经营卫生规范》
8	DB 31/2024—2014	《食品安全地方标准 集体用餐配送膳食生产配送卫生规范》
9	DB 31/2026—2021	《食品安全地方标准 预包装冷藏膳食生产经营卫生规范》
10	DB 31/2027—2014	《食品安全地方标准 即食食品现制现售卫生规范》
11	DB 31/2028—2019	《食品安全地方标准 即食食品自动售卖（制售）卫生规范》

1. 餐饮服务单位食品安全管理指导原则

DB 31/2015—2013《食品安全地方标准 餐饮服务单位食品安全管理指导原则》适用于餐饮服务单位的食品安全管理，也适用于餐饮服务单位总部对其门店的食品安全管理。该标准主要用于指导餐饮服务单位开展自身食品安全规范化管理。规范化管理是借鉴了 HACCP 和 ISO 9000 的理念，并吸收了"六 T"实务的经验，能够有效指导餐饮服务单位开展食品安全管理，是本市鼓励和支持餐饮服务单位采用的先进管理规范，对推进本市餐饮业的管理标准化意义重大。

2. 食品生产加工小作坊卫生规范

DB 31/2019—2013《食品安全地方标准 食品生产加工小作坊卫生规范》是与本市立法配套的技术标准，适用于《上海市食品安全条例》规定的列入品种目录管理的各类食品生产加工小作坊。截至 2023 年 9 月，经上海市食品安全委员会批准，《上海市食品生产加工小作坊食品品种目录（2015 版）》共有 3 大类 10 个品种，分别为地方传统特色豆干类（马桥豆腐干、枫泾豆腐干、金泽豆腐干）、地方传统特色蒸糕或松糕类（崇明糕、枫泾状元糕、金泽状元糕、叶榭软糕、高桥松饼、高桥松糕）和地方传统特色白切羊肉。

3. 豆芽工业化生产卫生规范

DB 31/2011—2021《食品安全地方标准　豆芽工业化生产卫生规范》规定了豆芽工业化生产的选址及厂区环境、厂房和车间、设施与设备、卫生管理、食品原料、食品添加剂和食品相关产品、生产过程的食品安全控制、检验、贮存和运输、产品追溯与召回管理、培训、管理制度和人员、记录和文件管理的要求。该标准适用于豆芽工业化生产企业。豆芽工业化生产企业是指豆芽生产加工场所使用面积不少于 2 500 m²，且日生产能力不小于 50 t，采用机械化生产的企业。该标准的发布实施为遏制豆芽制发行业的非法添加乱象起到了积极作用。

4. 冷鲜鸡生产经营卫生规范

DB 31/2022—2014《食品安全地方标准　冷鲜鸡生产经营卫生规范》规定了冷鲜鸡生产经营过程中检疫、屠宰、冷却、包装、贮存、运输、产品检验、销售等环节的场所、设施、人员等的基本要求和管理准则。根据上海市季节性暂停活禽交易公告的规定，从每年农历正月初一至公历 4 月 30 日，全市暂停活禽交易。该标准的发布实施对防控季节性禽流感、促进产业发展、逐步改变消费者食用活禽的习惯起到了积极作用。

5. 预包装冷藏膳食生产经营卫生规范

DB 31/2026—2021《食品安全地方标准　预包装冷藏膳食生产经营卫生规范》规定了预包装冷藏膳食生产经营过程中的原料采购和贮存、膳食生产、成品贮存、运输和陈列、销售等环节场所、设施、设备、人员的食品安全基本要求和管理准则。该标准适用于预包装冷藏膳食的生产、运输和销售活动。

6. 即食食品现制现售卫生规范

DB 31/2027—2014《食品安全地方标准　即食食品现制现售卫生规范》适用于在同一地点从事即食食品的现场制作、现场销售，但不提供消费场所和设施的加工经营方式，包括：专门从事食品现制现售的店铺；超市、商店和市场内的食品现制现售区域；餐饮服务单位内专用于食品现制现售的区域。该标准不适用于食用农产品的初级加工和饮用水的现制现售，也不适用于从事食品现制现售的摊贩。该标准第 1 号修改单增加"现调饮料在加工现场可使用食品添加剂二氧化碳"内容。

7. 即食食品自动售卖（制售）卫生规范

DB 31/2028—2019《食品安全地方标准　即食食品自动售卖（制售）卫生规范》规定了即食食品自动售卖（制售）过程中场所和设施、设备、卫生管理、食品安全控制、检验与验证、管理制度、人员和投诉处置、记录管理的基本要求和管理准则。该标准适用于通过即食食品自动售卖（制售）设备进行预包装即食食品自动售卖和即食食品自动制售，包括：预包装即食食品自动售卖，即采用自动设备售卖预包装即食食品的经营活动；即食食品自动制售，即采用自动设备制作和售卖即食食品的经营活动。该标准不适用于现制现售饮用水。

第四节　其他相关标准

除了食品安全国家标准和地方标准外，食品企业还可以制定企业标准，社会团体还可以制定团体标准，作为食品安全技术管理的补充。

一、企业标准

（一）企业标准的制定

《食品安全法》规定，国家鼓励食品生产企业制定严于食品安全国家标准或者地方标准的企业标准，在本企业适用，并报省、自治区、直辖市人民政府卫生行政部门备案。

如果企业制定严于食品安全国家标准或地方标准的企业标准，那么企业标准中相关安全性指标应当依据相关食品安全国家标准或地方标准制定，其中至少有一项指标应严于食品安全国家标准或地方标准。如果企业标准中任一项指标宽于食品安全国家标准或地方标准，那么该企业标准为无效企业标准。

《上海市食品安全条例》规定，在没有食品安全国家标准或者地方标准的情况下，本市食品生产企业应当制定企业标准，作为组织生产的依据，并向社会公布。企业标准中相关安全性指标应当符合相关国家食品安全通用标准，并符合相关食品安全标准要求，其他指标应当符合产品特性、生产工艺等要求。制定企业标准时可同时参考相应的行业标准、团体标准等。

（二）企业标准的备案

根据规定，地方标准公布之日起 30 个工作日内向受国家卫生健康委员会委托的国家食品安全风险评估中心正式提交备案材料，包括地方标准发布公告、标准文本、编制说明［其中地方特色食品原料类应当包括基本信息、成分分析结果

（包括检测方法、检测值和检测限）或有关含量分析的科学文献、毒理学资料、食用和使用情况、生产工艺资料、卫生学检测报告以及其他有助于证明安全性的资料（包括国际组织和其他国家对该原料的安全性评估资料等）］。同时在备案系统提交备案材料电子版。国家食品安全风险评估中心根据需要组织食品安全国家标准审评委员会专家对备案的地方标准进行研究，未发现与法律、法规和食品安全国家标准矛盾等问题的，在备案系统公布备案信息；发现问题的，及时反馈相关省份。

根据《上海市食品安全企业标准备案办法（2021 版）》（沪卫规〔2021〕16 号）的规定，食品安全企业标准备案应当符合下列要求。（1）备案范围：本市食品生产企业制定严于食品安全国家标准或者本市食品安全地方标准的企业标准，依法申请本市卫生行政部门备案。（2）备案主体责任：企业是食品安全第一责任人，应当对备案的企业标准的真实性、合法性负责。（3）备案前公示制度：本市食品生产企业在申请备案前，应当向社会公示并征求意见，公示应当在市卫生行政部门指定的网站进行，内容包括企业标准文本、严于食品安全国家标准或者本市食品安全地方标准的具体内容和依据情况，其中企业标准文本包括标准名称、编号、适用范围、术语和定义、食品安全项目及其指标值和检验方法，公示期不少于 10 个工作日。（4）备案后公开制度：市卫生行政部门应当在指定的网站上公布备案的企业标准，供公众免费查阅、下载。

（三）企业标准的公开

根据《上海市食品药品监督管理局关于上海市食品生产企业制定企业标准有关要求的通知》，企业生产的食品如果没有食品安全国家标准或者地方标准的，应当制定企业标准，若制定的企业标准不严于食品安全国家标准和地方标准的，不需要报本市卫生行政部门备案。食品生产企业组织制定的企业标准，由企业法定代表人或者主要负责人批准发布，在企业内部适用。企业标准经企业批准后，企业应当在 10 个工作日内在企业或本市食品相关行业协会网站显著位置公开所执行的企业标准文本，供公众查询和监督。

二、团体标准

国家鼓励学会、协会、商会、联合会、产业技术联盟等社会团体协调相关市场主体共同制定满足市场和创新需要的团体标准，由本团体成员约定采用或者按照本团体的规定供社会自愿采用。制定团体标准，应当遵循开放、透明、公平的原则，保证各参与主体获取相关信息，反映各参与主体的共同需求，并应当组织对标准相关事项进行调查分析、实验、论证。国务院标准化行政主管部门会同国务院有关行政主管部门对团体标准的制定进行规范、引导和监督。团体标准的技术要求不得低于强制性国家标准的相关技术要求。国家鼓励社会团体制定高于推荐性标准相关技术要求的团体标准。

第五章 食品安全行政许可

第一节 食品安全行政许可概述

一、生产经营活动类许可

（一）国家对食品生产经营实行许可制度

从事食品生产、食品销售、餐饮服务的，应当按照《食品安全法》等规定，取得食品生产或经营许可。但是，销售食用农产品和仅销售预包装食品的，不需要取得许可。仅销售预包装食品的，应当报所在地县级以上地方人民政府食品安全监督管理部门备案。

（二）国家对食品添加剂生产实行许可制度

从事食品添加剂生产的，应当按照《食品安全法》等规定，取得食品添加剂生产许可。

（三）国家对具有较高风险的食品相关产品生产实行许可制度

从事直接接触食品的包装材料等具有较高风险的食品相关产品生产的，应当按照国家有关工业产品生产许可证管理的规定，取得其生产许可。

二、产品类许可

（一）国家对"三新食品"实行许可制度

利用新的食品原料生产食品，或者生产食品添加剂新品种、食品相关产品新品种，应当向国务院卫生行政部门取得许可，国务院卫生行政部门应当及时公布新的食品原料、食品添加剂新品种和食品相关产品新品种目录以及所适用的食品安全国家标准。

（二）国家对保健食品实行注册、备案制度

使用保健食品原料目录以外原料的保健食品和首次进口的保健食品应当经国务院食品安全监督管理部门注册。首次进口的、属于补充维生素和矿物质等营养物质的保健食品应当报国务院食品安全监督管理部门备案，其他保健食品应当报省级食品安全监督管理部门备案。

（三）国家对特殊医学用途配方食品实行注册制度

特殊医学用途配方食品应当经国务院食品安全监督管理部门注册。

（四）国家对婴幼儿配方乳粉产品配方实行注册制度

婴幼儿配方乳粉产品配方应当经国务院食品安全监督管理部门注册。

第二节　食品生产行政许可

一、食品生产许可管理办法

（一）背景

2019年5月20日，《中共中央 国务院关于深化改革加强食品安全工作的意见》公开发布，要求改革许可认证制度，降低制度性交易成本。2020年1月2日，国家市场监督管理总局公布了《食品生产许可管理办法》（国家市场监督管理总局令第24号）。该办法在食品生产许可方面推出了一些改革措施，以体现"放管服"改革的重大决策部署，切实减轻企业负担，持续优化营商环境。其具体内容包括减少申请材料、减少审批时限、调整证书式样和载明内容以及推进许可全过程信息化等。

（二）主要内容

1. 坚持"一企一证"原则

同一个食品生产者从事食品生产活动，应当取得一个食品生产许可证，即不

管生产多少类别、多少品种，一个企业也只需办理一张证书，获得一个证书编号。

2. 实施分类许可

根据食品的风险程度、原料、生产工艺等，对食品生产实施分类许可。保健食品、特殊医学用途配方食品、婴幼儿配方食品、婴幼儿辅助食品、食盐等食品的生产许可，由省级市场监督管理部门负责；除此之外的食品的生产许可，由省级市场监督管理部门确定省域内省、市、县三级市场监督管理部门的管理权限。

3. 全程网办

县级以上地方市场监督管理部门应当加快信息化建设，推进许可申请、受理、审查、发证、查询等全流程网上办理，并在行政机关的网站上公布生产许可事项，提高办事效率。

4. 减少申请材料

许可申请材料由原要求的 13 份材料减少至 3 份材料，即由原要求的 1 份申请书、1 份营业执照复印件、4 张图纸和 7 个食品安全管理制度减少至 1 份申请书和 2 张图纸，其中图纸为食品生产设备布局图和食品生产工艺流程图。食品添加剂许可申请提交材料数量和材料名称分别与食品生产许可申请提交材料数量和材料名称相同。

5. 减少审批时限

许可申请能够当场办结的，当场办结。一般情况下，自受理之日起 10 个工作日（原时限为 20 个工作日）内作出许可决定。由于特殊情况需要延长的，经许可机关负责人批准，可以延长 5 个工作日（原时限为 10 个工作日）。其中核查时限也包含在自受理之日起至作出许可决定的时限内，核查人员应当自接受核查任务之日起 5 个工作日内（原时限为 10 个工作日）完成现场核查，自作出许可决定之日起 5 个工作日内（原时限为 10 个工作日）颁发许可证。

6. 调整证书式样和载明内容

新版食品生产许可证载明内容保留生产者名称、社会信用代码、法定代表人（负责人）、住所、生产地址、食品类别、许可证编号、有效期、发证机关、发证日期和二维码等 11 项内容，删除旧版中日常监督管理机构、日常监督管理人员、投诉举报电话和签发人等 4 项内容。

食品生产许可证编号规则保留原格式：由 SC（"生产"的汉语拼音首字母缩写）和 14 位阿拉伯数字组成。数字从左至右依次为 3 位食品类别编码、2 位省

（自治区、直辖市）代码、2 位市（地）代码、2 位县（区）代码、4 位顺序码、1 位校验码。其中省（自治区、直辖市）代码、市（地）代码、县（区）代码为地区编码，具体规定见 GB/T 2260—2007《中华人民共和国行政区划代码》。

二、食品生产许可审查通则

（一）特点

2016 年 8 月 9 日，原国家食品药品监督管理总局发布了《食品生产许可审查通则》（食药监食监一〔2016〕103 号），对 2010 版审查通则进行了重新修订。新修订的通则具有通用性、连通性、简化性的特点。

1. 通用性

普通食品、三类特殊食品（保健食品、特殊医学用途配方食品、婴幼儿配方食品）和食品添加剂的生产审查共用一个审查通则，统一审查基本要求，体现"一企一证"原则。

2. 连通性

生产许可与事中事后监管相衔接。生产许可现场核查中发现问题的，由企业在取得许可证后 1 个月内完成整改，监管部门在许可后 3 个月内对企业开展一次监督检查，这样不仅缩短了企业办证时限，而且使许可和监管活动紧密联通。

3. 简化性

一是简化生产许可延续、变更需要提交的材料和审查要求，企业延续和变更事项仅对变化情况进行现场核查；二是简化对试制产品检验合格报告的要求，企业可以委托有资质的检验机构进行检验，也可以自行检验；三是简化对外设仓库的核查要求，可通过提供影像资料等方式进行核查；四是简化许可文书，对于申请材料和审查文书进行简化，方便许可实施。

（二）审查程序和内容

审查通则应当与相应的食品生产许可审查细则结合使用，包括地方制定的审查细则或审查方案。审查程序主要包括材料审查、现场核查、许可决定、整改与检查。

1. 材料审查

以书面申请材料的完整性、规范性、符合性为主要审查内容。审查申请人提供的材料是否种类齐全，是否填写完整、规范、准确，是否符合《食品生产许可管理办法》《食品生产许可审查通则》与相应的食品生产许可审查细则的要求。材料审查时应对申请人及食品安全管理人员是否受到从业禁止作为重点审查内容。该从业禁止情形包括：一是被吊销许可证的食品生产经营者及其法定代表人、直接负责的主管人员和其他直接责任人员，自处罚决定作出之日起 5 年内不得申请食品生产许可；二是因食品安全犯罪被判处有期徒刑以上刑罚的，终身不得从事食品生产经营管理工作，也不得担任食品生产经营企业食品安全管理人员。对不需要现场核查的，应当按规定程序由许可机关作出许可决定；对需要现场核查的，应当组织现场核查。

2. 现场核查

以申请材料与实际状况的一致性、合规性为主要审查内容。深入生产现场，对申请人的生产条件是否符合法律法规、是否符合食品生产许可要求、是否与提交的申请书和图纸一致进行实地核查。具体是对生产场所，设备设施，设备布局、工艺流程，人员管理，采购、生产、贮存、运输及规章制度等生产条件进行核查。

3. 许可决定

许可机关应当根据申请材料审查和现场核查等情况，对符合条件的，作出准予生产许可的决定；对不符合条件的，及时作出不予许可的书面决定并说明理由，同时告知申请人依法享有申请行政复议或者提起行政诉讼的权利。

4. 整改与检查

对于判定结果为通过现场核查，但在现场核查中发现问题的，申请人应当在 1 个月内对现场核查中发现的问题进行整改，并将整改结果向负责对申请人实施食品安全监督检查的市场监督管理部门书面报告。负责对申请人实施食品安全监督检查的市场监督管理部门应当在许可后 3 个月内对获证企业开展一次监督检查，重点检查现场核查中发现的问题是否已进行整改。

三、食品生产许可分类目录

2020 年 2 月 23 日，国家市场监督管理总局公布了新修订的《食品生产许可分类目录》（2020 年第 8 号）。该分类目录共分 32 大类 110 小类，小类之下再分品种明细。与《食品生产许可分类目录》相对应，国家发布了相关的食品生产许可审查细则。该审查细则基本覆盖了主要食品的生产许可审查要求，未覆盖的其他食品的生产许可审查要求，主要由省级市场监督管理部门根据辖区情况制定有关新业态、新产品审查细则或审查方案。例如上海市通过创新制度供给，制定了《上海市焙炒咖啡开放式生产许可审查细则》，将焙炒咖啡开放式生产新业态纳入许可范畴，实施包容审慎监管。

四、典型案例

上海市焙炒咖啡开放式生产许可案例。某咖啡品牌的上海烘焙工坊采用不同于传统咖啡现制现售的模式，引入焙炒咖啡生产开放式工艺，将烘焙后的咖啡运往全国各地的品牌门店，为消费者提供最新鲜的咖啡产品，同时该工坊包含咖啡开放式生产、销售、品鉴和餐饮服务的一体化过程，是一种全新的食品体验式创新业态。

生产开放式工艺模式不符合现行的 GB 14881—2013《食品安全国家标准 食品生产通用卫生规范》《食品生产许可审查通则》的规定，存在的制度困境主要包括以下三个方面。一是消费者直接进入食品生产场所，不符合 GB 14881—2013 中"非食品加工人员不得进入食品生产场所，特殊情况下进入时应遵守和食品加工人员同样的卫生要求"的规定。二是消费者进入食品生产场所不更换衣服，不符合 GB 14881—2013 中"进入作业区域应规范穿着洁净的工作服，并按要求洗手、消毒；头发应藏于工作帽内或使用发网约束"的规定。三是消费区直接在食品生产场所内，不符合《食品生产许可审查通则》中"生活区、生产区应当相互隔离"的规定。

尽管面临制度困境，原上海市食品药品监督管理局却不以制度缺位为由排斥新经济、新业态，并鉴于食品安全风险可控的原则，从制度和监管两方面进行深入分析，积极寻找解决措施。一是取得原国家食品药品监督管理总局支持。通过向原国家食品药品监督管理总局汇报、解释，获得了原国家食品药品监督管理总局对地方开展新业态创新监管方式探索的支持。二是组织专家开展专题研讨。原上海市食品药品监督管理局邀请国家、地方食品安全专家，专题召开焙炒咖啡开放式生产许可和监管研讨会。研讨会认为鉴于高温烘焙咖啡低风险的本质特性，该产品开放式生产模式可作为试点探索，但需要制定生产许可审查和监管要求，以确保食品安全。三是借鉴国外经验。为全面把握该业态的监管要求，原上海市食品药品监督管理局选派项目组前往美国西雅图考察该品牌的全球首家咖啡烘焙工坊，并与美国政府监管部门交流与讨论。美国专家也认为焙炒咖啡开放式生产业态的食品安全风险较低，食品安全主体责任落实尤为重要。四是制定生产许可审查细则。原上海市食品药品监督管理局根据专题研讨和调研结果，充分研究了焙炒咖啡开放式生产工艺，制定了《上海市焙炒咖啡开放式生产许可审查细则》（沪食药监规〔2017〕7号），开创性地从六个方面对"焙炒咖啡开放式生产"提出了科学的食品安全控制要求，使"焙炒咖啡开放式生产"在我国由创意走向现实。2017年11月20日，上海市颁发了首张焙炒咖啡开放式食品生产许可证，拉开了新业态包容审慎监管的序幕。

第三节　食品经营行政许可

一、食品经营许可管理办法

（一）主要特点

2015年8月31日，原国家食品药品监督管理总局公布了《食品经营许可管理办法》（国家食品药品监督管理总局令第17号），根据2017年11月7日《国家食品药品监督管理总局关于修改部分规章的决定》（国家食品药品监督管理总局令第37号）修正。新办法实施"两证合一"，即将食品流通许可与餐饮服务许可"两证合一"，统一整合为食品经营许可，这样减少了许可数量，方便了既有食品流通业务又有餐饮服务业务的食品经营者，只需办理一个食品经营许可证即可从事食品经营活动；统一许可证编号，即从事食品经营活动的一个市场主体只拥有一个食品经营许可证编号，在食品经营活动存续期间，许可证编号始终保持不变。

（二）主要内容

1. 一地一证

食品经营许可实行一地一证原则，即食品经营者在一个经营场所从事食品经营活动，应当取得一个食品经营许可证，同一食品经营者在两个及以上不同经营地点从事食品经营活动，应当分别取得食品经营许可。

2. 许可主体

企业法人、合伙企业、个人独资企业、个体工商户等，以营业执照载明的主体作为申请人。除以上没有歧义的申请人外，对单位食堂申请主体予以了明确，即机关、事业单位、社会团体、民办非企业单位、企业等申办单位食堂，以机关或者事业单位法人登记证、社会团体登记证、营业执照等载明的主体作为申请人。

3. 分类许可

按照食品经营主体业态和经营项目的风险程度对食品经营实施分类许可。食品经营主体业态分为食品销售经营者、餐饮服务经营者、单位食堂 3 类。食品经营者申请通过网络经营、建立中央厨房或者从事集体用餐配送的，应当在主体业态后以括号标注。食品经营项目分为预包装食品销售、散装食品销售、特殊食品销售、其他类食品销售与热食类食品制售、冷食类食品制售、生食类食品制售、糕点类食品制售、自制饮品制售、其他类食品制售等 10 个项目。其中，具有热、冷、生、固态、液态等多种情形，难以明确归类的食品，可以按照食品安全风险等级最高的情形进行归类。针对食品经营分类许可审查工作，原国家食品药品监督管理总局印发了《食品经营许可审查通则（试行）》（食药监食监二〔2015〕228 号），用于规范食品经营许可的申请、受理、审查和决定。

4. 申请材料

普通食品经营许可申请提交的 4 种材料包括：一是食品经营许可申请书；二是营业执照或者其他主体资格证明文件复印件；三是与食品经营相适应的主要设备设施布局、操作流程等文件；四是食品安全自查、从业人员健康管理、进货查验记录、食品安全事故处置等保证食品安全的规章制度。除普通食品经营许可申请提交的 4 种材料外，利用自动售货设备从事食品销售的，申请人还应当提交自动售货设备的产品合格证明、具体放置地点，经营者名称、住所、联系方式、食品经营许可证的公示方法等材料。

5. 编号格式

食品经营许可证编号由 JY（"经营"的汉语拼音首字母缩写）和 14 位阿拉伯数字组成。数字从左至右依次为 1 位主体业态代码、2 位省（自治区、直辖市）代码、2 位市（地）代码、2 位县（区）代码、6 位顺序码、1 位校验码。

二、食品经营备案

《食品安全法》规定，仅销售预包装食品（含预包装特殊食品）的，应当报所在地县级以上地方人民政府食品安全监督管理部门备案。《食品安全法实施条例》规定，非食品生产经营者从事对温度、湿度等有特殊要求的食品贮存业务的，应当自取得营业执照之日起 30 个工作日内向所在地县级人民政府食品安全监督管理部门备案。

三、食品经营许可审查通则

（一）细化食品安全管理制度

审查通则在《食品经营许可管理办法》规定的食品安全自查制度、从业人员健康管理制度、进货查验记录制度、食品安全事故处置制度外，增加了从业人员培训管理制度、食品安全管理员制度、食品安全报告制度、食品经营过程与控制制度、场所及设施设备清洗消毒和维修保养制度、食品贮存管理制度、废弃物处置制度等 7 项制度。

（二）细化食品销售的许可条件要求

审查通则对预包装食品销售、散装食品销售和特殊食品（保健食品、特殊医学用途配方食品、婴幼儿配方乳粉、其他婴幼儿配方食品）销售提出了细化的许可条件要求。

（三）细化餐饮服务的许可条件要求

审查通则对热食类食品制售、冷食类食品制售、生食类食品制售、糕点类食品制售、自制饮品制售、中央厨房、集体用餐配送单位提出了细化的许可条件要求。

（四）细化单位食堂的许可条件要求

单位食堂备餐应当设专用操作场所，并且满足场所内无明沟，地漏带水封的要求；设置工具清洗消毒设施和专用冷藏设施；入口处设置洗手、消毒设施。单位食堂应当配备留样专用容器和冷藏设施，以及留样管理人员。特别强调，职业学校、普通中等学校、小学、特殊教育学校、托幼机构的食堂原则上不得申请生食类食品制售项目。

第四节　特殊食品行政许可

特殊食品包括保健食品、特殊医学用途配方食品、婴幼儿配方食品，特殊食品行政许可包括特殊食品产品（配方）注册或备案和特殊食品生产许可。

一、特殊食品产品（配方）注册或备案

（一）保健食品注册与备案

根据《保健食品注册与备案管理办法》（国家食品药品监督管理总局令第22号），依法应当注册的保健食品，注册时应当提交保健食品的研发报告、产品配方、生产工艺、安全性和保健功能评价、标签、说明书等材料及样品，并提供相关证明文件。国务院市场监督管理部门经组织技术审评，对符合安全和功能声称要求的，准予注册；对不符合要求的，不予注册并书面说明理由。另外，对使用保健食品原料目录以外原料的保健食品作出准予注册决定的，应当及时将该原料纳入保健食品原料目录。根据上述办法，依法应当备案的保健食品，备案时应当提交产品配方、生产工艺、标签、说明书以及表明产品安全性和保健功能的材料。

1. 保健食品注册的定义

保健食品注册是指市场监督管理部门根据注册申请人申请，依照法定程序、条件和要求，对申请注册的保健食品的安全性、保健功能和质量可控性等相关申请材料进行系统评价和审评，并决定是否准予其注册的审批过程。

2. 保健食品备案的定义

保健食品备案是指保健食品生产企业依照法定程序、条件和要求，将表明产品安全性、保健功能和质量可控性的材料提交市场监督管理部门进行存档、公开、备查的过程。

3. 保健食品注册过程

注册申请人对申请材料的真实性、完整性和可溯源性负责，对产品的安全性、有效性和质量可控性负责。审评机构负责组织审评专家对申请材料进行审查，并根据实际需要组织查验机构开展现场核查；组织检验机构开展复核检验，在60个工作日内完成技术审评工作，并向国家市场监督管理总局提交综合审评结论和建议。

保健食品注册申请由国家市场监督管理总局行政受理专业机构承担，以受理为注册审批起点，将生产现场核查和复核检验调整至技术审评环节，并对审评内容、审评程序、总体时限和判定依据等提出具体、严格的限定和要求。技术审评

按申请材料核查、现场核查、动态抽样、复核检验等程序开展，任一环节不符合要求的，审评机构均可终止审评，提出不予注册的建议。审评机构认为需要注册申请人补正材料的，应当一次性告知需要补正的全部内容。注册申请人应当在 3 个月内按照补正通知的要求一次提供补充材料。注册申请人逾期未提交补充材料或者未完成补正，不足以证明产品安全性、保健功能和质量可控性的，审评机构应当终止审评，提出不予注册的建议。

4. 保健食品备案管理

市场监督管理部门收到备案材料后，备案材料符合要求的，当场备案；不符合要求的，应当一次性告知备案人补正相关材料。市场监督管理部门应当完成备案信息的存档备查工作，并发放备案号。对备案的保健食品，市场监督管理部门应当按照相关要求的格式制作备案凭证，并将备案信息表中登载的信息在其网站上公布。获得注册的保健食品原料已经列入保健食品原料目录，并符合相关技术要求，保健食品注册人申请变更注册，或者期满申请延续注册的，应当按照备案程序办理。

（二）特殊医学用途配方食品注册

拟在我国境内生产并销售的特殊医学用途配方食品和拟向我国境内出口的特殊医学用途配方食品，需经国家市场监督管理总局注册批准。为规范特殊医学用途配方食品注册行为，加强注册管理，保证特殊医学用途配方食品质量安全，原国家食品药品监督管理总局制定颁布了《特殊医学用途配方食品注册管理办法》（国家食品药品监督管理总局令第 24 号）。自 2019 年 1 月 1 日起，在我国境内生产或向我国境内出口的特殊医学用途配方食品应当依法取得特殊医学用途配方食品注册证书，并在标签和说明书中标注注册号。在我国境内生产或向我国境内出口的特殊医学用途配方食品，生产日期为 2018 年 12 月 31 日（含）以前的，可在我国境内销售至保质期结束。

国家市场监督管理总局负责特殊医学用途配方食品的注册管理工作。特殊医学用途配方食品的注册程序包括行政受理、技术审评、现场核查、抽样检验、行政审批、制证发证等。国家市场监督管理总局行政受理机构受理后，国家市场监督管理总局食品审评机构按程序开展注册申请的审评和现场核查的组织工作，相关省级市场监督管理部门参与生产企业的现场核查等工作。

（三）婴幼儿配方乳粉产品配方注册

婴幼儿配方乳粉产品配方注册是指国家市场监督管理总局依据《婴幼儿配方乳粉产品配方注册管理办法》（国家市场监督管理总局令第 80 号）规定的程序和要求，对申请注册的婴幼儿配方乳粉产品配方进行审评，并决定是否准予注册的活动。

申请人应当为具备相应研发能力、生产能力和检验能力的婴幼儿配方乳粉生产企业，包括拟在我国境内生产并销售婴幼儿配方乳粉的生产企业和拟向我国出口婴幼儿配方乳粉的境外生产企业。申请人还要符合粉状婴幼儿配方食品良好生产规范要求，实施危害分析与关键控制点体系，对出厂产品按照有关法律法规和食品安全国家标准规定项目实施逐批检验。

申请注册的婴幼儿配方乳粉产品配方应当符合有关法律法规和食品安全国家标准的要求，能够满足正常婴幼儿生长发育的营养需要。申请注册时应当提交婴幼儿配方乳粉产品配方注册申请书，申请人主体资质证明文件，原辅料的质量安全标准，产品配方研发报告，生产工艺说明，产品检验报告，研发能力、生产能力、检验能力的证明材料和其他表明配方科学性、安全性的材料。

理论上来说，婴幼儿配方乳粉的产品配方应当尽可能模拟母乳，配方数量不应过多。按照国内实际情况和产品配方研制原则，兼顾鼓励企业开展产品配方研制创新，上述办法要求同一企业申请注册 2 个以上同年龄段产品配方时，产品配方之间应当经科学证实并具有明显差异。每个企业原则上不得超过 3 个配方系列 9 种产品配方。

二、特殊食品生产许可

（一）保健食品生产许可

根据《食品安全法》《食品生产许可管理办法》《保健食品注册与备案管理办法》《食品生产许可审查通则》等有关规定，国家市场监督管理总局制定了《保健食品生产许可审查细则》，对保健食品生产许可进行了相应规定。

1. 申请受理

申请材料包括食品生产许可申请书，保健食品注册证明文件或备案证明，产品配方和生产工艺等技术材料，产品标签、说明书样稿，生产设备布局图（标明生产操作间、主要设备布局以及人流、物流和净化空气流向），生产设施设备清单，保健食品质量管理规章制度，保健食品生产质量管理体系文件等。

另外，保健食品委托生产的，应提交委托生产协议；申请人申请保健食品原料提取物生产许可的，应提交保健食品注册证明文件或备案证明，以及经注册批准或备案的该原料提取物的生产工艺、质量标准；申请人申请保健食品复配营养素生产许可的，应提交保健食品注册证明文件或备案证明，以及经注册批准或备案的该复配营养素的产品配方、生产工艺和质量标准等材料。

省级市场监督管理受理部门对申请人提出的保健食品生产许可申请，应按照《食品生产许可管理办法》的要求，作出受理或不予受理的决定。保健食品生产许可申请材料受理后，受理部门应将受理材料移送至保健食品生产许可技术审查部门。

2. 书面审查

技术审查部门对申请人的申请材料进行书面审查，需要补充技术性材料的，应一次性告知申请人予以补正。书面审查符合要求的，技术审查部门应作出书面审查合格的结论，并组织审查组开展现场核查。

3. 现场核查

负责现场核查的审查组一般由 2 名以上（含 2 名）熟悉保健食品管理、生产工艺流程、质量检验检测等方面的人员组成，其中至少有 1 名审查员参与该申请材料的书面审查。负责日常监管的部门应当选派观察员，参加生产许可现场核查，负责现场核查的全程监督，但不参与审查意见。审查组按照要求组织现场核查，应如实填写核查记录，并当场作出审查结论。

4. 行政审批

许可机关收到技术审查部门报送的审查材料和审查报告后，应当对审查程序和审查意见的合法性、规范性和完整性进行复查。许可机关对通过生产许可审查的申请人，应当作出准予生产许可的决定；对未通过生产许可审查的申请人，应当作出不予生产许可的决定。

（二）特殊医学用途配方食品和婴幼儿配方食品生产许可

特殊医学用途配方食品和婴幼儿配方食品生产许可申请，需要向省级市场监督管理部门提交食品生产许可申请书，食品生产设备布局图和食品生产工艺流程图，食品生产主要设备、设施清单，专职或者兼职的食品安全专业技术人员、食品安全管理人员信息和食品安全管理制度，生产质量管理体系文件以及相关注册和备案文件等。

市场监督管理部门对申请人提交的申请材料进行审查和现场核查。现场核查人员不得少于 3 人。在产品注册或者产品配方注册时经过现场核查的项目，可以不再重复进行现场核查。市场监督管理部门应当根据申请材料审查和现场核查等情况，对符合条件的，作出准予生产许可的决定；对不符合条件的，及时作出不予许可的书面决定并说明理由，同时告知申请人依法享有申请行政复议或者提起行政诉讼的权利。

在食品生产许可证的有效期内，食品生产者名称、现有设备布局和工艺流程、主要生产设备设施、食品类别等事项发生变化，需要变更食品生产许可证载明的许可事项的食品生产者，应当在变化后 10 个工作日内向原发证的市场监督管理部门提出变更申请。申请变更时提交食品生产许可变更申请书和与变更食品生产许可事项有关的其他材料。

在食品生产许可有效期届满 30 个工作日前，需要延续依法取得的食品生产许可有效期的食品生产者，应当向原发证的市场监督管理部门提出申请。申请延续食品生产许可时除提交食品生产许可延续申请书、与延续食品生产许可事项有关的其他材料外，还应当提供生产质量管理体系运行情况的自查报告。市场监督管理部门应当根据被许可人的延续申请，在该食品生产许可有效期届满前作出是否准予延续的决定。

第五节 "三新食品"行政许可

一、新食品原料安全性审查管理办法

2013 年 5 月 31 日，原国家卫生和计划生育委员会公布了《新食品原料安全性审查管理办法》（国家卫生和计划生育委员会令第 1 号），根据 2017 年 12 月 26 日《国家卫生计生委关于修改〈新食品原料安全性审查管理办法〉等 7 件部门规章的决定》（国家卫生和计划生育委员会令第 18 号）修订。

（一）新食品原料的定义

新食品原料（旧名称为新资源食品）是指在我国无传统食用习惯的物品，

包括：动物、植物和微生物；从动物、植物和微生物中分离的成分；原有结构发生改变的食品成分；其他新研制的食品原料。其中，传统食用习惯是指某种食品未载入《中华人民共和国药典》，但在省辖区域内有 30 年以上作为定型或者非定型包装食品生产经营的历史。属于上述情形之一的物品，如需开发用于普通食品的生产经营，应当按照《新食品原料安全性审查管理办法》的规定申报批准。

（二）基本要求

新食品原料应当具有食品原料特性，符合应当有的营养要求，且无毒、无害，对人体健康不造成任何急性、亚急性、慢性或者其他潜在性危害。

（三）申请材料

申请材料包括：

1. 申请表；

2. 新食品原料研制报告（包括名称、种属、来源、生物学特征、主要成分、食用部位、使用量、使用范围和应用人群等）；

3. 生产工艺；

4. 执行的相关标准（包括安全要求、质量规格、检验方法等）；

5. 标签及说明书；

6. 安全性评估报告；

7. 国内外研究利用情况和相关安全性评估资料；

8. 有助于评审的其他资料；

9. 未启封的产品样品 1 件或者原料 30 g。

申请进口新食品原料的，还应当提交以下材料：

1. 出口国（地区）相关部门或者机构出具的允许该产品在本国（地区）生产或者销售的证明材料；

2. 生产企业所在国（地区）有关机构或者组织出具的对生产企业审查或者认证的证明材料。

（四）审查程序

国家卫生健康委员会负责新食品原料安全性评估材料的审查和许可工作。国家卫生健康委员会新食品原料技术审评机构负责新食品原料安全性技术审查，提出综合审查结论及建议。国家卫生健康委员会自受理新食品原料申请之日起 60 日内，应当组织专家对新食品原料安全性评估材料进行审查，作出审查结论。需要申请人配合审查的情形如下：

1. 审查过程中需要补充资料的，应当及时书面告知申请人，申请人应当按照要求及时补充有关资料；

2. 要求申请人现场解答有关技术问题；

3. 审查过程中需要对生产工艺进行现场核查的，可以组织专家对新食品原料研制及生产现场进行核查，并出具现场核查意见，参加现场核查的专家不参与该产品安全性评估材料的审查表决。

（五）审查结论

上述审评机构提出的综合审查结论，应当包括安全性审查结果和社会稳定风险评估结果。国家卫生健康委员会根据新食品原料的安全性审查结论，对符合食品安全要求的，准予许可并予以公告（2007 年后批准的新食品原料名单见表 5 - 1）；对不符合食品安全要求的，不予许可并书面说明理由。另外，对与食品或者已公告的新食品原料具有实质等同性的，终止审查并书面告知申请人。其中，实质等同是指如某个新申报的食品原料与食品或者已公布的新食品原料在种属、来源、生物学特征、主要成分、食用部位、使用量、使用范围和应用人群等方面相同，所采用工艺和质量要求基本一致，可以将它们视为同等安全，具有实质等同性。

表 5 - 1   2007 年后批准的新食品原料名单

嗜酸乳杆菌、低聚木糖、透明质酸钠、叶黄素酯、L -阿拉伯糖、短梗五加、库拉索芦荟凝胶、低聚半乳糖、副干酪乳杆菌（菌株号 GM080、GMNL - 33）、嗜酸乳杆菌（菌株号 R0052）、鼠李糖乳杆菌（菌株号 R0011）、水解蛋黄粉、异麦芽酮糖醇、植物乳杆菌（菌株号 299v）、植物乳杆菌（菌株号 CGMCC NO. 1258）、植物甾烷醇酯、珠肽粉、蛹虫草、菊粉、多聚果糖、γ -氨基丁酸、初乳碱性蛋白、共轭亚油酸、共轭亚油酸甘油酯、植物乳杆菌（菌株号 ST -Ⅲ）、杜仲籽油、茶叶籽油、盐藻及提取物、鱼油及提取物、甘油二酯油、地龙蛋白、乳矿物盐、牛奶碱性蛋白、DHA 藻油、棉籽低聚糖、植物甾醇、植物甾醇酯、花生四烯酸油脂、白子菜、御米油、金花茶、显脉旋覆花（小黑药）、诺丽果浆、酵母 β -葡聚糖、雪莲培养物、蔗糖聚酯、玉米低聚肽粉、磷脂酰丝氨酸、雨生红球藻、表没食子儿茶素没食子酸酯、翅果油、β -羟基- β -甲基丁酸钙、元宝枫籽油、牡丹籽油、玛咖粉、蚌肉多糖、中长链脂肪酸食用油、小麦低聚肽、人参（人工种植）、蛋白核小球藻、乌药叶、辣木叶、茶树花、盐地碱蓬籽油、美藤果油、盐肤木果油、广东虫草子实体、阿萨伊果、茶藨

续　表

子叶状层菌发酵菌丝体、裸藻、1，6-二磷酸果糖三钠盐、丹凤牡丹花、狭基线纹香茶菜、长柄扁桃油、光皮梾木果油、青钱柳叶、低聚甘露糖、显齿蛇葡萄叶、磷虾油、马克斯克鲁维酵母、壳寡糖、水飞蓟籽油、柳叶蜡梅、杜仲雄花、乳酸片球菌、戊糖片球菌、塔格糖、奇亚籽、圆苞车前子壳、线叶金雀花、茶叶茶氨酸、番茄籽油、枇杷叶、阿拉伯半乳聚糖、湖北海棠（茶海棠）叶、竹叶黄酮、燕麦 β-葡聚糖、清酒乳杆菌、产丙酸丙酸杆菌、乳木果油、（3R，3′R）-二羟基-β-胡萝卜素、宝乐果粉、N-乙酰神经氨酸、顺-15-二十四碳烯酸、西兰花种子水提物、米糠脂肪烷醇、γ-亚麻酸油脂（来源于刺孢小克银汉霉）、β-羟基-β-甲基丁酸钙、木姜叶柯、黑果腺肋花楸果、球状念珠藻（葛仙米）、明日叶、枇杷花、赶黄草、蝉花子实体（人工培植）、透明质酸钠、β-1，3/α-1，3-葡聚糖、二氢槲皮素、拟微球藻、食叶草、关山樱花、吡咯并喹啉醌二钠盐、莱茵衣藻、甘蔗多酚

　　根据《新食品原料安全性审查管理办法》的规定，公告的新食品原料可以包括名称、来源、生产工艺、主要成分、质量规格要求、标签标识要求等内容（新食品原料莱茵衣藻的公告样式见表5-2）。

表5-2　新食品原料莱茵衣藻的公告样式

中 文 名 称	莱 茵 衣 藻	
拉丁名称	*Chlamydomonas reinhardtii*	
基本信息	种属：衣藻科、衣藻属	
生产工艺简述	经藻种培养、发酵罐异养扩大培养、干燥等工艺制成	
质量要求	性　状	绿色粉末
	蛋白质含量	≥30.0%
	粗多糖含量	≥10.0%
其他需要说明的情况	1. 使用范围不包括婴幼儿食品； 2. 食品安全指标按照我国现行食品安全国家标准中藻类及其制品的规定执行	

　　注：该表引自《国家卫生健康委员会关于莱茵衣藻等36种"三新食品"的公告》（卫健委公告〔2022〕2号）。

　　在我国的传统饮食文化中，一些中药材在民间往往作为食材被广泛食用。《食品安全法》规定，生产经营的食品中不得添加药品，但是可以添加按照传统既是食品又是中药材的物质（以下简称食药物质）。食药物质目录由国务院卫生行政部门会同国务院食品安全监督管理部门制定、公布。2021年11月23日，国家卫生健康委员会印发了《按照传统既是食品又是中药材的物质目录管理规定》

（国卫食品发〔2021〕36号），以规范食药物质目录管理。根据上述规定，纳入食药物质目录的物质应当符合如下要求：一是有传统上作为食品食用的习惯；二是已经列入《中国药典》；三是安全性评估未发现食品安全问题；四是符合中药材资源保护、野生动植物保护、生态保护等相关法律法规规定。食药物质目录名单见表5-3。

表5-3 食药物质目录名单

> 丁香、八角茴香、刀豆、小茴香、小蓟、山药、山楂、马齿苋、乌梢蛇、乌梅、木瓜、火麻仁、代代花、玉竹、甘草、白芷、白果、白扁豆、白扁豆花、龙眼肉（桂圆）、决明子、百合、肉豆蔻、肉桂、余甘子、佛手、杏仁（甜、苦）、沙棘、牡蛎、芡实、花椒、赤小豆、阿胶、鸡内金、麦芽、昆布、枣（大枣、酸枣、黑枣）、罗汉果、郁李仁、金银花、青果、鱼腥草、姜（生姜、干姜）、枳椇子、枸杞子、栀子、砂仁、胖大海、茯苓、香橼、香薷、桃仁、桑叶、桑椹、橘红、桔梗、益智仁、荷叶、莱菔子、莲子、高良姜、淡竹叶、淡豆豉、菊花、菊苣、黄芥子、黄精、紫苏、紫苏籽、葛根、黑芝麻、黑胡椒、槐米、槐花、蒲公英、蜂蜜、榧子、酸枣仁、鲜白茅根、鲜芦根、蝮蛇、橘皮、薄荷、薏苡仁、薤白、覆盆子、藿香、当归、山柰、西红花、草果、姜黄、荜茇

注：2019年11月25日，《关于对党参等9种物质开展按照传统既是食品又是中药材的物质管理试点工作的通知》（国卫食品函〔2019〕311号）发布，将对党参、肉苁蓉、铁皮石斛、西洋参、黄芪、灵芝、山茱萸、天麻、杜仲叶等9种物质开展食药物质生产经营试点工作，并根据试点实施情况决定是否纳入食药物质目录。

2002年2月28日，《卫生部关于进一步规范保健食品原料管理的通知》（卫法监发〔2002〕51号）发布，公布了《可用于保健食品的物品名单》和《保健食品禁用物品名单》（详见表5-4）。其中，《可用于保健食品的物品名单》所列物品仅限用于保健食品。未经安全性评估证明其食用安全性的，不得作为普通食品原料生产经营。如需开发《可用于保健食品的物品名单》中的物品用于普通食品生产，应按照《新食品原料安全性审查管理办法》规定的程序进行安全性评估并申报批准。对不按规定使用《可用于保健食品的物品名单》所列物品的，应按照《食品卫生法》和《新食品原料安全性审查管理办法》的有关规定进行处罚。

（六）生产要求

新食品原料生产企业应当按照新食品原料公告要求进行生产，保证新食品原料的食用安全。食品中含有新食品原料的，其产品标签标识应当符合国家法律、法规、食品安全标准和国家卫生健康委员会公告要求。

表 5-4　可用于保健食品的物品名单和保健食品禁用物品名单

类别	物　品　名　单
可用于保健食品的物品名单	人参、人参叶、人参果、三七、土茯苓、大蓟、女贞子、山茱萸、川牛膝、川贝母、川芎、马鹿胎、马鹿茸、马鹿骨、丹参、五加皮、五味子、升麻、天门冬、天麻、太子参、巴戟天、木香、木贼、牛蒡子、牛蒡根、车前子、车前草、北沙参、平贝母、玄参、生地黄、生何首乌、白及、白术、白芍、白豆蔻、石决明、石斛（需提供可使用证明）、地骨皮、竹茹、红花、红景天、西洋参、吴茱萸、怀牛膝、杜仲、杜仲叶、沙苑子、牡丹皮、芦荟、苍术、补骨脂、诃子、赤芍、远志、麦门冬、龟甲、佩兰、侧柏叶、制大黄、制何首乌、刺五加、刺玫果、泽兰、泽泻、玫瑰花、知母、罗布麻、苦丁茶、金荞麦、金樱子、青皮、厚朴、厚朴花、枳壳、枳实、柏子仁、珍珠、绞股蓝、胡芦巴、茜草、韭菜子、首乌藤、香附、骨碎补、党参、桑白皮、桑枝、浙贝母、益母草、积雪草、淫羊藿、菟丝子、野菊花、银杏叶、黄芪、湖北贝母、番泻叶、蛤蚧、越橘、槐实、蒲黄、蒺藜、蜂胶、酸角、墨旱莲、熟大黄、熟地黄、鳖甲
保健食品禁用物品名单	八角莲、八里麻、千金子、土青木香、山莨菪、川乌、广防己、马桑叶、马钱子、六角莲、天仙子、巴豆、水银、长春花、甘遂、生天南星、生半夏、生白附子、生狼毒、白降丹、石蒜、关木通、农吉利、夹竹桃、朱砂、米壳（罂粟壳）、红升丹、红豆杉、红茴香、红粉、羊角拗、羊踯躅、丽江山慈菇、京大戟、昆明山海棠、河豚、闹羊花、青娘虫、鱼藤、洋地黄、洋金花、牵牛子、砒石（白砒、红砒、砒霜）、草乌、香加皮（杠柳皮）、骆驼蓬、鬼臼、莽草、铁棒槌、铃兰、雪上一枝蒿、黄花夹竹桃、斑蝥、硫黄、雄黄、雷公藤、颠茄、藜芦、蟾酥

（七）重新审查

当存在如下情形时，国家卫生健康委员会应当及时组织对已公布的新食品原料进行重新审查：一是随着科学技术的发展，对新食品原料的安全性产生质疑的；二是有证据表明新食品原料的安全性可能存在问题的；三是其他需要重新审查的情形。对重新审查不符合食品安全要求的新食品原料，国家卫生健康委员会可以撤销许可。

二、食品添加剂新品种管理办法

2010 年 3 月 30 日，原卫生部发布了《食品添加剂新品种管理办法》（卫生部令第 73 号），根据 2017 年 12 月 26 日《国家卫生计生委关于修改〈新食品原料安全性审查管理办法〉等 7 件部门规章的决定》（国家卫生和计划生育委员会令第 18 号）修订。

（一）食品添加剂新品种概念及审查原则

食品添加剂新品种包括：一是未列入食品安全国家标准的食品添加剂品种；二是未列入国家卫生健康委员会公告允许使用的食品添加剂品种；三是扩大使用范围或者使用量的食品添加剂品种。《食品添加剂新品种管理办法》把扩大食品添加剂的使用范围或者使用量也纳入食品添加剂新品种管理，按照相同的程序实施食品添加剂新品种的行政许可。食品添加剂新品种审查原则是食品添加剂应当在技术上确有必要且经过风险评估证明安全可靠。

（二）食品添加剂使用原则

一是四个"不应当"：不应当掩盖食品腐败变质；不应当掩盖食品本身或者加工过程中的质量缺陷；不应当以掺杂、掺假、伪造为目的；不应当降低食品本身的营养价值。二是两个"减少"：在达到预期的效果下尽可能降低在食品中的使用量；作为食品添加剂管理的食品工业用加工助剂应当在制成最后成品之前去除（有规定允许残留量的除外）。

（三）申请材料

申请材料包括：

1. 添加剂的通用名称、功能分类、使用量和使用范围；

2. 食品添加剂的质量规格要求、生产工艺和检验方法，食品中该添加剂的检验方法或者相关情况说明；

3. 标签、说明书和食品添加剂产品样品；

4. 证明在技术上确有必要和使用效果的资料或者文件；

5. 安全性评估材料，包括生产原料或者来源、化学结构和物理特性、生产工艺、毒理学安全性评估资料或者检验报告、质量规格检验报告；

6. 其他国家（地区）、国际组织允许生产和使用等有助于安全性评估的资料。

申请食品添加剂品种扩大使用范围或者使用量的，可以免于提交安全性评估材料，但是技术评审中要求补充提供的除外。另外，申请首次进口食品添加剂新品种的，还应当提交以下材料：

1. 出口国（地区）相关部门或者机构出具的允许该添加剂在本国（地区）

生产或者销售的证明材料。

2. 生产企业所在国（地区）有关机构或者组织出具的对生产企业审查或者认证的证明材料。

（四）审查程序

国家卫生健康委员会负责食品添加剂新品种的审查和许可工作，应当在受理后 60 日内组织专家对食品添加剂新品种在技术上确有必要和安全性评估资料进行技术审查，并作出技术评审结论。国家卫生健康委员会食品添加剂新品种技术审评机构负责食品添加剂新品种技术审查，提出综合审查结论及建议。该审评机构提出的综合审查结论，应当包括安全性、技术必要性审查结果和社会稳定风险评估结果。根据技术评审结论，国家卫生健康委员会决定对在技术上确有必要和符合食品安全要求的食品添加剂新品种准予许可，并列入允许使用的食品添加剂名单予以公布。

（五）重新审查

国家卫生健康委员会应当及时组织对有如下情形的食品添加剂进行重新评估：一是科学研究结果或者有证据表明食品添加剂的安全性可能存在问题的；二是不再具备技术必要性的。对重新审查认为不符合食品安全要求的，国家卫生健康委员会可以公告撤销已批准的食品添加剂品种或者修订其使用范围和使用量。

三、食品相关产品新品种行政许可管理规定

2011 年 3 月 24 日，原卫生部印发了规范性文件《食品相关产品新品种行政许可管理规定》（卫监督发〔2011〕25 号）。

（一）食品相关产品新品种概念及审查原则

食品相关产品新品种是指用于食品包装材料、容器、洗涤剂、消毒剂和用于食品生产经营的工具、设备的新材料、新原料或新添加剂，具体包括：一是尚未列入食品安全国家标准或者国家卫生健康委员会公告允许使用的食品包装材料、容器及其添加剂；二是扩大使用范围或者使用量的食品包装材料、容器及其添加剂；三是尚未列入食品用消毒剂、洗涤剂原料名单的新原料；四是食品生产经营用工具、设备中直接接触食品的新材料、新添加剂。食品相关产品新品种审查原

则：用途明确，具有技术必要性；在正常、合理使用的情况下不对人体健康产生危害；不造成食品成分、结构或色、香、味等性质改变；在使用过程中达到预期效果时尽可能降低使用量。

（二）申请材料

申请材料包括：

1. 申请表；

2. 理化特性；

3. 生产工艺；

4. 质量规格要求、检验方法及检验报告；

5. 技术必要性、用途及使用条件；

6. 毒理学安全性评估资料；

7. 迁移量和（或）残留量、估计膳食暴露量及其评估方法；

8. 国内外允许使用情况的资料或证明文件；

9. 其他有助于评估的资料。

申请食品用消毒剂、洗涤剂新原料的，可以免于提交迁移量和（或）残留量、估计膳食暴露量及其评估方法的资料。申请食品包装材料、容器、工具、设备用新添加剂的，还应当提交使用范围、使用量等资料。申请食品包装材料、容器、工具、设备用添加剂扩大使用范围或使用量的，应当提交申请表，技术必要性、用途及使用条件，毒理学安全性评估资料，迁移量和（或）残留量、估计膳食暴露量及其评估方法，使用范围、使用量等 5 项材料。另外，申请首次进口食品相关产品新品种的，还应当提交以下材料：

1. 出口国（地区）相关部门或者机构出具的允许该产品在本国（地区）生产或者销售的证明材料；

2. 生产企业所在国（地区）有关机构或者组织出具的对生产企业审查或者认证的证明材料；

3. 受委托申请人应当提交委托申报的委托书；

4. 中文译文应当有中国公证机关的公证。

（三）审查程序

国家卫生健康委员会负责食品相关产品新品种许可工作，国家卫生健康委员会食品相关产品新品种技术审评机构负责食品相关产品新品种的申报受理以及组织安全性评估、技术审核和报批等工作。该审评机构应当在受理后 60 日内组织专家对食品相关产品新品种的安全性进行技术评审，并作出技术评审结论。

对技术评审过程中需要补充资料的，审评机构应当及时书面一次性告知申请人，申请人应当按照要求及时补充有关资料。根据技术评审需要，审评机构可以要求申请人现场解答有关技术问题，申请人应当予以配合，必要时可以组织专家对食品相关产品新品种研制及生产现场进行核实、评价。需要对相关资料和检验结果进行验证试验的，审评机构应当将检验项目、检验批次、检验方法等要求告知申请人。验证试验应当在取得资质认定的检验机构进行。对尚无食品安全国家标准检验方法的，应当首先对检验方法进行验证。

根据技术评审结论，国家卫生健康委员会对符合食品安全要求的食品相关产品新品种准予许可并予以公告；对不符合要求的，不予许可并书面说明理由。符合国家卫生健康委员会公告要求的食品相关产品，不需要再次申请许可。

（四）重新审查

国家卫生健康委员会应当及时组织专家对已批准的有如下情形的食品相关产品进行重新评估：一是随着科学技术的发展，对食品相关产品的安全性产生质疑的；二是有证据表明食品相关产品的安全性可能存在问题的。经重新评估认为不符合食品安全要求的，国家卫生健康委员会可以公告撤销已批准的食品相关产品品种或者修订其使用范围和使用量。

第六章　食品安全行政检查

第一节　食品安全行政检查概述

《法治政府建设实施纲要（2021—2025年）》强调，"推动政府管理依法进行，把更多行政资源从事前审批转到事中事后监管上来。健全以'双随机、一公开'监管和'互联网+监管'为基本手段、以重点监管为补充、以信用监管为基础的新型监管机制，推进线上线下一体化监管，完善与创新创造相适应的包容审慎监管方式。根据不同领域特点和风险程度确定监管内容、方式和频次，提高监管精准化水平。分领域制定全国统一、简明易行的监管规则和标准，做到标准公开、规则公平、预期合理、各负其责。"

一、食品安全行政检查范围

食品安全行政检查范围主要是指《食品安全法》第二条所限定的管辖范围，即食品生产经营活动，食品添加剂的生产经营活动，食品相关产品的生产经营活动，食品生产经营者使用食品添加剂、食品相关产品活动，食品的贮存和运输活动。由于食品添加剂和食品相关产品的使用、食品的贮存和运输也体现在食品生产经营者的活动中，因而食品安全行政检查主要包括对食品、食品添加剂、食品相关产品生产经营者履行主体责任的检查，主要表现为事中事后监督检查。另外，食用农产品的市场销售、有关质量安全标准的制定、有关安全信息的公布等，也属于《食品安全法》规定的行政检查范围。

二、食品安全行政检查基本原则

（一）级别管辖

就食品安全行政检查来说，我国的级别管辖主要包括以下三级：第一级是国家市场监督管理总局，总体负责全国食品生产经营监督检查工作；第二级是省级市场监管部门，负责监督指导本行政区域内食品生产经营监督检查工作；第三级是设区的市级、县级市场监管部门，具体负责本行政区域内食品生产经营监督检查工作。同时规定，上级市场监管部门可以定期或者不定期组织对下级市场监管部门的监督检查工作进行监督指导；除监督指导外，市级以上市场监管部门还可以根据监管工作需要，对由下级市场监管部门负责日常监管的食品生产经营者实施随机监督检查，也可以组织下级市场监管部门对食品生产经营者实施异地监督检查。除级别管辖外，食品安全行政检查还有地域管辖和职责管辖。地域管辖是指食品生产经营者由所在地食品安全监管部门进行行政检查，即执行属地负责制。职责管辖是指根据业务条线的职责分工对食品生产经营者进行行政检查。根据规定，市场监管部门之间涉及管辖争议的，应当报请共同上一级市场监管部门确定管辖权。

（二）风险管理

风险管理是食品安全风险分析理论的实际应用，是国际公认的食品安全科学管理方法。《食品安全法》规定，食品安全监管部门根据食品安全风险监测、风险评估结果和食品安全状况等，确定监管的重点、方式和频次，实施风险分级管理。食品安全监管部门通过对食品生产经营者的食品安全风险进行量化评估，确定风险程度，对风险程度较高的食品生产经营者加大监管力度，对风险程度较低的食品生产经营者适当降低监管频次，从而科学、合理分配监管资源，保障监管成效最大化。

（三）程序合法

食品安全行政检查要求程序合法，主要程序如下。一是检查前的告知，即要求 2 名以上（含 2 名）食品安全检查人员出示证件，说明来意。二是检查中的措施，即检查人员在食品生产经营者（责任人）的陪同下，按照食品生产经营监督检查要点表等规定的内容，进行全面检查或重点检查。规范制作检查记录或现场监督检查笔录，由食品生产经营者和检查人员双方签字确认，并将检查结果记录表张贴在企业公示栏中。三是发现问题后的措施，即检查人员发现问题后，明确指出食品生产经营者存在的问题，并根据需要进行业务指导，督促食品生产经营者进行整改。需要按照简易程序予以行政处罚的，当场予以行政处罚；需要采取强制措施的，报请领导同意，实施封存、扣押等强制措施。四是检查后的措施，即检查人员将检查结果记入食品生产经营者食品安全信用档案，检查结果信息形成后 20 个工作日内向社会公开。需要通过一般程序予以行政处罚的，按照一般程序办理行政处罚；发现涉嫌食品安全犯罪的，按照规定将案件移送公安机关。

（四）公开公正

公开公正是行政检查的基本要求。具体体现在：市场监管部门组织实施监督检查，应当由 2 名以上（含 2 名）监督检查人员参加；检查人员应当当场出示有效执法证件或者市场监管部门出具的检查任务书；检查人员与检查对象之间存在直接利害关系或者其他可能影响检查公正情形的，应当回避。

三、食品安全行政检查权力

根据《食品安全法》的规定，食品安全行政检查有以下法定权力：（一）进入生产经营场所实施现场检查；（二）对生产经营的食品、食品添加剂、食品相关产品进行抽样检验；（三）查阅、复制有关合同、票据、账簿以及其他有关资料；（四）查封、扣押有证据证明不符合食品安全标准或者有证据证明存在安全隐患以及用于违法生产经营的食品、食品添加剂、食品相关产品；（五）查封违法从事生产经营活动的场所。

第二节　食品生产经营单位行政检查

一、食品生产经营监督检查管理办法

2021 年 12 月 24 日，国家市场监督管理总局公布了《食品生产经营监督检查管理办法》（国家市场监督管理总局令第 49 号），共七章五十五条，主要特点和内容如下。

（一）引入信用监管

信用监管是食品安全的基础性监管手段，食品安全监管部门开展监督检查工

作要结合食品生产经营者的信用状况。一是对食品生产经营者的风险分级除要考虑食品类别、业态规模、风险控制能力、监督检查结果等情况外，还要考虑食品生产经营者的信用状况；二是监督检查结果、约谈食品生产经营者情况、食品生产经营者的问题整改情况等应记入食品生产经营者食品安全信用档案；三是对存在严重违法失信行为的食品生产经营者，按照规定实施联合惩戒。相关部门应加强监督检查信息化建设，记录、归集、分析监督检查信息，加强数据整合、共享和利用，提升智慧监管水平。

（二）细化检查事权

国家市场监督管理总局可以根据需要组织开展监督检查。一是省级市场监管部门重点组织和协调对产品风险高、影响区域广的食品生产经营者的监督检查；二是设区的市级、县级市场监管部门可以结合本行政区域内食品生产经营者的规模、风险、分布等实际情况，按照本级人民政府要求，划分本行政区域监督检查事权，确保监督检查覆盖本行政区域内所有食品生产经营者。

上级市场监管部门可以根据实际情况进行监管统筹。市级以上市场监管部门根据监管工作需要，一是可以对由下级市场监管部门负责日常监管的食品生产经营者实施随机监督检查；二是可以组织下级市场监管部门对食品生产经营者实施异地监督检查；三是可以定期或者不定期组织对下级市场监管部门的监督检查工作进行监督指导。

（三）完善检查项目

国家市场监督管理总局制定国家食品生产经营监督检查要点表，明确监督检查的主要内容。省级市场监管部门可以按照国家食品生产经营监督检查要点表，结合本地实际进行细化，制定本行政区域食品生产经营监督检查要点表，特别是要针对食品生产经营新业态、新技术、新模式，补充制定相应的食品生产经营监督检查要点。食品生产经营不同业态的监督检查内容如下。

1. 食品生产环节监督检查要点

包括食品生产者资质、生产环境条件、进货查验、生产过程控制、产品检验、贮存及交付控制、不合格食品管理和食品召回、标签和说明书、食品安全自查、从业人员管理、信息记录和追溯、食品安全事故处置等情况。此外，委托生产食品的，还要将委托方对受托方生产行为的监督情况作为检查内容。特殊食品生产环节监督检查要点，除应当包括以上内容外，还应当包括注册备案要求执行、生产质量管理体系运行、原辅料管理等情况。其中，保健食品生产环节监督检查要点还应当包括原料前处理等情况。

2. 食品销售环节监督检查要点

包括食品销售者资质、一般规定执行、禁止性规定执行、经营场所环境卫生、经营过程控制、进货查验、食品贮存、食品召回、温度控制及记录、过期及其他不符合食品安全标准食品处置、标签和说明书、食品安全自查、从业人员管理、食品安全事故处置、进口食品销售、食用农产品销售、网络食品销售等情况。特殊食品销售环节监督检查要点，除应当包括以上内容外，还应当包括禁止食品与物品混放要求落实、标签和说明书核对等情况。

3. 餐饮服务环节监督检查要点

包括餐饮服务提供者资质、从业人员健康管理、原料控制、加工制作过程、食品添加剂使用管理、场所和设备设施清洁维护、餐饮具清洗消毒、食品安全事故处置等情况。此外，餐饮服务环节还要求强化对学校等集中用餐单位供餐食品安全的监督检查。

4. 集中交易市场开办者、展销会举办者监督检查要点

包括举办前报告、入场食品经营者的资质审查、食品安全管理责任明确、经营环境和条件检查等情况。此外，对温度、湿度有特殊要求的承担食品贮存业务的非食品生产经营者的监督检查要点还应当包括贮存业务备案、信息记录和追溯、食品安全要求落实等情况。

（四）强化风险监管

1. 科学开展风险分级

明确风险等级评级因素，综合考虑食品类别、业态规模、风险控制能力、信用状况、监督检查等情况，将食品生产经营者风险等级从低到高分为 A 级风险、B 级风险、C 级风险、D 级风险四个等级。

2. 规范落实分级监管

根据食品生产经营者风险等级情况实施不同的监督检查，每两年对本行政区域内所有食品生产经营者至少进行一次覆盖全部检查要点的监督检查。对特殊食品生产者，风险等级为 C 级、D 级的食品生产者，风险等级为 D 级的食品经营

者以及中央厨房、集体用餐配送单位等高风险食品生产经营者实施重点监督检查，并可以根据实际情况增加日常监督检查频次。

（五）拓展检查方式

监管方式方面引入飞行检查和体系检查，即可以根据工作需要，对通过食品安全抽样检验等发现问题线索的食品生产经营者实施飞行检查，对特殊食品、高风险大宗消费食品生产企业和大型食品经营企业等的质量管理体系运行情况实施体系检查。另外，可以根据需要对被检查单位生产经营的原料、半成品、成品等进行抽样检验，或者对企业食品安全管理人员的食品安全知识掌握情况等随机进行监督抽查考核并公布考核情况。

（六）规范结果处理

1. 发现食品生产经营者不符合监督检查要点表中重点项目和一般项目，且影响食品安全的，应当依法进行调查处理。

2. 发现食品生产经营者不符合监督检查要点表中一般项目，但情节显著轻微、不影响食品安全的，应当当场责令其整改，或者根据实际情况提出限期整改要求。

3. 发现食品不符合食品安全法律、法规、规章和标准的，在依法调查处理的同时，应当及时督促食品生产经营者追查相关食品的来源和流向，查明原因、控制风险，并根据需要通报相关市场监管部门。

（七）明确标签、说明书瑕疵

认定标签、说明书瑕疵，应当综合考虑标注内容与食品安全的关联性、当事人的主观过错、消费者对食品安全的理解和选择等因素，最重要的考量因素有两个：一是瑕疵是否影响食品安全，二是瑕疵有没有故意误导消费者。标签、说明书瑕疵包含以下情形：

1. 文字、符号、数字的字号、字体、字高不规范，或者出现错别字、多字、漏字、繁体字，又或者外文翻译不准确以及外文字号、字高大于中文等；

2. 净含量、规格的标示方式和格式不规范，或者对没有特殊贮存条件要求的食品，未按照规定标注贮存条件；

3. 食品、食品添加剂及配料使用的俗称或者简称等不规范；

4. 营养成分表、配料表顺序、数值、单位标示不规范，或者营养成分表数值修约间隔、"0"界限值、标示单位不规范；

5. 对有证据证明未实际添加的成分，虽标注了"未添加"，但未按照规定标示具体含量；

6. 国家市场监督管理总局认定的其他情节轻微、不影响食品安全、没有故意误导消费者的情形。

（八）不重复检查

对同一食品生产经营者，上级市场监管部门已经开展监督检查的，下级市场监管部门原则上在 3 个月内不再重复检查已检查的项目，但食品生产经营者涉嫌违法或者存在明显食品安全隐患等情形的除外。

二、食品生产经营风险分级管理办法

（一）背景

风险分级管理是指食品安全监管部门以风险分析为基础，结合食品生产经营者的食品类别、经营业态及生产经营规模、食品安全管理能力和监管记录情况，按照风险评价指标，划分食品生产经营者风险等级，并结合当地监管资源和监管能力，对食品生产经营者实施的不同频率、不同程度的监管。食品生产经营风险分级管理是有效提升监管资源利用率、强化监管效能、促进食品生产经营企业落实食品安全主体责任的重要手段，也是国际通行做法，美国、德国等发达国家都建立并实施了基于风险分级的监管制度。2016 年 9 月 5 日，原国家食品药品监督管理总局印发了《食品生产经营风险分级管理办法（试行）》（食药监食监一〔2016〕115 号），以推行食品生产经营风险分级管理。

（二）风险等级考虑因素

对食品生产经营风险等级划分，应当结合食品生产经营企业风险特点，从生产经营食品类别、经营规模、消费对象等静态风险因素和生产经营条件保持、生产经营过程控制、管理制度建立及运行等动态风险因素确定食品生产经营者风险等级，并根据对食品生产经营者监督检查、监督抽检、投诉举报、案件查处、产品召回等监管记录实施动态调整。

（三）风险等级确定方法

为确定食品生产经营者风险等级，采用百分制评分方法进行，并实行静态因素和动态因素相结合的评分模式。其中，静态风险因素量化分值为 40 分，动态风险因素量化分值为 60 分。静态和动态风险因素量化分值之和（以下简称风险分值之和）越高，食品生产经营者风险等级越高，各风险等级的风险分值情况如下：风险分值之和为 0～30（含）分的，为 A 级风险；风险分值之和为 30～45（含）分的，为 B 级风险；风险分值之和为 45～60（含）分的，为 C 级风险；风险分值之和为 60 分以上的，为 D 级风险。

静态风险等级分为 4 档，分别为 Ⅰ 档、Ⅱ 档、Ⅲ 档、Ⅳ 档，对应的量化分值分别为 0～15（含）分、15～20（含）分、20～25（含）分、25～40 分。静态风险分级档次对应的食品生产经营类别如下。

Ⅰ 档的食品生产经营者包括：低风险食品的生产企业；普通预包装食品的销售企业；从事自制饮品制售、其他类食品制售等餐饮服务企业。

Ⅱ 档的食品生产经营者包括：较低风险食品的生产企业；散装食品的销售企业；从事不含高危易腐食品的热食类食品制售、糕点类食品制售、冷食类食品制售等餐饮服务企业。

Ⅲ 档的食品生产经营者包括：中等风险食品的生产企业，应当包括糕点生产企业、豆制品生产企业等；冷冻冷藏食品的销售企业；从事含高危易腐食品的热食类食品制售、糕点类食品制售、冷食类食品制售、生食类食品制售等餐饮服务企业。

Ⅳ 档的食品生产经营者包括：高风险食品的生产企业，应当包括乳制品生产企业、肉制品生产企业等；专供婴幼儿和其他特定人群的主辅食品生产企业；保健食品的生产企业；主要为特定人群（包括病人、老年人、学生等）提供餐饮服务的餐饮服务企业；大规模或者为大量消费者提供就餐服务的中央厨房、用餐配送单位、单位食堂等餐饮服务企业。

食品生产经营者静态风险因素量化分值需要根据具体情况进行打分，但该分值应在对应静态风险分级档次的分值范围内。静态风险考虑因素包括主要食品原料属性、食品配方复杂程度、使用食品添加剂多少、生产工艺复杂程度、食品贮存条件要求及保质期、抽检发现的问题、食用人群、社会关注程度。部分食品生产者静态风险因素量化分值见表 6-1。

表6-1 部分食品生产者静态风险因素量化分值表

序号	食品类别	类别编号	类别名称	品 种 明 细	食品风险等级	分值
1	粮食加工品	0102	大米	大米（大米、糙米、其他）	低（Ⅰ）	13.5
2	粮食加工品	0103	挂面	1. 普通挂面；2. 花色挂面；3. 手工面	低（Ⅰ）	13.5
3	蔬菜制品	1603	食用菌制品	1. 干制食用菌；2. 腌渍食用菌	较低（Ⅱ）	16.0
4	调味品	0304	酱类	酿造酱〔稀甜面酱、甜面酱、大豆酱（黄酱）、蚕豆酱、豆瓣酱、大酱、其他〕	较低（Ⅱ）	17.0
5	蔬菜制品	1601	酱腌菜	酱腌菜（调味榨菜、腌萝卜、腌豇豆、酱渍菜、虾油渍菜、盐水渍菜、其他）	中等（Ⅲ）	22.5
6	速冻食品	1102	速冻调制食品	1. 生制品（具体品种明细）；2. 熟制品（具体品种明细）	中等（Ⅲ）	24.0
7	肉制品	0402	发酵肉制品	1. 发酵灌制品；2. 发酵火腿制品	高（Ⅳ）	25.5
8	婴幼儿配方食品	2901	婴幼儿配方乳粉	1. 婴儿配方乳粉（湿法工艺、干法工艺、干湿法复合工艺）；2. 较大婴儿配方乳粉（湿法工艺、干法工艺、干湿法复合工艺）；3. 幼儿配方乳粉（湿法工艺、干法工艺、干湿法复合工艺）	高（Ⅳ）	31.5

动态风险考虑因素如下。一是食品生产企业动态风险因素，包括企业资质、进货查验、生产过程控制、出厂检验等情况。此外，对于特殊食品生产企业，还要考虑产品配方注册、质量管理体系运行等情况；对于保健食品生产企业，还要考虑委托加工等情况。二是食品销售者动态风险因素，包括经营资质、经营过程控制、食品贮存等情况。三是餐饮服务提供者动态风险因素，包括经营资质、从业人员管理、原料控制、加工制作过程控制等情况。

食品生产经营者根据评级结果确定下一年度的风险等级，并根据相应情形将其风险等级调高一个或两个等级，或者不调等级，又或调低一个等级。

（四）风险等级应用

1. 科学制定监督检查计划。根据食品生产经营者风险等级，优化监管资源，调整监管力量，合理确定企业的监督检查频次、监督检查内容、监督检查方式及其他管理措施。

2. 实行信息化管理。建立行政区域内食品生产经营者风险等级分类系统，记录、汇总、分析食品生产经营风险分级信息。

3. 排查风险隐患。确定监管重点区域、重点行业、重点企业，及时排查食品安全风险隐患，在监督检查、监督抽检和风险监测中确定重点企业及产品。

4. 改进和提高风险控制水平。食品生产经营者根据风险分级结果，改进和提高生产经营风险控制水平，加强落实食品安全主体责任。

三、食品生产经营监督检查要点表和结果记录表

2022 年 3 月 11 日，为贯彻落实《食品生产经营监督检查管理办法》，国家市场监督管理总局办公厅印发了《食品生产经营监督检查要点表》（以下简称《检查要点表》）和《食品生产经营监督检查结果记录表》（以下简称《结果记录表》），以指导各地做好食品生产经营监督检查工作。《检查要点表》和《结果记录表》是实施《食品生产经营监督检查管理办法》的配套表格，适用于各级市场监管部门开展的食品生产经营日常监督检查、飞行检查和体系检查工作。

《检查要点表》细化了各个环节监督检查的具体项目，明确了检查的重点项目和一般项目，设置了每个检查项目的结果评价。检查人员应对《检查要点表》中规定的项目开展检查，并对检查的项目进行评价，在"备注"栏中填写必要的检查记录信息。评价结果为"否"的，需要在"备注"栏注明原因；发现存在其他问题的，可以在"其他需要记录的问题"栏进行记录。检查人员应当按照《结果记录表》中"填写说明"的具体要求如实、逐项填写检查内容、检查结果、结果处理等相关内容。监督检查发现食品生产经营者存在违法行为需要立案调查的，市场监管部门应当严格按照行政处罚程序开展调查处理。

根据国家市场监督管理总局的要求，各地要结合地方实际细化本行政区域食品生产经营监督检查要点表，对监督检查中发现的食品安全风险进行主动分析研判。例如，上海市从以下三方面完善了食品生产经营监督检查工作。一是加快推进监督检查信息化建设，全面实施对食品生产经营的移动监管，实现监督检查全

过程电子化。二是进一步完善和细化《检查要点表》，补充食品安全信息追溯、餐厨废弃油脂处置、食品生产加工小作坊检查等内容。如果检查项目存在合理缺项，那么该项目无须勾选"是"或"否"，需要在备注中说明，不计入否项数。三是根据《检查要点表》制定对应的《上海市食品生产监督检查操作手册》，就《检查要点表》中每项检查内容的检查方式、检查指南、常见问题等进行具体描述，供监管人员在开展食品生产监督检查工作中参考使用。

第三节　特殊食品生产经营单位行政检查

特殊食品生产经营者应对自己生产经营食品的安全负责，积极配合市场监管部门实施监督检查。市场监管部门按照规定在覆盖所有食品生产经营者的基础上，结合特殊食品生产经营者的信用状况，随机选取食品生产经营者、随机选派监督检查人员实施监督检查。

一、特殊食品生产单位监督检查

对特殊食品生产单位的监督检查主要包括日常监督检查和体系检查，另外根据监管工作需要及问题线索等开展不预先告知的飞行检查。

（一）日常监督检查

日常监督检查是指市场监管部门按照年度食品生产经营监督检查计划，对本行政区域内食品生产经营者开展的常规性检查。特殊食品生产环节监督检查要点不仅包括普通食品生产环节监督检查要点，如食品生产者资质、生产环境条件、进货查验、生产过程控制、产品检验、贮存及交付控制、不合格食品管理和食品召回、标签和说明书、食品安全自查、从业人员管理、信息记录和追溯、食品安全事故处置等情况，还包括注册备案要求执行、生产质量管理体系运行、原辅料管理、保健食品原料前处理等情况。相较于普通食品，特殊食品的日常监督检查主要增加以下几个方面。

1. 实际生产的特殊食品按规定注册或备案

企业实际生产的特殊食品应当按照规定进行注册或者备案。在检查时，可以查看企业的保健食品注册证书或备案凭证、婴幼儿配方乳粉产品配方注册证书、特殊医学用途配方食品注册证书是否真实有效、符合要求。

2. 生产特殊食品所使用原辅料的技术要求与注册或备案的技术要求一致

企业生产特殊食品时，可以更换所使用原辅料的供应单位，但其质量标准等技术要求应当与注册或备案的内容一致。在检查时，可以在原辅料仓库或生产车间查看原辅料的相关资料，判定其是否符合要求。

3. 按照经注册或备案的产品配方、生产工艺等技术要求组织生产

在检查时，对照企业的产品（配方）注册证书或备案凭证，查看企业实际领料、配料、投料等记录的原辅料品种和使用量是否与产品（配方）注册证书或备案凭证载明要求的一致。若一致，则符合要求；若不一致，则要进一步深入检查，看是否存在违法违规行为。

4. 特殊食品批生产记录真实、完整、可追溯

特殊食品批生产记录中记载的生产工艺和参数等与其注册或备案的工艺规程和有关制度应当一致。在检查时，抽查企业的批生产记录，查看企业对每个批次产品从原料配制、中间产品产量、产品质量和卫生指标等情况的记录，是否按生产需要领取原辅料，投料是否经双人复核或人机核对并记录。

5. 原辅料实际使用量与注册或备案的配方和批生产记录中的使用量一致

在检查时，现场检查或抽查企业的相关记录，查看企业实际使用的原辅料是否与索证索票、进货查验记录等保持一致，其使用情况是否与产品标签的配料表一致、与批生产记录一致、与注册或备案的配方一致等。

6. 保健食品原料提取物或原料前处理符合要求

如果保健食品生产企业所生产产品注册或备案的保健食品产品配方中有原料提取物，那么企业可以向具有合法资质的保健食品生产企业采购保健食品原料提取物。保健食品产品配方中无原料提取物的，不得采购原料提取物用于保健食品生产。企业所采购保健食品原料提取物供货商的《食品生产许可证》中许可品种明细项目应载明保健食品原料提取物名称。保健食品原料前处理应当按照注册或备案的技术要求进行，相关流程或操作要与注册或备案的内容一致。

7. 委托方持有保健食品注册证书或注册转备案凭证，受托方具备相应的能力和资质

对于委托生产保健食品的情况，委托方应当持有保健食品注册证书或注册转备案凭证，受托方应当具备相应的能力和资质，委托方和受托方要签订书面协议，协议要明确规定各自责任。委托方对受托方的生产行为进行监督，对委托生

产的食品安全负责。受托方依法进行生产，具备相应的生产能力且能完成生产委托品种的全部生产过程，对生产行为负责，并接受委托方的监督。在检查时，查看相应的记录，看各方是否尽到相应的义务。

8. 婴幼儿配方食品等按照要求批批全项目自行检验

婴幼儿配方食品和特殊医学用途婴儿配方食品生产企业应当对出厂产品进行批批全项目自行检验，每年对全项目检验能力进行验证。在检查时，抽查企业各生产批次的全项目出厂检验记录和报告：出厂检验记录是否如实记录食品的名称、规格、数量、生产日期或生产批号、保质期、检验合格证号、销售日期以及购货者的名称、地址、联系方式等内容，记录的保存期限是否符合要求；出厂检验报告是否与生产记录、产品入库记录的批次相一致，报告中的检验项目是否符合标准要求、有相对应的原始检验记录，出厂检验报告和原始检验记录是否真实、完整、清晰。

9. 特殊食品的标签、说明书内容与注册或备案的内容一致

特殊食品的标签、说明书不得含有虚假内容，不得涉及疾病预防、治疗功能。在检查时，可以查看标签、说明书内容是否与注册或备案的内容相一致。

10. 定期对生产质量管理体系的运行情况进行自查

《食品安全法》要求，特殊食品生产企业应当建立食品安全自查制度，定期对食品安全状况进行检查评价。企业应当定期对生产质量管理体系的运行情况进行自查，保证其有效运行，并按照要求向所在地县级人民政府市场监管部门提交自查报告，及时整改自查发现的问题。在对企业检查时，要重点检查企业自查问题整改情况，以保证整改措施落实到位。生产经营条件发生变化，不再符合食品安全要求的，食品生产经营者应当立即采取整改措施；有发生食品安全事故潜在风险的，食品生产经营者应当立即停止食品生产经营活动，并向市场监管部门报告。

（二）体系检查

特殊食品生产企业体系检查是指市场监管部门以风险防控为导向，组织对已取得特殊食品生产许可的企业的质量管理体系执行情况依法开展的系统性监督检查，重点检查企业是否符合食品安全法律法规和有关标准要求，生产质量管理体系是否有效运行。

1. 体系检查准备工作

开展体系检查时要提前做好准备工作。体系检查组织实施部门一般至少提前

5 个工作日确定检查组成员，明确组长和成员分工；与负责日常监管的市场监管部门沟通，确定观察员。检查组成员和观察员确定后，如无特殊情况，不得随意更换人选。确定检查时间后提前 2 个工作日告知被检查企业和负责日常监管的市场监管部门。检查组根据体系检查工作需要，结合被检查企业情况，制定体系检查方案，提前准备相关检查材料、文书和必要的现场记录设备。在体系检查前，检查组组长组织召开检查组会议，宣布检查纪律和检查要求，熟悉检查资料，讨论并完善检查方案，明确任务分工。被检查企业要按照书面通知的时间和要求，做好体系检查准备工作，除不可抗力等原因外不得拒绝或要求延期。

2. 现场检查

检查组到达被检查企业后，检查组组长主持召开有检查组成员以及企业主要负责人和生产、质量等部门负责人参加的首次会议。会上，检查组组长明确体系检查工作要求，介绍检查组和被检查企业参加人员，告知被检查企业体系检查的目的、程序、计划时间、相关工作要求和工作纪律等，向被检查企业公布体系检查纪律、监督投诉举报联系方式，明确企业配合事项和陪同人员；同时告知被检查企业应依法依规履行配合义务，被检查企业研发、生产、检验、质量管理、物流及销售等环节上的关键岗位员工应在场配合检查。

在进行体系检查时，被检查企业生产、技术、质量管理、销售、库房管理等相关部门负责人（或被授权人）要按照检查组要求陪同检查。检查组按照体系检查方案，依据相关法律法规、食品安全标准和体系检查要点规范开展体系检查，认真记录体系检查情况和发现的问题，对所发现问题的描述应当具体、清晰、翔实，必要时可采取复印、录音、录像、摄影等方式留存证据。检查组根据发现的问题和线索，客观、公正、科学地分析与判断被检查企业在生产合规性、生产质量管理体系运行等方面可能存在的问题和风险隐患。在每日检查结束前，检查组组长组织检查员对检查情况、发现的问题或疑似问题进行讨论，对问题进行确认，对后续检查安排和重点进行研究部署。必要时，检查组可以通过适当形式告知被检查企业次日检查的重点内容，要求其提前做好相关准备。在体系检查结束前，检查组组长组织检查员和观察员召开情况交流会，沟通与交流体系检查情况和发现的问题，确定体系检查结果。必要时，检查组可以与企业法定代表人或其授权人确认体系检查中发现的问题。在体系检查结束时，检查组组长主持召开末次会议，向被检查企业反馈体系检查情况和发现的问题。当被检查企业对体系检查结果存在异议时，检查组应提供书面意见。

3. 体系检查结果处置

在体系检查结束时，检查组应当场向被检查企业反馈体系检查结果。被检查企业要在限定期限内完成整改，并将整改情况报送负责日常监管的市场监管部门；同时，观察员将体系检查结果向负责日常监管的市场监管部门报告。负责日常监管的市场监管部门应对体系检查中发现的问题依法依规进行处置，督促企业整改到位，并在规定时限内将依法依规处置、企业整改落实等情况逐级报送体系检查组织实施部门。

二、特殊食品经营单位监督检查

特殊食品销售环节监督检查要点除包括食品销售者资质、一般规定执行、禁止性规定执行、经营场所环境卫生、经营过程控制、进货查验、食品贮存、食品召回、温度控制及记录、过期及其他不符合食品安全标准食品处置、标签和说明书、食品安全自查、从业人员管理、食品安全事故处置、进口食品销售、食用农产品销售、网络食品销售等情况外，还包括禁止特殊食品与普通食品、药品等混放要求落实，标签和说明书核对等情况。在普通食品销售环节监督检查内容的基础上，特殊食品销售环节监督检查还要检查以下几个方面。

1. 检查现场销售的特殊食品类别是否与许可证载明或备案的类别一致

根据法律规定，销售特殊食品要经过许可或者备案；医疗机构和药品零售企业之外的单位或个人不得向消费者销售特殊医学用途配方食品中的特定全营养配方食品；医疗机构、药品零售企业销售特定全营养配方食品的，不需要取得食品经营许可。医疗机构配制的供病人食用的营养餐不属于特殊医学用途配方食品。在检查时，要特别关注特定全营养配方食品的销售。

2. 检查实际销售的商品是否与产品（配方）注册证书或备案凭证上的一致

查验并留存特殊食品供货者的生产经营许可证、产品（配方）注册证书或备案凭证等证明。销售的特殊食品是从生产单位直接采购的，检查食品生产许可证复印件等资质证明文件；销售的特殊食品是从其他销售单位采购的，检查食品生产经营许可证复印件等资质证明文件。保健食品注册证书或备案凭证应包括附件产品说明书，特殊医学用途配方食品注册证书应包括附件标签、说明书样稿。保健食品实行注册与备案双轨制，实行备案的产品类别不需要注册证书。婴幼儿配方乳粉产品配方、特殊医学用途配方食品应当经国家市场监督管理总局注册，并取得注册证书。

3. 检查销售的产品是否有出厂检验合格证明（国产产品）或检验检疫证明（进口产品）

现场查验部分品种或批次特殊食品的产品出厂检验合格证明或检验检疫证明等文件。特殊食品应当具备按生产批次的产品出厂检验合格证明，进口特殊食品应当具备按进口批次的入境货物检验检疫证明。

4. 检查是否查验并留存进货凭证和按要求记录

随机抽查特殊食品品种或批次是否留存相关进货凭证并记录，检验货证是否相符，或者检查进货记录是否符合要求。检查销售者是否落实食品进货查验制度，如是否如实记录各项内容，记录和凭证是否保存至产品保质期满后 6 个月等。

5. 检查是否建立食品安全追溯体系、保证特殊食品可追溯

检查销售者是否按照要求如实记录并保存进货查验、存放、特殊食品批发销售等相关信息，以保证特殊食品来源、去向可追溯。

6. 检查是否专区专柜（货架）销售并设立提示牌，提示牌内容是否符合要求

检查是否有特殊食品与普通食品或药品混放、三类特殊食品混放情况。销售者要按照法律规定，将销售的特殊食品专区专柜（货架）摆放，不与固体饮料、调制乳粉、中药饮片等普通食品或药品混放。每类特殊食品的专区专柜（货架）要分别设立提示牌，醒目注明"保健食品销售专区（专柜）""婴幼儿配方食品销售专区（专柜）""特殊医学用途配方食品销售专区（专柜）"字样，提示牌为绿底白字，字体为黑体。在检查时，如销售者不符合要求，应当立即整改，执法人员可以给予警告等行政处罚。

7. 检查销售的特殊食品标签、说明书是否与注册或备案的标签、说明书一致，是否涉及疾病预防、治疗功能

法律法规和食品安全标准对特殊食品标签、说明书有严格的规定，检查时可通过国家市场监督管理总局"特殊食品信息查询平台"查询销售的特殊食品标签、说明书样稿或主要内容，并进行对照检查，看是否一致。进口特殊食品应当有中文标签，进口婴幼儿配方乳粉标签应当直接印制在最小销售包装上。

8. 检查销售的保健食品标签是否设置警示用语区并标注警示用语

销售的保健食品，除要标签符合要求外，还要在经营场所显著位置标注"保健食品不是药物，不能代替药物治疗疾病"等消费提示信息。

9. 检查销售婴幼儿配方乳粉的专区（专柜）是否采取相应措施

销售者要按照要求将距离保质期不足 1 个月的婴幼儿配方乳粉采取醒目提示或提前下架等处理措施。

10. 检查经营场所的特殊食品广告是否与审查批准的一致

经营场所的保健食品、特殊医学用途配方食品的广告内容应当经过批准，并与批准的内容一致。检查经营场所的宣传材料是否有虚假、夸大宣传的内容，销售人员是否有虚假、夸大宣传的行为。检查是否有违规进行 0~12 个月婴儿的婴幼儿配方食品和特殊医学用途婴儿配方食品推销宣传的材料。

第四节 食品添加剂生产经营单位行政检查

食品添加剂是指为改善食品品质和色、香、味以及为防腐、保鲜和加工工艺的需要而加入食品中的人工合成物质或者天然物质，包括营养强化剂。根据《食品安全法》等规定，市场监管部门依法实施对食品添加剂生产经营活动的监督检查。

一、食品添加剂监督检查的主要依据

（一）法律法规依据

除《食品安全法》及其实施条例外，对食品添加剂生产经营活动的监督检查的主要依据为《食品生产经营监督检查管理办法》和《食品生产经营风险分级管理办法（试行）》。后者只适用于对食品添加剂生产活动的监督检查，不适用于对食品添加剂销售活动的监督检查。另外，"双随机、一公开"监管、信用监管等新型监管方式也适用于对食品添加剂生产经营活动的监督检查。与食品销售不同，《食品安全法》没有对食品添加剂销售设定相应的许可、备案或登记制度，因此对食品添加剂销售活动的监督检查，可能因底数不清而不能做到全面监督检查。

（二）标准规范依据

目前，我国批准使用的食品添加剂有 2 300 多种，大部分食品添加剂已制定相应的产品质量规格标准，部分食品添加剂还制定了相应的卫生规范、通用标准及标签标识要求。另外，对食品添加剂生产经营及使用监督检查的重要依据还有食品添加剂使用标准。

1. GB 2760—2014《食品安全国家标准　食品添加剂使用标准》

该标准规定了食品添加剂的使用原则、允许使用的食品添加剂品种、使用范围及最大使用量或残留量。由于该标准主体为使用标准而非残留限量标准（仅对个别食品添加剂规定了使用后的残留限量），因而对食品生产过程中食品添加剂投料情况的监控是判断食品添加剂使用是否符合标准的最重要手段。当利用食品中食品添加剂含量结果进行判断时，应综合考虑食品中此食品添加剂的使用情况、原辅料带入情况及食品本底水平等因素。另外，我国 GB 14880—2012《食品安全国家标准　食品营养强化剂使用标准》规定了使用食品营养强化的主要目的、使用营养强化剂的要求、可强化食品类别的选择要求等。对食品营养强化剂的监管可参照食品添加剂进行。

2. GB 26687—2011《食品安全国家标准　复配食品添加剂通则》

该标准规定用于生产复配食品添加剂的各种食品添加剂，其应符合 GB 2760—2014 和国家卫生健康委员会公告的规定，有共同的使用范围，其质量规格应符合相应的食品安全国家标准或相关标准。复配食品添加剂在生产过程中不应发生化学反应，不应产生新的化合物；复配食品添加剂的生产企业应按照国家标准和相关标准组织生产，制定复配食品添加剂的生产管理制度，明确规定各种食品添加剂的含量和检验方法；复配食品添加剂的感官要求、有害物质和致病性微生物控制以及产品标识等应符合国家有关规定。

3. GB 30616—2020《食品安全国家标准　食品用香精》

该标准对食品用香精的技术要求进行了规定，包括原料要求、感官要求、理化指标要求、微生物指标要求和标签要求等，特别是对食品用热加工香味料的原料和工艺要求作出了具体规定。

4. GB 31647—2018《食品安全国家标准　食品添加剂生产通用卫生规范》

食品添加剂生产企业的生产条件和生产过程控制应符合该强制性标准要求。该标准对食品添加剂生产的选址及厂区环境、厂房和车间、设施与设备、卫生管理、原料和相关产品、生产过程的安全控制、包装标识、检验、产品的贮存和运输、产品的追溯和召回管理等作出了明确要求。

5. GB 29924—2013《食品安全国家标准　食品添加剂标识通则》

该标准对食品添加剂标识规定了 9 项基本要求，如食品添加剂标识的文字要求应符合 GB 7718—2011《食品安全国家标准　预包装食品标签通则》的规定。另外，该标准还对提供给生产经营者的食品添加剂标识规定了 12 项具体内容和要求，以及对提供给消费者直接使用的零售食品添加剂标识规定了 3 项内容和要求。

二、食品添加剂生产者的风险分级

根据《食品生产经营风险分级管理办法（试行）》，食品添加剂生产的静态风险分级见表 6-2。按照规定，省级食品安全监管部门可根据本行政区域实际情况，对食品添加剂的静态风险分级进行调整，并在本行政区域内组织实施。对食品添加剂生产者的动态风险考虑因素包括企业资质、进货查验、生产过程控制、出厂检验、生产原料和工艺符合产品标准规定等。

表 6-2　食品添加剂生产者静态风险因素量化分值表

类　　别	品　种　明　细	风险等级	分　值
食品添加剂	食品添加剂产品名称（使用 GB 2760—2014、GB 14880—2012 或国家卫生健康委员会公告规定的食品添加剂名称；标准中对不同工艺有明确规定的，应当在括号中标明；不包括食品用香精和复配食品添加剂）	较低（Ⅱ）	17.5
食品用香精	食品用香精［液体、乳化、浆（膏）状、粉末（拌和、胶囊）］	较低（Ⅱ）	17.5
复配食品添加剂	复配食品添加剂明细（使用 GB 26687—2011 规定的名称）	中等（Ⅲ）	20.5

三、食品添加剂生产的监督检查

（一）生产者资质

具有合法主体资质，持有效生产许可证，生产的食品添加剂在许可范围内。

（二）进货查验

食品添加剂供货者有合法有效的许可证、产品合格证明文件等，无法提供有效合格证明文件的，需要提供产品检验记录；建立和保存食品添加剂的贮存、保管记录以及领用出库和退库记录。

（三）生产过程控制

使用的食品添加剂品种与索证索票、进货查验记录内容一致；使用符合食品安全标准的食品添加剂投入生产；食品添加剂生产使用的原料和生产工艺符合产品标准规定。

（四）标签和说明书

食品添加剂标签上载明"食品添加剂"字样，并标明贮存条件、生产者名称和地址以及食品添加剂的使用范围、使用量和使用方法；食品添加剂的标签、说明书不涉及疾病预防、治疗功能。

（五）委托生产

委托生产食品添加剂的，审查受托方的生产资质、管理制度、生产能力等，并将委托方对受托方生产行为的监督情况作为检查内容。

四、食品添加剂经营的监督检查

（一）禁止销售的食品添加剂

禁止销售的食品添加剂包括：不符合食品安全标准的食品添加剂；感官性状异常的食品添加剂；被包装材料、容器、运输工具等污染的食品添加剂；标注虚假生产日期、保质期或者超过保质期的食品添加剂；无标签的食品添加剂。

（二）标签和说明书

食品添加剂有标签、说明书和包装，标签上载明"食品添加剂"字样，提供给消费者直接使用的食品添加剂，标签上还需要注明"零售"字样；进口预包装食品添加剂有中文标签和中文说明书，标签、说明书标示原产国国名或地区区名（如中国香港、中国澳门、中国台湾等），以及在中国依法登记注册的代理商、进口商或经销者的名称、地址和联系方式，可不标示生产者的名称、地址和联系方式。

（三）购销过程控制

查验食品添加剂供货者的生产许可证和产品合格证明文件，记录所采购食品添加剂的名称、规格、数量、生产日期或生产批号、保质期、进货日期以及供货者的名称、地址和联系方式等内容，并保存相关凭证。

第五节　食品相关产品生产经营单位行政检查

一、行政检查概述

根据《食品安全法》的规定，食品相关产品是指用于食品的包装材料、容器、洗涤剂、消毒剂和用于食品生产经营的工具、设备。食品相关产品是食品生产经营活动中必不可少的物质，与食品安全息息相关。国内外食品安全事件追踪调查和科学研究的结果显示，部分食品安全事件是由食品相关产品中的化学成分迁移所致的。例如，当用含有塑化剂的塑料容器盛装食用油时，塑化剂可能会迁移至食用油中而造成消费者慢性危害，为此，我国多次开展食用油中塑化剂的专项整治工作。近年来，食品相关产品的质量安全越来越受到消费者的关注。各国各地区的政府监管部门对食品、食品添加剂、食品相关产品等同采用最严厉的行政措施，体现了食品、食品添加剂、食品相关产品在事关广义食品安全时具有同等重要的地位。在食品相关产品监管方面，2022年10月8日，国家市场监督管理总局发布了《食品相关产品质量安全监督管理暂行办法》（国家市场监督管理总局令第62号）。该办法的公布体现了我国将进一步强化食品相关产品监管，以更好地保障人民群众的身体健康和生命安全。

二、行政检查思路

（一）加强事中事后监督检查

对于食品相关产品监管，将以往以终产品检验为主要手段的监管模式调整为以事中事后监管为主要方式的监管模式。根据《市场监管总局关于全面推进"双随机、一公开"监管工作的通知》（国市监信〔2019〕38号）制定的《市场监管总局随机抽查事项清单（第一版）》，食品相关产品实行"双随机、一公开"的事中事后监管，检查对象为食品相关产品获证企业，检查事项类别属于重点检查事项，检查方式为现场检查。

（二）加强质量安全过程监督检查

食品相关产品的质量安全涉及原料、生产、加工、销售、使用等各个环节，某一个或几个部分出现问题，都会影响到产品的质量安全。今后将进一步加强食品相关产品质量安全的过程监管，实施行之有效的行为监管，确保食品相关产品各个环节的质量安全。

（三）实施风险分类监督检查

建立科学的按材质划分的监督检查要点体系，依据风险评估结果对食品相关产品实施分类管理，包括：对直接接触食品的包装材料等具有较高风险的食品相关产品，按照国家有关工业产品生产许可证管理的规定实施告知承诺制审批，获得许可后实施全覆盖例行检查；对其他食品相关产品，直接实施以文件审查为主、现场检查为辅的监督检查。现场检查时应围绕食品相关产品生产和销售企业的生产条件、生产能力、主体责任等要素进行，必要时可以进行抽样检验。

第七章　食品安全行政处罚

第一节　食品安全行政处罚概述

一、食品安全行政处罚的基本概念

食品安全行政处罚是指食品安全行政管理部门对违反食品安全行政管理秩序，尚不构成犯罪的公民、法人或者其他组织，以减损权益或者增加义务的方式予以惩戒的行为。食品安全行政处罚直接影响到当事人的切身利益。食品安全行政管理部门规范实施行政处罚，对于维护公共利益和社会秩序，保护公民、法人或者其他组织的合法权益至关重要。食品安全行政处罚的概念包括以下含义：一是实施行政处罚的主体必须是法律法规规定的、拥有行政处罚权的食品安全行政执法主体，一般是具有法定职权的行政机关；二是行政处罚的前提是存在违反食品安全法律、法规、规章的违法行为，并且危害食品安全行政管理秩序，但未达到刑事犯罪；三是被处罚的行政相对人必须是已构成食品安全行政违法且具有责任能力的公民、法人或者其他组织。

二、食品安全行政处罚的种类

根据《中华人民共和国行政处罚法》和食品安全法律、法规、规章的相应规定，食品安全行政处罚主要有以下三大类：一是财产罚，即行政主体依法对违法行为人给予的剥夺财产权的处罚形式，如罚款、没收违法所得、没收非法财物等；二是行为罚，即行政主体限制或剥夺违法行为人特定行为能力的制裁形式，如暂扣许可证件、降低资质等级、吊销许可证件、限制开展生产经营活动、责令停产停业、责令关闭、限制从业等；三是申诫罚，即行政主体对违法行为人的名誉、荣誉、信誉或精神上的利益造成一定损害以示警诫的处罚方式，如警告、通报批评等。

三、食品安全行政处罚的基本原则

（一）处罚法定原则

处罚法定是法治社会的基本要求。其主要内涵有以下三点：一是处罚依据法定，即违反食品安全行政管理秩序，依照法律、法规、规章明文规定应予行政处罚的，才能给予行政处罚，否则不得实施行政处罚；二是处罚机关法定，即食品安全行政处罚由负有食品安全行政管理职责的行政机关实施，其他行政机关在未取得法律、法规、规章授权的情况下不得实施；三是处罚程序法定，即食品安全行政管理部门实施行政处罚时要严格依法进行，没有法定依据或者不遵守法定程序的，作出的行政处罚无效。

（二）公正公开原则

公正原则要求食品安全行政管理部门实施行政处罚时必须以事实为依据，按照法律、法规的要求，做到客观、公平。对待行政相对人要一视同仁、不偏私，适用法律、法规应采取同一标准。公开原则要求作为食品安全行政处罚依据的法律规范必须公开，处罚程序必须透明，处罚结果必须告知当事人。在行政处罚实施过程中，要保障行政相对人依法享有陈述、申辩、听证及了解行政处罚相关情况的权利。

（三）过罚相当原则

过罚相当原则要求食品安全行政管理部门对行政相对人适用行政处罚，特别是在进行自由裁量时，所适用的处罚种类、处罚幅度要与行政相对人的违法过错程度相适应，既不重过轻罚，也不轻过重罚，避免畸轻畸重。

（四）处罚与教育相结合原则

教育是处罚的基础和目的，处罚是教育的手段和保障。食品安全监管部门在实施行政处罚的同时，要加强对行政相对人的法制教育，使其认识到自己行为的违法性和应受惩罚性，督促其今后能自觉守法。在食品安全行政处罚中，不能只罚不教，也无权只教不罚，应在依法行政的前提下，结合行政处罚的各项基本原则，综合考虑，合理裁量。

四、食品安全行政处罚的基本要求

（一）事实清楚

食品安全监管部门必须全面、客观、公正地开展调查，作出行政处罚前必须查明违法事实。违法事实不清的，不得给予食品安全行政处罚。

（二）证据充分

食品安全监管部门在开展违法事实调查时，必须取得足以证明违法事实的证据，包括正面的和反面的、直接的和间接的，并要有客观性、真实性、关联性，不能依据主观想象进行推测。没有证明违法事实的证据或者证据不充分的，不得给予食品安全行政处罚。

（三）适用法律等正确

食品安全行政处罚所认定的违法行为及食品安全监管部门作出行政处罚的依据必须是法律、法规、规章中有明确规定的。不得引用标准、规范性文件作为食品安全行政处罚的依据。食品安全行政处罚所引用的法律、法律、规章文本必须正确，所引用的条文必须明确具体的条、款、项、目。

（四）程序合法

食品安全监管部门在实施行政处罚时必须严格遵守法定程序。违反法定程序的食品安全行政处罚无效。

（五）处罚适当

食品安全监管部门应当根据违法行为的性质、情节、危害后果等因素，在法律、法规、规章规定的自由裁量范围内予以相应的行政处罚。对于违法事实基本相同，情节、危害后果等因素相近的违法案件，食品安全监管部门应当给予相似的行政处罚。

第二节　食品安全行政处罚程序

一、食品安全行政处罚的一般程序

一般程序又称普通程序，是食品安全监管部门实施行政处罚时应遵循的基本程序，是指在调查取证、查清事实的基础上，正确地适用法律等，作出行政处罚决定的方式，步骤、顺序和时限的总和。食品安全行政处罚的一般程序包括立案、调查取证、审核、事先告知、作出行政处罚决定等。

（一）立案

1. 线索核实

食品安全监管部门应当及时组织执法人员对以下涉案线索予以核实，并填写《案件来源登记表》：（1）依据监督检查（包括随机抽查、监督抽检等）职权发现的食品安全违法行为线索；（2）在处理投诉中发现或者收到举报的食品安全违法行为线索；（3）其他部门移送的食品安全违法行为线索；（4）上级指定管辖或者交办的食品安全违法行为线索；（5）其他来源的食品安全违法行为线索。在收到上述食品安全违法行为线索后，食品安全监管部门应当指定 2 名以上执法人员自发现线索或者收到材料之日起 15 个工作日内予以核查。特殊情况下，经食品安全监管部门负责人批准，可以延长 15 个工作日，法律、法规、规章另有规定的除外。

2. 立案情形

通过对案件线索进行核查，执法人员须对案件涉及的基本情况进行初步审查，以确定当事人的行为是否违反食品安全法律、法规、规章的规定，并向食品安全监管部门负责人申请立案或不予立案。对于符合以下条件的违法行为，案件办理部门应当在核实后及时申请立案，并填写立案审批表，报食品安全监管部门负责人批准：（1）有证据初步证明存在违反食品安全法律、法规、规章的行为；（2）依据食品安全法律、法规、规章应当给予行政处罚；（3）属于本部门管辖；（4）在给予行政处罚的法定期限内。

3. 不予立案情形

对于符合以下条件的违法行为，案件办理部门可以在核实后申请不予立案，并填写不予立案审批表,报食品安全监管部门负责人批准:(1)违法行为轻微并及时改正,没有造成危害后果;(2)初次违法且危害后果轻微并及时改正;(3)当事人有证据足以证明没有主观过错,但法律、法规另有规定的除外;(4)依法可以不予立案的其他情形。

(二)调查取证

调查取证可以通过现场检查、抽样检验、询问当事人、询问证人、调取资料、摄影、摄像、网络勘察等多种方式进行。调查取证是实施食品安全行政处罚的关键环节,直接影响到违法事实的认定和案件办理的质量。对于认定的违法事实,必须有相应客观、明确、充分的证据印证。在调查取证过程中,应注意以下几点。

1. 调查取证总体要求

在调查取证时,办案人员不得少于 2 人,并向当事人或有关人员表明身份、出示执法证件。在首次向当事人收集、调取证据时,办案人员应当告知其享有陈述权、申辩权及申请回避的权利。对于已立案的案件,办案人员应当及时、全面、客观、公正地进行调查,收集、调取有关证据,并依照法律、法规的规定进行检查。涉及国家秘密、商业秘密和个人隐私的,办案人员应当保守秘密。为查明案情,需要对案件中专门事项进行检测、检验、检疫、鉴定的,办案人员应当委托具有法定资质的机构进行;没有法定资质机构的,可以委托其他具备条件的机构进行。抽样时应当有当事人在场,办案人员按照规定程序抽样并记录。

2. 证据先行登记保存要求

在证据可能灭失或者以后难以取得的情况下,可以对与涉嫌违法行为有关的证据采取先行登记保存措施。采取或者解除先行登记保存措施,应当经食品安全监管部门负责人批准。情况紧急,需要当场采取先行登记保存措施的,办案人员应当在 24 h 内向食品安全监管部门负责人报告,并补办批准手续。先行登记保存的证据一般应当就地保存,由当事人保管。在采取先行登记保存措施时,办案人员应当向当事人出具《先行登记保存证据通知书》,同时在《财物清单》中详细记录被先行登记保存物品状况、保存地点、保存条件等,并将其送达当事人。

对于先行登记保存的证据,食品安全监管部门应当在 7 个工作日内采取以下措施:(1)根据情况及时采取记录、复制、拍照、录像等证据保全措施;(2)需要检测、检验、检疫、鉴定的,送交检测、检验、检疫、鉴定;(3)依据有关法律、法规的规定可以采取查封、扣押等行政强制措施的，决定采取行政强制措施；（4）违法事实成立，应当予以没收的，作出行政处罚决定，没收违法物品；（5）违法事实不成立，或者违法事实成立但依法不应当予以查封、扣押或者没收的，决定解除先行登记保存措施。逾期未采取相关措施的，先行登记保存措施自动解除。在解除先行登记保存措施时，执法人员应当制作《解除先行登记保存物品通知书》和《解除先行登记保存物品清单》，并报食品安全监管部门负责人批准。

3. 查封、扣押等行政强制措施要求

（1）食品安全监管部门可以依法查封、扣押有证据证明不符合食品安全标准或者有证据证明存在安全隐患以及用于违法生产经营的食品、食品添加剂、食品相关产品。查封、扣押限于涉案的场所、设施或财物，不得扩展至与违法行为无关的场所、设施或财物，也不得查封、扣押公民个人及其所扶养家属的生活必需品。

（2）办案人员可以依据法律、法规的规定采取查封、扣押等行政强制措施。采取或者解除行政强制措施，应当经食品安全监管部门负责人批准。情况紧急，需要当场采取行政强制措施的，办案人员应当在 24 h 内向食品安全监管部门负责人报告，并补办批准手续。食品安全监管部门负责人认为不应当采取行政强制措施的，应当立即解除。

（3）行政强制措施应由 2 名以上办案人员实施。在出示执法证件并通知当事人在场后，办案人员应当当场告知当事人采取行政强制措施的理由、依据以及当事人依法享有的权利、救济途径，听取当事人的陈述和申辩，并制作《现场笔录》。《现场笔录》由当事人和办案人员签名或者盖章。当事人拒绝的，在笔录中予以注明；当事人不到场的，邀请见证人到场，由见证人和办案人员在《现场笔录》上签名或者盖章。

（4）办案人员应当当场将《查封（扣押）决定书》和《查封（扣押）物品清单》送达当事人，告知当事人采取查封、扣押措施的理由、依据和期限以及当事人依法享有的权利、救济途径等内容。查封、扣押的场所、设施或财物，应当妥善保管，不得使用或者损毁；食品安全监管部门可以委托第三人保管，第三人不得损毁或者擅自转移、处置。查封的场所、设施或财物，应当加贴食品安全监管部门封条，任何人不得随意动用。扣押当事人托运的物品，应当制作《协助扣押通知书》，通知有关单位协助办理，并书面通知当事人。对当事人家存或者寄存的涉嫌违法物品，需要扣押的，责令当事人取出；当事人拒绝取出的，应当会同当地有关部门或单位将其取出，并办理扣押手续。

（5）查封、扣押的期限不得超过 30 日；情况复杂的，经食品安全监管部门负责人批准，可以延长，但是延长期限不得超过 30 日，同时延长查封、扣押的决定应当及时书面告知当事人，并说明理由。查封、扣押的期限不包括检测、检验、检疫、鉴定所需要的时间。对于在紧急情况下实施查封、扣押的物品，食品安全监管部门负责人认为不应当采取查封、扣押措施的，应当立即解除。查封、扣押的期限已经届满的，食品安全监管部门应当及时作出解除查封、扣押决定。

4. 及时提出行政建议

办案人员在对违法案件进行调查过程中，发现行政相对人在日常管理等方面存在的不规范行为可能对食品的生产、经营、使用造成不良影响的，可以作出行政指导。

办案机构应当在案件调查终结时撰写《案件调查终结报告》。《案件调查终结报告》包括以下内容：（1）当事人的基本情况；（2）案件来源、调查经过及采取行政强制措施的情况；（3）调查认定的事实及主要证据；（4）违法行为性质；（5）处理意见及依据；（6）自由裁量的理由等其他需要说明的事项。

（三）审核

在案件调查终结后，办案机构应当将《案件调查终结报告》连同案件材料交由食品安全监管部门审核机构进行审核。审核分为法制审核和案件审核。对于违法行为涉及重大公共利益的案件，直接关系当事人或第三人重大权益、经过听证程序的案件，案情疑难复杂、涉及多个法律关系的案件，法律、法规规定应当进行法制审核的案件，在食品安全监管部门负责人作出行政处罚决定之前，应当由从事行政处罚决定法制审核的人员进行法制审核。

案件审核，主要审核是否有管辖权，当事人的基本情况是否清楚，案件事实是否清楚、证据是否充分，定性是否准确，适用依据是否正确，程序是否合法，处理是否适当等。审核机构经过案件审核，提出以下书面意见和建议，并制作《案件审核表》：（1）对事实清楚、证据充分、定性准确、适用依据正确、程序合法、处理适当的案件，同意案件处理意见；（2）对定性不准、适用依据错误、程序不合法、处理不当的案件，建议纠正；（3）对事实不清、证据不足的案件，建议补充调查；（4）认为有必要提出的其他意见和建议。

（四）集体讨论

案件办理部门拟对重大、疑难、复杂案件作出行政处罚的，应当组织集体讨论，主要涉及拟罚款、没收违法所得和非法财物价值数额较大的案件，拟责令停产停业、吊销许可证件或营业执照的案件；涉及重大安全问题或者有重大社会影响的案件，调查处理意见与审核意见存在重大分歧的案件等。

集体讨论人员对案件的管辖权、违法事实、证据、办案程序、处罚依据、当事人陈述申辩事实及理由、处罚裁量或听证会上当事人提出的事实及理由等内容进行审议，并发表意见。集体讨论应当对拟处理意见的合法性及合理性进行审议，按照少数服从多数的原则形成结论性处理意见，并制作《集体讨论记录》。

（五）告知与陈述、申辩、听证

在行政处罚建议被批准后，食品安全监管部门应当书面告知当事人拟作出行政处罚决定的事实、理由及依据，并告知当事人依法享有陈述权、申辩权。当事人要求进行陈述和申辩的，食品安全监管部门必须充分听取当事人的陈述和申辩，并制作《陈述、申辩笔录》。案件办理部门应当对当事人提出的事实、理由或证据进行复核，并制作《陈述、申辩笔录复核意见书》。当事人陈述、申辩事实、理由或证据成立的，食品安全监管部门应当采纳，不得因当事人陈述、申辩而加重行政处罚。

拟作出的行政处罚属于听证范围的，食品安全监管部门还应当告知当事人有要求举行听证的权利。应适用听证程序而未适用的，属于违反法定程序，所作出的行政处罚决定无效。符合以下情形之一的，食品安全监管部门在作出行政处罚决定之前应当告知当事人有要求举行听证的权利：（1）责令停产停业、责令关闭、限制从业；（2）降低资质等级、吊销许可证件或营业执照；（3）对自然人处以1万元以上、对法人或其他组织处以10万元以上罚款；（4）对自然人、法人或其他组织作出没收违法所得和非法财物价值总额达到（3）中所列数额的行政处罚；（5）其他较重的行政处罚；（6）法律、法规、规章规定的其他情形。

制发的《听证告知书》的主要内容应包括当事人的基本情况、违法事实，拟作出的行政处罚决定，行政处罚的理由、依据以及告知当事人有要求听证的权利、提出听证要求的期限和听证组织机关等。当事人要求听证的，可以在告知书送达回证上签署意见，也可以自收到告知书之日起5个工作日内提出。当事人以口头形式提出的，办案人员应当将情况记入笔录，并由当事人在笔录上签名或者盖章。当事人自告知书送达之日起 5 个工作日内，未要求听证的，视为放弃此权利。

当事人在规定期限内要求听证的，听证由食品安全监管部门法制机构或其他机构负责组织。听证人员包括听证主持人、听证员和书记员。适用听证程序的行政处罚案件具有较强专业性的，可以指定 1 至 2 名食品安全监管部门内部的非本案调查人员担任听证员，协助听证主持人组织听证。听证参加人包括当事人及其代理人、第三人、办案人员、证人、翻译人员、鉴定人以及其他有关人员。

食品安全监管部门应当于举行听证的 7 个工作日前将《听证通知书》送达当事人。《听证通知书》中应当载明听证时间、听证地点以及听证主持人、听证员、书记员、翻译人员的姓名，并告知当事人有申请回避的权利。第三人参加听证的，听证主持人应当在举行听证的 7 个工作日前将听证的时间、地点通知第三人。当事人接到《听证通知书》后，应当按时出席听证会，还可以委托 1 至 2 人代理出席听证会。委托他人代理听证的，应当提交由当事人签名或者盖章的委托书。

听证会的流程分为以下几个阶段：确认应到会的人员是否到会，宣布听证会纪律；核对参加听证人员身份，宣读听证会主题，告知权利义务；双方陈述、举证质证、展开辩论；最后陈述；审查核对听证记录；等等。有以下情形之一的，听证主持人可以终止听证：（1）当事人撤回听证申请或者明确放弃听证权利的；（2）当事人无正当理由拒不到场参加听证的；（3）当事人未经听证主持人允许中途退场的；（4）当事人死亡或者终止，并且无权利义务承受人的；（5）其他需要终止听证的情形。

在听证结束后，听证人员应当把《听证笔录》交当事人和案件调查人员审核无误后签名或者盖章。当事人拒绝签名或者盖章的，由听证主持人在《听证笔录》上说明情况。《听证笔录》中有关证人证言部分，应当交证人审核无误后签名或者盖章。听证主持人应当对《听证笔录》进行审阅，提出审核意见并签名或者盖章。

《听证笔录》应当作为作出行政处罚决定的依据。听证主持人应当根据听证情况提出听证意见，并撰写《听证报告》。《听证报告》中应当对适用听证程序的行政处罚案件提出以下处理意见：（1）违法行为事实清楚，证据确凿，案件调查人员提出的行政处罚建议适用依据正确，程序合法，内容适当的，提出维持行政处罚建议的意见；（2）违法行为事实清楚，但案件调查人员提出的行政处罚建议适用依据错误或者裁量不当的，提出纠正行政处罚建议的意见；（3）违法行为应当受到行政处罚，但案件调查人员在办案过程中有程序缺陷的，提出由案件调查人员补充调查后再给予行政处罚的意见；（4）违法行为轻微并及时改正，没有造成危害后果的，提出依法不予行政处罚的意见；（5）违法行为不能成立的，提出依法不予行政处罚的意见；（6）违法行为符合从轻或者减轻处罚条件的，提出依法从轻或者减轻行政处罚的意见；（7）违法行为事实不清的，提出继续调查的意见；（8）应当由其他行政机关处理的，提出依法移送的意见；（9）涉嫌犯罪的，提出移送司法机关追究刑事责任的意见；（10）其他依法提出的处理意见。《听证报告》由听证主持人、听证员签名，连同《听证笔录》送办案机构，由其连同其他案件材料一并上报食品安全监管部门负责人。

（六）作出行政处罚决定

1. 制作《行政处罚决定书》

对违法行为事实清楚、证据确凿、程序合法，依据食品安全管理法律、法规、规章的规定给予行政处罚的，应当经食品安全监管部门负责人审批。作出行政处罚决定的，应当制作《行政处罚决定书》，并加盖本部门印章。《行政处罚决定书》的内容包括：当事人的姓名或名称、地址等基本情况；当事人违反法律、法规、规章的事实和证据；当事人陈述、申辩的采纳情况及理由；行政处罚的内容和依据；行政处罚的履行方式和期限；当事人申请行政复议或者提起行政诉讼的途径和期限；作出行政处罚决定的食品安全监管部门的名称和作出决定的日期。

2. 办案期限

对于适用一般程序办理的案件，应当自立案之日起 90 日内作出处理决定。因案情复杂或者其他原因，不能在规定期限内作出处理决定的，经食品安全监管部门负责人批准，可以延长 30 日。案情特别复杂或者有其他特殊情况，经延期仍不能作出处理决定的，应当由食品安全监管部门负责人集体讨论决定是否继续延期，决定继续延期的，应当同时确定延长的合理期限。在案件处理过程中，中止、听证、公告和检测、检验、检疫、鉴定、权利人辨认或者鉴别、责令退还多收价款等时间不计入案件办理期限。

（七）送达

食品安全监管部门送达《行政处罚决定书》，应当在宣告后当场交付当事人。当事人不在场的，食品安全监管部门应当在 7 个工作日内按照规定将《行政处罚决定书》送达当事人。食品安全监管部门送达执法文书，应当按照下列方式进行。

1. 直接送达的，由受送达人在送达回证上注明签收日期，并签名或者盖章，受送达人在送达回证上注明的签收日期为送达日期。受送达人是自然人的，本人不在时交其同住成年家属签收；受送达人是法人或者其他组织的，应当由法人的法定代表人、其他组织的主要负责人或者该法人、其他组织负责收件的人签收；受送达人有代理人的，可以送交其代理人签收；受送达人已向食品安全监管部门指定代收人的，送交代收人签收。受送达人的同住成年家属、法人或者其他组织负责收件的人、代理人、代收人在送达回证上签收的日期为送达日期。

2. 受送达人或者其同住成年家属拒绝签收的，食品安全监管部门可以邀请有关基层组织或者所在单位的代表到场，说明情况，在送达回证上载明拒收事由和日期，由送达人、见证人签名或者以其他方式确认，将执法文书留在受送达人的住所；也可以将执法文书留在受送达人的住所，并采取拍照、录像等方式记录送达过程，即视为送达。

3. 经受送达人同意并签订送达地址确认书，可以采用手机短信、传真、电子邮件、即时通信账号等能够确认其收悉的电子方式送达执法文书，食品安全监管部门应当通过拍照、截屏、录音、录像等方式予以记录，手机短信、传真、电子邮件、即时通信信息等到达受送达人特定系统的日期为送达日期。

4. 直接送达有困难的，可以邮寄送达或者委托当地食品安全监管部门、转交其他部门代为送达。邮寄送达的，以回执上注明的收件日期为送达日期；委托、转交送达的，受送达人的签收日期为送达日期。

5. 受送达人下落不明或者采取上述方式无法送达的，可以在食品安全监管部门公告栏和受送达人住所地张贴公告，也可以在报纸或者食品安全监管部门门户网站等刊登公告。自公告发布之日起经过 60 日，即视为送达。公告送达，应当在案件材料中载明原因和经过。在食品安全监管部门公告栏和受送达人住所地张贴公告的，应当采取拍照、录像等方式记录张贴过程。

食品安全监管部门可以要求受送达人签署送达地址确认书，送达至受送达人确认的地址，即视为送达。受送达人送达地址发生变更的，应当及时书面告知食品安全监管部门；未及时告知的，食品安全监管部门按原地址送达，视为依法送达。因受送达人提供的送达地址不准确、送达地址变更未书面告知食品安全监管部门，导致执法文书未能被受送达人实际接收的，直接送达的，执法文书留在该地址之日为送达之日；邮寄送达的，执法文书被退回之日为送达之日。

二、食品安全行政处罚的简易程序

（一）简易程序的适用范围

简易程序也称当场处罚程序，可以提高行政效率。违法事实确凿并有法定依据，依法应当受到下列行政处罚的，可以当场作出行政处罚决定：

（1）警告；

（2）对公民处以 200 元以下罚款；

（3）对法人或者其他组织处以 3 000 元以下罚款。

简易程序不能随意扩大适用范围。没收非法财物或者没收违法所得的案件不能适用简易程序。即便是符合简易程序适用条件的案件，也可以根据案情实际考虑适用一般程序。

（二）简易程序的基本流程

执法人员在实施简易程序的过程中，不仅要注意其适用范围，而且必须对认定的违法事实有法定处罚依据，现场获取的证据足以证明违法事实。简易程序的基本流程如下。

1. 出示执法证件，向当事人表明来意。适用简易程序当场查处违法行为，执法人员应不少于 2 人并向当事人出示执法证件。

2. 当场调查违法事实，收集证据。执法人员应当当场了解当事人的违法事实，合法、全面收集证据，制作《现场检查笔录》，必要时可以制作《询问（调查）笔录》或者采取照相、摄像等方法收集证据。证据材料应当由当事人签章或者按指纹确认，必要时可以邀请在场的其他见证人签章或者按指纹确认。

3. 对违法情况进行分析，判定是否适用简易程序。执法人员要根据现场掌握的当事人的违法事实，结合收集的证据，综合判定当事人的违法行为是否适用简易程序实施行政处罚。

4. 履行事先告知程序。在行政处罚决定作出前，应当告知当事人拟作出的行政处罚的内容及事实、理由、依据，并告知当事人有权进行陈述和申辩。当事人进行陈述和申辩的，应当记入笔录。当事人提出的事实、理由或证据成立的，应当采纳。执法人员不得因当事人陈述和申辩而加重行政处罚。

5. 制作、送达《当场行政处罚决定书》。对于事实清楚、证据确凿、适用简易程序的行政处罚案件，执法人员应当当场填写统一制作、预定格式、编有号码、盖有公章的《当场行政处罚决定书》。《当场行政处罚决定书》中应当载明当事人的基本情况、违法行为、行政处罚依据、行政处罚种类、罚款数额、缴款途径和期限、救济途径和期限、部门名称、时间、地点，并加盖行政处罚实施机关的印章。

适用简易程序作出行政处罚决定的，执法人员应当将《当场行政处罚决定书》当场交付当事人，由当事人在行政处罚决定书上签名或者盖章并注明签收日期。当事人拒绝签名或者盖章的，可以留置送达《当场行政处罚决定书》。采用留置送达的，可以邀请有关基层组织或者所在单位的代表到场，说明情况，在送达回证上载明拒收事由和日期，由送达人、见证人签名或者以其他方式确认，将执法文书留在受送达人的住所；也可以将执法文书留在受送达人的住所，并采取拍照、录像等方式记录送达过程，即视为送达。

6. 简易程序案件的归档。适用简易程序查处案件的有关材料，执法人员应当在作出行政处罚决定后，在规定期限内将案件相关材料交至所在部门归档保存。

（三）实施简易程序的注意事项

1. 违法主体确认。检查时应现场调取被处罚人的营业执照、食品经营许可证等证件，按照有效证照上的信息填写被处罚人名称栏。

2. 送达。被处罚人系个人的，应送达其本人；被处罚人系单位的，应送达其法定代表人。系非本人或非法定代表人代签收的，应提供委托书或者在《当场行政处罚决定书》上加盖被处罚人的印章。

3. 责令改正。执法人员当场作出行政处罚决定的，应当在《当场行政处罚决定书》中责令当事人改正违法行为。

4. 陈述、申辩。执法人员在当场作出行政处罚决定前，必须告知当事人享有陈述权、申辩权。当事人提出陈述、申辩的，应制作《陈述、申辩笔录》；当事人放弃陈述、申辩的，应让当事人在《当场行政处罚决定书》签收处注明"放弃陈述、申辩"字样。

5. 当场作出。《当场行政处罚决定书》必须当场作出，不得事后补发。

第三节　食品安全行政处罚执行与结案

在食品安全行政处罚决定作出后，当事人应当在行政处罚决定规定的期限内予以履行。当事人对食品安全行政处罚决定不服，申请行政复议或者提起行政诉讼的，行政处罚不停止执行，但行政复议或行政诉讼期间裁定停止执行的除外。食品安全行政处罚的执行可分为自觉履行和强制执行。

一、食品安全行政处罚自觉履行

当事人自觉履行了全部的行政处罚，如缴付违法所得、缴纳罚款、停止营业、改正违法行为等，即可结案。其中，缴付违法所得、缴纳罚款可有以下几种情况。

（一）当场收缴

1. 依据简易程序当场作出食品安全行政处罚决定，有以下情形之一的，可以当场收缴罚款：（1）依法给予 100 元以下罚款的；（2）不当场收缴事后难以执行的。

2. 在边远、水上、交通不便地区，食品安全监管部门依法作出罚款决定后，当事人到指定的银行或者通过电子支付系统缴纳罚款确有困难，经当事人提出，食品安全监管部门及其执法人员可以当场收缴罚款。

3. 当场收缴罚款的，必须向当事人出具国务院财政部门或者省、自治区、直辖市人民政府财政部门统一制发的专用票据。执法人员当场收缴的罚款，应当自收缴罚款之日起 2 日内交至食品安全监管部门；在水上当场收缴的罚款，应当自抵岸之日起 2 日内交至食品安全监管部门。食品安全监管部门应当在 2 日内将罚款缴付指定的银行。

（二）事后缴款

根据《中华人民共和国行政处罚法》的规定，当事人应当自收到行政处罚决定书之日起 15 日内到指定的银行或者通过电子支付系统缴纳罚款。

（三）延期或分期缴纳

当事人确有经济困难，需要延期或分期缴纳罚款的，应当提出书面申请。经食品安全监管部门负责人批准，同意当事人暂缓或分期缴纳罚款的，食品安全监管部门应当制作《延（分）期缴纳罚款通知书》，并告知当事人暂缓或分期的期限。

二、食品安全行政处罚强制执行

食品安全监管部门在申请人民法院强制执行前，应当制作《履行行政处罚决定催告书》，催告当事人履行义务，告知当事人履行义务的期限、方式，金钱给付的金额、方式，依法享有的陈述权、申辩权。催告期间，当事人进行陈述、申辩的，食品安全监管部门应当制作《陈述、申辩笔录》，记录当事人提出的事实、理由或证据，并制作《陈述、申辩笔录复核意见书》。当事人提出的事实、理由或证据成立的，食品安全监管部门应当采纳。

当事人逾期不缴纳罚款的，食品安全监管部门可以每日按罚款数额的 3% 加处罚款，加处罚款的数额不得超出罚款的数额。当事人在法定期限内既不申请行政复议或者提起行政诉讼，又不履行食品安全行政处罚决定，且在收到催告书 10 个工作日后仍不履行食品安全行政处罚决定的，食品安全监管部门可以在期限届满之日起 3 个月内依法申请人民法院强制执行。

三、食品安全行政处罚结案

适用一般程序办理的案件有以下情形之一的，办案机构应当在 15 个工作日内填写《结案审批表》，经食品安全监管部门负责人批准后予以结案：（1）食品安全行政处罚决定执行完毕的；（2）人民法院裁定终结执行的；（3）案件终止调查的；（4）确有违法行为，但有依法不予行政处罚的情形，不予行政处罚的；（5）违法事实不能成立，不予行政处罚的；（6）不属于食品安全监管部门管辖，移送其他行政管理部门处理的；（7）违法行为涉嫌犯罪，移送司法机关的；（8）其他应予结案的情形。在结案后，办案人员应当将案件材料按照档案管理的有关规定立卷归档。案卷可以分正卷、副卷，案卷归档应当一案一卷、材料齐全、规范有序。

第四节　食品安全行政处罚复议与诉讼

食品安全行政处罚复议是指受到行政处罚的公民、法人或者其他组织认为行政处罚行为侵犯其合法权益，依照法律规定的条件和程序，向作出行政处罚行为的行政机关的上级机关或法定机关提出申请，由受理申请的行政机关依法对该行政处罚行为进行合法性与适当性的全面审查，并作出复议决定。

一、食品安全行政处罚复议的基本原则

（一）合法原则

行政复议机关在履行行政复议职责时，必须遵守宪法和相关法律的规定，做到复议的主体及其职权合法、依据合法、程序合法。

（二）公正原则

行政复议机关在行使行政复议职权时，应当公正地对待复议双方当事人，对不同的申请人同样对待，做到一视同仁。在对原具体行政行为的适当性进行审查时，行政复议机关要严格以法律的目的和社会公认的公正标准为尺度，从而保证行政复议过程和结果的公正。

（三）公开原则

行政复议的条件、依据和过程应当公开。申请人可以依法查阅被申请人提出的书面答复以及作出具体行政行为的证据、依据和其他有关材料。行政复议决定是公开的，不能依据内部文件作出行政复议决定。

（四）及时原则

行政复议机关要在法定的期限内完成行政复议的受理、审查工作，及时作出相应的行政复议决定。

（五）便民原则

行政复议活动要方便百姓，尽量使他们节省费用、时间、精力。

二、食品安全行政处罚复议的审理和决定

（一）行政复议审理

行政复议原则上采取书面审查的方法。申请人和被申请人要求当面说明情况的，双方争议的主要事实不清、案情复杂、涉及专业技术领域内容的，或者行政复议机关承办人认为其他需要了解情况、听取意见的，复议机关承办人可以向有关组织和人员调查情况，听取申请人、第三人和被申请人的意见。

行政复议机关承办人向有关组织和人员调查情况，可以采用以下方式：（1）向有关组织和单位查阅与复议相关的文书资料；（2）听取申请人、第三人和被申请人的陈述、申辩；（3）核实证人证言；（4）实地勘察；（5）举行听证；（6）其他。

（二）行政复议决定

行政复议决定是指行政复议机关对行政复议案件进行审查，经行政复议机关负责人审核或者集体讨论通过后，就有关具体行政行为是否合法、适当，或者是否依申请人的请求责令被申请人作出某种具体行政行为而作出的书面决定。

行政复议机关依照《中华人民共和国行政复议法》《中华人民共和国行政复议法实施条例》作出行政复议决定，一般有以下几种情形：（1）具体行政行为认定事实清楚、证据确凿、适用依据正确、程序合法、内容适当的，决定维持；（2）具体行政行为认定事实清楚、证据确凿、适用依据正确、程序合法，但明显不当的，可以决定予以变更；（3）具体行政行为违法或者不当，但不具有可撤销性的，决定确认该具体行政行为违法；（4）具体行政行为因违法或不当而被撤销，但具体行政行为相对人的违法事实清楚、证据确凿的，可以责令被申请人在一定期限内重新作出具体行政行为。

三、涉及食品安全行政处罚的行政诉讼

涉及食品安全行政处罚的行政诉讼是指受到行政处罚的公民、法人或者其他组织认为食品安全监管部门的行政处罚行为侵犯其合法权益，依法向有管辖权的人民法院提起行政诉讼，由人民法院依法进行审理并作出裁决的法律制度。

对属于人民法院受案范围的行政案件，公民、法人或者其他组织可以先向行

政机关申请复议，对复议决定不服的，再向人民法院提起诉讼；也可以直接向人民法院提起诉讼。法律、法规规定应当先向行政机关申请复议，对复议决定不服再向人民法院提起诉讼的，依照法律、法规的规定。

公民、法人或者其他组织不服行政复议决定的，可以在收到行政复议决定书之日起 15 日内向人民法院提起行政诉讼。行政复议机关逾期不作决定的，申请人可以在行政复议期满之日起 15 日内向人民法院提起行政诉讼。法律另有规定的除外。

公民、法人或者其他组织直接向人民法院提起行政诉讼的，应当自知道或者应当知道作出行政行为之日起 6 个月内提出。法律另有规定的除外。

第五节　食品生产经营违法行为的行政处罚

食品安全违法行为的行政处罚是指食品安全监管部门对食品生产经营者违反《食品安全法》《食品安全法实施条例》或者其他有关法律、法规、规章的行为，依法追究其行政责任的活动，是食品安全监管部门依法履职的重要内容。以下介绍部分主要的食品安全行政处罚案件的适用范围、违反条款、行政处罚及其适用条款。

一、主要食品生产经营违法情形的行政处罚

（一）未经许可从事食品生产经营

食品生产经营者必须具备合适的场所、充足的设备、合理的布局、适当的工艺、严格的制度等，才能从事食品生产经营，才能保障食品安全。《食品安全法》第三十五条第一款规定，"国家对食品生产经营实行许可制度。从事食品生产、食品销售、餐饮服务，应当依法取得许可。"食品生产经营者如果未取得食品生产许可证或食品经营许可证而从事食品生产经营活动，或者在食品生产许可证或食品经营许可证超过有效期限后仍从事食品生产经营活动，或者在食品生产经营行为超出食品生产许可证或食品经营许可证上核准的经营范围时从事食品生产经营活动，就违反了上述法律规定。根据《食品安全法》第一百二十二条第一款的规定，由县级以上人民政府食品安全监管部门没收违法所得和违法生产经

营的食品以及用于违法生产经营的工具、设备、原料等物品；违法生产经营的食品货值金额不足 1 万元的，并处 5 万元以上 10 万元以下罚款；货值金额 1 万元以上的，并处货值金额 10 倍以上 20 倍以下罚款。

在办理此类案件时，调查与收集证据必须目标明确，《现场检查笔录》要重点描述生产经营场所的状况、生产经营的食品、加工用具和容器以及其他文字标志；查处擅自扩大生产经营的内容项目，《现场检查笔录》要描述扩大生产经营方式（范围）、具体品种、售价和数量等内容。在询问调查时，一要明确许可证上核准的生产经营方式（范围），二要进一步确定擅自扩大生产经营方式（范围）的相关事实，如时间、内容、销售金额等，三要询问擅自扩大生产经营的原因。

（二）生产经营用非食品原料生产的食品

非食品原料（非食用物质）不属于传统意义上认为的食品原料，也未纳入我国新食品原料、食药两用物质、食品添加剂、营养强化剂名单。目前，一些食品生产经营者诚信缺失、道德沦丧，为追求额外利润而不顾消费者身体健康，非法添加非食品原料，以达到以次充好、以假充真等目的，对人体健康构成了严重威胁。《食品安全法》第三十四条第一项规定，禁止生产经营"用非食品原料生产的食品或者添加食品添加剂以外的化学物质和其他可能危害人体健康物质的食品，或者用回收食品作为原料生产的食品"。对违反该项规定，尚不构成犯罪的，根据《食品安全法》第一百二十三条第一款第一项的规定，由县级以上人民政府食品安全监管部门没收违法所得和违法生产经营的食品，并可以没收用于违法生产经营的工具、设备、原料等物品；违法生产经营的食品货值金额不足 1 万元的，并处 10 万元以上 15 万元以下罚款；货值金额 1 万元以上的，并处货值金额 15 倍以上 30 倍以下罚款；情节严重的，吊销许可证，并可以由公安机关对其直接负责的主管人员和其他直接责任人员处 5 日以上 15 日以下拘留。

值得关注的是，在不法食品生产经营者添加的非食品原料中，有部分属于有毒、有害的物质，如在生猪饲养过程中添加的"瘦肉精"、在水产品贮存和运输过程中添加的孔雀石绿、向火锅汤料中添加的罂粟壳、向保健食品中添加的减肥成分西布曲明等。添加上述非食品原料，不仅构成违法，还涉嫌犯罪，需要承担刑事责任。

（三）生产经营致病性微生物等含量超过食品安全标准限量的食品

食品中致病性微生物，农药残留、兽药残留、生物毒素、重金属等污染物对人体健康危害较大，因此我国为保障公众身体健康，以科学合理、安全可靠为原则，制定了上述污染物在食品中最高限量的强制性标准。食品生产经营企业只有建立全面质量管理体系，严格按照法律法规和标准规范的要求开展食品生产经营，才能确保食品污染物对人体的健康风险处于可接受水平。《食品安全法》第三十四条第二项规定，禁止生产经营"致病性微生物，农药残留、兽药残留、生物毒素、重金属等污染物质以及其他危害人体健康的物质含量超过食品安全标准限量的食品、食品添加剂、食品相关产品"。对违反该项规定，尚不构成犯罪的，根据《食品安全法》第一百二十四条第一款第一项的规定，由县级以上人民政府食品安全监管部门没收违法所得和违法生产经营的食品、食品添加剂，并可以没收用于违法生产经营的工具、设备、原料等物品；违法生产经营的食品、食品添加剂货值金额不足 1 万元的，并处 5 万元以上 10 万元以下罚款；货值金额 1 万元以上的，并处货值金额 10 倍以上 20 倍以下罚款；情节严重的，吊销许可证。

（四）生产经营超范围、超限量使用食品添加剂的食品

随着食品工业技术的快速发展，食品添加剂越来越广泛地应用于食品生产中。使用食品添加剂主要是为了保持或提高食品本身的营养价值或者作为某些特殊膳食用食品的必要配料或成分，或者是为了提高食品的质量和稳定性，改进其感官特性，又或是为了便于食品的生产、加工、包装、运输或贮存等。根据法律规定，食品生产经营者应严格按照 GB 2760—2014《食品安全国家标准　食品添加剂使用标准》规定的食品添加剂品种、使用范围和使用量使用食品添加剂。目前，一些食品生产经营者为了追求更大的获利，以掩盖食品腐败变质以及食品本身或加工过程中的质量缺陷，或者以掺杂、掺假、伪造为目的而使用食品添加剂，这就有可能对人体健康造成危害。根据《食品安全法》第三十四条第四项的规定，禁止生产经营"超范围、超限量使用食品添加剂的食品"。对违反该项规定，尚不构成犯罪的，根据《食品安全法》第一百二十四条第一款第三项的规定，由县级以上人民政府食品安全监管部门没收违法所得和违法生产经营的食品、食品添加剂，并可以没收用于违法生产经营的工具、设备、原料等物品；违

法生产经营的食品、食品添加剂货值金额不足 1 万元的，并处 5 万元以上 10 万元以下罚款；货值金额 1 万元以上的，并处货值金额 10 倍以上 20 倍以下罚款；情节严重的，吊销许可证。

（五）网络食品交易第三方平台违反网络食品交易规定

随着互联网的发展，加之新冠肺炎疫情的影响，通过电商平台进行的网络食品交易、外卖餐饮等活动空前活跃。网络食品交易与传统食品交易的形式不同，需要借助网络平台进行交易，有着明显的隐蔽性，用户只能通过阅读文字以及参考图片、视频来了解食品信息，因而在一定程度上提高了食品安全风险。因此，网络食品交易第三方平台在食品安全保障中起到非常重要的作用。《食品安全法》第六十二条第一款规定，"网络食品交易第三方平台提供者应当对入网食品经营者进行实名登记，明确其食品安全管理责任；依法应当取得许可证的，还应当审查其许可证。"《食品安全法》第六十二条第二款规定，网络食品交易第三方平台提供者发现入网食品经营者有违反本法规定行为的，应当及时制止并立即报告所在地县级人民政府食品安全监管部门；发现严重违法行为的，应当立即停止提供网络交易平台服务。目前，部分网络食品交易第三方平台为了吸引更多的食品商户入驻平台，存在对食品商户资质把关不严、日常管理不严的现象，使得一些超范围经营的食品商户仍活跃在平台，甚至导致了网络食品安全事故，干扰了市场运行秩序，威胁到了消费者安全。网络食品交易第三方平台提供者如果未对入网食品经营者进行实名登记，或者未对入网食品经营者依法应当取得的食品相关许可证进行审查，或者发现入网食品经营者存在违法行为，未及时制止并立即向食品安全监管部门报告，或者发现入网食品经营者有严重违法行为，未立即停止提供网络交易平台服务，就违反了上述法律规定。根据《食品安全法》第一百三十一条第一款的规定，由县级以上人民政府食品安全监管部门责令改正，没收违法所得，并处 5 万元以上 20 万元以下罚款；造成严重后果的，责令停业，直至由原发证部门吊销许可证；使消费者的合法权益受到损害的，应当与食品经营者承担连带责任。

（六）其他情形

根据《食品安全法》第一百三十四条的规定，食品生产经营者在一年内累计三次因违反本法规定受到责令停产停业、吊销许可证以外处罚的，由食品安全监管部门责令停产停业，直至吊销许可证。根据《食品安全法》第一百三十六条的规定，食品经营者履行了本法规定的进货查验等义务，有充分证据证明其不知道所采购的食品不符合食品安全标准，并能如实说明其进货来源的，可以免于行政处罚，但应当依法没收其不符合食品安全标准的食品。

二、食品安全行政处罚案件货值金额

（一）货值金额计算原则

《中华人民共和国行政处罚法》第二十八条规定，"当事人有违法所得，除依法应当退赔的外，应当予以没收。违法所得是指实施违法行为所取得的款项。法律、行政法规、部门规章对违法所得的计算另有规定的，从其规定。"食品安全行政处罚案件货值金额是当事人实施食品安全违法行为所涉及食品的市场价格总金额。在处理食品安全违法案件中，一般计算违法所得按照"全部收入"计算，即不扣除成本。

（二）货值金额计算范围

未取得许可从事食品生产经营的，货值金额计算范围包括原料、半成品和成品。取得许可从事食品生产经营，成品检验不合格或者不符合食品安全法律法规（以下简称不合格）的，货值金额计算范围包括成品、不合格的半成品和原料；半成品或原料不合格的，货值金额计算范围包括不合格的半成品或原料以及成品。

已售出、已赠与、已抽样、已使用、已召回以及未售出、未赠出、未使用等全部成品，计入成品货值金额。未付款已到库的涉案产品应当计入货值金额。案件查处期间退货的产品的货值金额不得扣除。

（三）货值金额计算方式

成品按照销售价格计算货值金额，半成品按照原料购进价款计算货值金额，原料按照购进价款计算货值金额。销售价格应当以销售单、合同、价签等明示的单价计算；没有标价的，可以依据相关证据材料进行认定或者按照同类产品的市场价格或平均价格计算，也可以委托法定价格认定机构确定。

第六节 特殊食品生产经营违法行为的行政处罚

保健食品、特殊医学用途配方食品、婴幼儿配方食品作为特殊食品，其生产经营应当符合食品安全法律法规的要求，包括对所有食品的通用要求和对特殊食品的要求。特殊食品生产经营违法行为不管是违反了食品通用要求，还是违反了特殊食品要求，都将依法受到处罚，违反食品通用要求的行政处罚与违法普通食品要求的行政处罚相同。本节重点介绍违反特殊食品相关要求的行政处罚。

一、法律法规规定的有关特殊食品的行政处罚

（一）对生产经营营养成分不符合食品安全标准的婴幼儿配方食品的行政处罚

对于特殊人群，特别是婴幼儿，食品中的蛋白质、脂肪、碳水化合物、维生素、矿物质等营养成分对生长发育至关重要，因此它们的含量作为食品安全标准的重要指标，对食品生产经营是强制性要求。《食品安全法》第三十四条第五项规定，禁止生产经营"营养成分不符合食品安全标准的专供婴幼儿和其他特定人群的主辅食品"。对违反该项规定，尚不构成犯罪的，根据《食品安全法》第一百二十三条第一款第二项的规定，由县级以上人民政府食品安全监管部门没收违法所得和违法生产经营的食品，并可以没收用于违法生产经营的工具、设备、原料等物品；违法生产经营的食品货值金额不足 1 万元的，并处 10 万元以上 15 万元以下罚款；货值金额 1 万元以上的，并处货值金额 15 倍以上 30 倍以下罚款；情节严重的，吊销许可证，并可以由公安机关对其直接负责的主管人员和其他直接责任人员处 5 日以上 15 日以下拘留。

（二）对未按照要求注册备案或未按注册备案要求生产的行政处罚

保健食品、特殊医学用途配方食品、婴幼儿配方乳粉等特殊食品产品（配方）应按照要求进行注册或者备案，其生产企业应按照注册或者备案的产品配方、生产工艺等技术要求组织生产。《食品安全法》第七十六条规定，使用保健食品原料目录以外原料的保健食品和首次进口的保健食品应当经国务院食品安全监管部门注册。第八十条规定，特殊医学用途配方食品应当经国务院食品安全监

管部门注册。第八十一条规定，婴幼儿配方乳粉的产品配方应当经国务院食品安全监管部门注册；不得以分装方式生产婴幼儿配方乳粉，同一企业不得用同一配方生产不同品牌的婴幼儿配方乳粉。第八十二条规定，保健食品、特殊医学用途配方食品、婴幼儿配方乳粉生产企业应当按照注册或者备案的产品配方、生产工艺等技术要求组织生产。

对违反上述条款，尚不构成犯罪的，根据《食品安全法》第一百二十四条第一款第六项的规定，由县级以上人民政府食品安全监管部门没收违法所得和违法生产经营的食品、食品添加剂，并可以没收用于违法生产经营的工具、设备、原料等物品；违法生产经营的食品、食品添加剂货值金额不足 1 万元的，并处 5 万元以上 10 万元以下罚款；货值金额 1 万元以上的，并处货值金额 10 倍以上 20 倍以下罚款；情节严重的，吊销许可证。

（三）对违反特殊食品备案相关规定的行政处罚

使用保健食品原料目录以外原料的保健食品和首次进口的保健食品应当经国务院食品安全监管部门注册。但是，首次进口的保健食品中属于补充维生素、矿物质等营养物质的，应当报国务院食品安全监管部门备案。其他保健食品应当报省、自治区、直辖市人民政府食品安全监管部门备案。企业应当按照备案的产品配方、生产工艺等技术要求组织生产。婴幼儿配方食品生产企业应当将食品原料、食品添加剂、产品配方及标签等事项向省、自治区、直辖市人民政府食品安全监管部门备案。如相关企业违反上述规定，根据《食品安全法》第一百二十六条第一款第八项和第九项的规定，由县级以上人民政府食品安全监管部门责令改正，给予警告；拒不改正的，处 5 000 元以上 5 万元以下罚款；情节严重的，责令停产停业，直至吊销许可证。

（四）对未按规定开展自查并定期报告的行政处罚

《食品安全法》第八十三条规定，生产保健食品、特殊医学用途配方食品、婴幼儿配方食品和其他专供特定人群的主辅食品的企业，应当按照良好生产规范的要求建立与所生产食品相适应的生产质量管理体系，定期对该体系的运行情况进行自查，保证其有效运行，并向所在地县级人民政府食品安全监管部门提交自查报告。如特殊食品生产企业违反该项规定，未按规定建立生产质量管理体系并保证其有效运行或者未定期提交自查报告，根据《食品安全法》第一百二十六条第一款第十项的规定，由县级以上人民政府食品安全监管部门责令改正，给予警告；拒不改正的，处 5 000 元以上 5 万元以下罚款；情节严重的，责令停产停业，直至吊销许可证。

（五）与国务院条例有关的关于特殊食品的行政处罚

1. 对于婴幼儿配方乳粉，《乳品质量安全监督管理条例》第四十二条规定：对不符合乳品质量安全国家标准、存在危害人体健康和生命安全或者可能危害婴幼儿身体健康和生长发育的乳制品，销售者应当立即停止销售，追回已经售出的乳制品，并记录追回情况。如销售者违反该项规定，根据第五十七条的规定，对不符合乳品质量安全国家标准、存在危害人体健康和生命安全或者可能危害婴幼儿身体健康和生长发育的乳制品，不停止销售、不追回的，由现市场监管部门责令停止销售、追回；拒不停止销售、拒不追回的，没收其违法所得、违法乳制品和相关的工具、设备等物品，并处违法乳制品货值金额 15 倍以上 30 倍以下罚款，由发证机关吊销许可证照。

2. 对于特殊食品的名称和标签、说明书，《食品安全法实施条例》第六十八条规定：有以食品安全国家标准规定的选择性添加物质命名婴幼儿配方食品，生产经营的特殊食品的标签、说明书内容与注册或者备案的标签、说明书不一致等违法情形的，依照《食品安全法》第一百二十五条第一款和本条例第七十五条的规定给予处罚。

3. 对于特殊食品的销售行为，《食品安全法实施条例》第六十九条规定：有医疗机构和药品零售企业之外的单位或者个人向消费者销售特殊医学用途配方食品中的特定全营养配方食品、将特殊食品与普通食品或者药品混放销售等违法行为的，依照《食品安全法》第一百二十六条第一款和本条例第七十五条的规定予以处罚。

二、与国家市场监督管理总局规章有关的行政处罚

（一）关于保健食品的行政处罚

对于保健食品，国家市场监督管理总局规章《保健食品注册与备案管理办法》第七十二条规定：擅自转让保健食品注册证书的，或者伪造、涂改、倒卖、出租、出借保健食品注册证书的，由县级以上人民政府食品安全监管部门处以 1

万元以上 3 万元以下罚款；构成犯罪的，依法追究刑事责任。

（二）关于特殊医学用途配方食品的行政处罚

对于特殊医学用途配方食品，国家市场监督管理总局规章《特殊医学用途配方食品注册管理办法》第四十五条规定：伪造、涂改、倒卖、出租、出借、转让特殊医学用途配方食品注册证书的，由县级以上食品安全监管部门责令改正，给予警告，并处 1 万元以下罚款；情节严重的，处 1 万元以上 3 万元以下罚款。第四十六条第一款规定：注册人变更不影响产品安全性、营养充足性以及特殊医学用途临床效果的事项，未依法申请变更的，由县级以上食品安全监管部门责令改正，给予警告；拒不改正的，处 1 万元以上 3 万元以下罚款。第四十六条第二款规定：注册人变更产品配方、生产工艺等影响产品安全性、营养充足性以及特殊医学用途临床效果的事项，未依法申请变更的，由县级以上食品安全监管部门按照《食品安全法》第一百二十四条第一款的规定进行处罚。

（三）关于婴幼儿配方乳粉的行政处罚

对于婴幼儿配方乳粉，国家市场监督管理总局规章《婴幼儿配方乳粉产品配方注册管理办法》第四十四条第一款规定：申请人变更不影响产品配方科学性、安全性的事项，未依法申请变更的，由县级以上食品安全监管部门责令改正，给予警告；拒不改正的，处 1 万元以上 3 万元以下罚款。第四十四条第二款规定：申请人变更可能影响产品配方科学性、安全性的事项，未依法申请变更的，由县级以上食品安全监管部门按照《食品安全法》第一百二十四条第一款的规定进行处罚。第四十五条规定：伪造、涂改、倒卖、出租、出借、转让婴幼儿配方乳粉产品配方注册证书的，由县级以上食品安全监管部门责令改正，给予警告，并处 1 万元以下罚款；情节严重的，处 1 万元以上 3 万元以下罚款；涉嫌犯罪的，依法移送公安机关，追究刑事责任。

（四）关于特殊食品网络交易的行政处罚

原国家食品药品监督管理总局规章《网络食品安全违法行为查处办法》第十九条第一款规定："入网销售保健食品、特殊医学用途配方食品、婴幼儿配方乳粉的食品生产经营者，除依照本办法第十八条的规定公示相关信息外，还应当依法公示产品注册证书或者备案凭证，持有广告审查批准文号的还应当公示广告审查批准文号，并链接至市场监督管理部门网站对应的数据查询页面。保健食品还应当显著标明'本品不能代替药物'。"第十九条第二款规定："特殊医学用途配方食品中特定全营养配方食品不得进行网络交易。" 对违反上述第一款规定，食品生产经营者未按要求公示特殊食品相关信息的，根据第四十一条第一款的规定，由县级以上地方市场监管部门责令改正，给予警告；拒不改正的，处 5 000元以上 3 万元以下罚款。对违反上述第二款规定，食品生产经营者通过网络销售特定全营养配方食品的，根据第四十一条第二款的规定，由县级以上地方市场监管部门处 3 万元罚款。

第七节　食品安全行政处罚的自由裁量

一、行政处罚自由裁量的含义和要求

食品安全行政处罚裁量权是指各级食品安全监管部门在实施行政处罚时，根据法律、法规、规章的规定，综合考虑违法行为的事实、性质、情节、社会危害程度及当事人主观过错等因素，决定是否给予行政处罚、给予行政处罚的种类和幅度的权限。

食品安全监管部门行使行政处罚裁量权，应当符合法律、法规、规章规定的裁量条件、处罚种类和处罚幅度，遵守法定程序；以事实为依据，处罚的种类和幅度与违法行为的事实、性质、情节、社会危害程度等相当；综合考虑个案情况，兼顾地区经济社会发展水平、当事人主客观情况等相关因素，实现法律效果、社会效果、政治效果的统一；坚持处罚与教育相结合，引导当事人自觉守法。

根据《市场监管总局关于规范市场监督管理行政处罚裁量权的指导意见》（国市监法〔2019〕244 号），行政处罚自由裁量的结果主要有四种情形。一是不予行政处罚，是指因法定原因对特定违法行为不给予行政处罚。二是减轻行政处罚，是指适用法定行政处罚最低限度以下的处罚种类或处罚幅度，包括在违法行为应当受到的一种或几种处罚种类之外选择更轻的处罚种类，或者在应当并处时不并处，也包括在法定最低罚款限值以下确定罚款数额。三是从轻行政处罚，是指在依法可以选择的处罚种类和处罚幅度内，适用较轻、较少的处罚种类或者较低的处罚幅度。其中，罚款的数额应当在从最低限到最高限这一幅度中较低的30%部分。四是从重行政处罚，是指在依法可以选择的处罚种类和处罚幅度内，适用较重、较多的处罚种类或者较高的处罚幅度。其中，罚款的数额应当在从最低限到最高限这一幅度中较高的30%部分。

二、行政处罚自由裁量的适用情形

（一）不予或可以不予行政处罚的情形

一是食品生产经营者违反食品安全法律、法规、规章和标准的规定，属于初次违法且危害后果轻微并及时改正的，可以不予行政处罚；二是当事人有证据足以证明没有主观过错的，不予行政处罚，法律、行政法规另有规定的，从其规定。

（二）从轻或减轻行政处罚的情形

食品生产经营者依照《食品安全法》相关规定，停止生产经营，实施产品召回，或者采取其他有效措施减轻或消除食品安全风险，未造成危害后果的，可以从轻或减轻行政处罚。另外，如果食品生产经营者存在受他人胁迫或诱骗实施违法行为的、主动供述行政机关尚未掌握的违法行为的、配合行政机关查处违法行为有立功表现的等情形，也可以从轻或减轻行政处罚。

（三）从重从严行政处罚的情形

一是违法行为涉及的产品货值金额 2 万元以上或者违法行为持续时间 3 个月以上；二是造成食源性疾病并出现死亡病例，或者造成 30 人以上食源性疾病但未出现死亡病例；三是故意提供虚假信息或者隐瞒真实情况；四是拒绝、逃避监督检查；五是因违反食品安全法律法规受到行政处罚后 1 年内又实施同一性质的食品安全违法行为，或者因违反食品安全法律法规受到刑事处罚后又实施食品安全违法行为；六是其他情节严重的情形。

三、典型案例

（一）不予行政处罚

胡某涉嫌销售不符合食品安全标准的食用农产品案。2021 年 11 月 28 日，市场监管部门对胡某销售的大梭子蟹、小梭子蟹进行食品安全抽样检验。2021 年

12 月 6 日，某检测有限公司出具的检验检测报告显示，检测样品大梭子蟹中检出镉（以 Cd 计）0.84 mg/kg、小梭子蟹中检出镉（以 Cd 计）0.73 mg/kg，均不符合 GB 2762—2017《食品安全国家标准　食品中污染物限量》中的相关要求，被判定为不合格产品。

胡某于 2021 年 11 月 28 日从某水产行处购入上述不合格梭子蟹 15 kg，进价为人民币 35 元/kg，总计人民币 525 元。胡某把上述梭子蟹分成大梭子蟹、小梭子蟹用于出售，其中大梭子蟹有 8 kg，售价为人民币 48 元/kg，小梭子蟹有 7 kg，售价为人民币 39 元/kg，总计人民币 657 元。至案发时，上述梭子蟹已全部售出。胡某向市场监管部门提供了涉案梭子蟹的进货凭证、进货单位的营业执照及检验报告。

胡某销售不合格梭子蟹的行为违反了《食用农产品市场销售质量安全监督管理办法》第二十五条第二项的规定。鉴于胡某不知道所采购的食用农产品不符合食品安全标准且履行了相应的进货查验义务，根据《食用农产品市场销售质量安全监督管理办法》第五十四条的规定，市场监管部门决定对胡某不予行政处罚。

（二）减轻行政处罚

某公司涉嫌未经许可从事食品生产经营活动案。某公司在其负责经营的食堂食品经营许可证于 2020 年 12 月 3 日到期后未办理延续手续，并于 2020 年 12 月 4 日至 2021 年 4 月 22 日期间继续从事餐饮服务，供餐 4 100 人次，餐标为 20 元/人次，当事人的经营额合计人民币 82 000 元。在案发后，当事人于 2021 年 4 月 23 日停止食品经营，相关食品已无库存，并已于 2021 年 4 月 29 日获得食品经营许可证。

该公司的上述行为违反了《食品安全法》第三十五条第一款的规定。鉴于案发后该公司立即停止违法行为，能积极配合调查、提供证据材料，并取得了食品经营许可，综合考虑违法事实及危害后果，市场监管部门决定对该公司减轻行政处罚。根据《食品安全法》第一百二十二条第一款的规定，市场监管部门决定对该公司减轻行政处罚如下：没收违法所得人民币 82 000 元，罚款人民币 246 000 元。

（三）从轻行政处罚

某公司涉嫌使用超过保质期的食品原料加工制作食品案。某公司于 2021 年

11 月 20 日从其供应商处以人民币 5.8 元/盒的价格，购入 40 盒由某食品有限公司生产的预包装食品鸡蛋豆腐（净含量：350 g/盒），该鸡蛋豆腐的产品外包装标签标明："生产日期：20211115。保质期：20 天（须在 2~7℃冷藏）。"该鸡蛋豆腐于 2021 年 12 月 5 日保质期届满，自 2021 年 12 月 6 日起超过其保质期。经核查，该公司在保质期内共使用了 19 盒鸡蛋豆腐，尚剩余 21 盒鸡蛋豆腐在超过保质期后未按规定的要求进行及时清理、处理，并在 2021 年 12 月 6 日中午作为原料继续用于加工制作"黄金芙蓉豆腐"。该公司共销售使用上述超过保质期的鸡蛋豆腐加工制作的"黄金芙蓉豆腐"1 份，销售价格为人民币 24 元/份，取得销售收入人民币 24 元；尚有超过保质期的鸡蛋豆腐库存 20 盒，贮存在厨房冰箱内待用。

当事人使用超过保质期的食品原料生产经营食品所涉及的食品货值金额，包括超过保质期的食品原料鸡蛋豆腐以及使用该原料加工制作的"黄金芙蓉豆腐"半成品和成品，共计人民币 140 元，违法所得为人民币 24 元。在案发后，当事人已主动停止使用并全部销毁剩余的超过保质期的鸡蛋豆腐。

该公司的上述行为违反了《食品安全法》第三十四条第三项的规定。鉴于案发后该公司主动配合调查，并且货值金额较小、违法行为持续时间短，综合考虑违法事实及危害后果，市场监管部门决定对该公司从轻行政处罚。根据《食品安全法》第一百二十四条第一款第二项的规定，市场监管部门决定对该公司从轻行政处罚如下：没收违法所得人民币 24 元，罚款人民币 50 000 元。

（四）从重行政处罚

某公司涉嫌违规操作造成食物中毒等食品安全事故案。2021 年 5 月 12 日，某学校师生在学校食堂食用午餐后，有多名学生于当日下午 3 时 30 分至傍晚 6 时期间出现呕吐、腹泻、腹痛等症状。经现场检查及流行病学、卫生学调查认定，上述食品安全事故系 5 月 12 日学校食堂午餐中 A 套餐的鸡肉卷加工制作不符合要求而导致。事故原因：加工制作过程中保存温度较高和放置时间过长，使得用于制作鸡肉卷的原料米饭中的蜡样芽孢杆菌大量繁殖，同时加工过程中存在盛放容器混用、交叉污染情况。

当日午餐由该公司加工制作，并以套餐形式分装成盒饭后送至学校食堂供学生和教职工食用，加工制作 A 套餐共 500 份，取得餐费合计人民币 12 812.5 元。该公司在从事餐饮服务活动过程中未严格执行、落实食品安全制度和措施，存在不规范加工制作食品（米饭）和容器混用、生熟交叉等行为，违反了《餐饮服务食品安全操作规范》中的相关规定，直接导致了本次食品安全事故的发生。

当事人在加工制作食品的过程中未按《餐饮服务食品安全操作规范》要求落实食品安全事故防范措施，违规操作，造成食品安全事故的行为违反了《上海市食品安全条例》第六十七条的规定。鉴于当事人是为特定人群提供餐饮服务的企业，承担事故主要责任，并且涉案产品属于高风险食品范围，综合考虑违法事实及危害后果，市场监管部门决定对该公司从重行政处罚。根据《上海市食品安全条例》第一百零六条第一款的规定，市场监管部门决定对该公司从重行政处罚如下：没收违法所得人民币 12 812.5 元，罚款人民币 256 250 元。

第八节　食品安全行刑衔接和民事公益诉讼

一、食品安全行政执法与刑事司法衔接

（一）行刑衔接的概念和法律规定

行政执法与刑事司法衔接，简称行刑衔接，是指具有行政处罚权的行政执法部门与具有刑事侦查权的公安机关、承担法律监督职能的检察机关、行使司法审判权的法院等有关机关，依据法律、法规、规章规定的标准和程序，共同协作运行，以提高行政执法与刑事司法打击违法犯罪活动合力的一种工作机制。其目的是实现行政处罚和刑事处罚无缝对接，克服有案不移、有案难移、以罚代刑、有罪不究、渎职违纪等现象。

《食品安全法》第一百二十一条第一款规定，县级以上人民政府食品安全监管等部门发现涉嫌食品安全犯罪的，应当按照有关规定及时将案件移送公安机关。对移送的案件，公安机关应当及时审查；认为有犯罪事实需要追究刑事责任的，应当立案侦查。第一百二十一条第二款规定，公安机关在食品安全犯罪案件侦查过程中认为没有犯罪事实，或者犯罪事实显著轻微，不需要追究刑事责任，但依法应当追究行政责任的，应当及时将案件移送食品安全监管等部门和监察机关，有关部门应当依法处理。

2015 年 12 月 22 日，为进一步健全食品药品行政执法与刑事司法衔接工作机

制，加大对食品药品领域违法犯罪行为打击力度，切实维护人民群众生命安全和身体健康，按照中央深化改革相关工作部署，原国家食品药品监督管理总局、公安部、最高人民法院、最高人民检察院、国务院食品安全办联合研究制定了《食品药品行政执法与刑事司法衔接工作办法》（食药监稽〔2015〕271号），专门对食品安全领域的行刑衔接工作作出了较为系统的规定，详细规定了食品安全行刑衔接的工作机制，主要包括食品安全案件移送及其材料受理、退回的要求、条件和程序，涉案证据的收集、认定和使用，行刑衔接的法律监督，涉案物品的检验和认定，日常监管中案件线索通报、重大案件的联合督办、信息发布的沟通协作等一系列制度和程序。

（二）常见食品安全犯罪类型

1. 生产、销售不符合食品安全标准的食品罪

《中华人民共和国刑法》第一百四十三条规定："生产、销售不符合食品安全标准的食品，足以造成严重食物中毒事故或者其他严重食源性疾病的，处三年以下有期徒刑或者拘役，并处罚金；对人体健康造成严重危害或者有其他严重情节的，处三年以上七年以下有期徒刑，并处罚金；后果特别严重的，处七年以上有期徒刑或者无期徒刑，并处罚金或者没收财产。"

《最高人民法院、最高人民检察院关于办理危害食品安全刑事案件适用法律若干问题的解释》（法释〔2021〕24号）规定，有以下情形之一的，应当认定为"足以造成严重食物中毒事故或者其他严重食源性疾病"：一是含有严重超出标准限量的致病性微生物、农药残留、兽药残留、生物毒素、重金属等污染物质以及其他严重危害人体健康的物质的；二是属于病死、死因不明或者检验检疫不合格的畜、禽、兽、水产动物肉类及其制品的；三是属于国家为防控疾病等特殊需要明令禁止生产、销售的；四是特殊医学用途配方食品、专供婴幼儿的主辅食品营养成分严重不符合食品安全标准的；五是其他足以造成严重食物中毒事故或者严重食源性疾病的情形。

典型案例：肖某某等人生产、销售不符合食品安全标准的食品案。2017年至2018年10月，肖某某等人在未取得食品生产、销售许可的情况下，在某冷冻厂房内将死因不明的螃蟹加工成蟹黄、蟹肉并对外销售。涉案螃蟹及蟹制品被某酒店制作成"蟹黄鱼翅"等菜品供众多不特定消费者食用。2018年10月30日，市场监管部门联合公安机关在涉案厂房内查获大量死蟹及蟹制品，总重约为

2.86 t。随后，市场监管部门按照行刑衔接规定程序将案件移送司法部门，追究其刑事责任。经查，肖某某等人生产、销售不符合食品安全标准的食品，足以造成严重食物中毒事故或者其他严重食源性疾病，涉嫌构成生产、销售不符合食品安全标准的食品罪。2019 年 2 月，法院依法判决被告人肖某某等人犯生产、销售不符合食品安全标准的食品罪，分别判处拘役至有期徒刑 1 年 6 个月不等刑罚，并处人民币 2 000 元至 9 万元不等罚金；对部分被告人适用缓刑，并禁止在缓刑考验期内从事食品生产、销售及相关活动；同时判处肖某某等被告人共计承担惩罚性赔偿金人民币 39.09 万元，在全国性媒体上公开赔礼道歉。

2. 生产、销售有毒、有害食品罪

《中华人民共和国刑法》第一百四十四条规定："在生产、销售的食品中掺入有毒、有害的非食品原料的，或者销售明知掺有有毒、有害的非食品原料的食品的，处五年以下有期徒刑，并处罚金；对人体健康造成严重危害或者有其他严重情节的，处五年以上十年以下有期徒刑，并处罚金；致人死亡或者有其他特别严重情节的，依照本法第一百四十一条的规定处罚。"

《最高人民法院、最高人民检察院关于办理危害食品安全刑事案件适用法律若干问题的解释》（法释〔2021〕24 号）规定，以下物质应当认定为"有毒、有害的非食品原料"：一是因危害人体健康，被法律、法规禁止在食品生产经营活动中添加、使用的物质；二是因危害人体健康，被国务院有关部门列入《食品中可能违法添加的非食用物质名单》《保健食品中可能非法添加的物质名单》和国务院有关部门公告的禁用农药、《食品动物中禁止使用的药品及其他化合物清单》等名单上的物质；三是其他有毒、有害的物质。

典型案例：田某生产、销售有毒、有害食品案。2017 年 12 月初，田某在经营一家"×××肉夹馍牛肉汤"店期间，在明知罂粟壳不能添加用于食品生产的情况下，仍将罂粟壳加入其制作的肉类食品中并销售给客人食用。2017 年 12 月 13 日，公安机关至上述店面及田某暂住处查获若干肉汤、肉汤料及罂粟壳。经检验，查获的物品中检出吗啡、罂粟碱、那可丁、蒂巴因和可待因成分。法院认为，被告人田某在生产、销售的食品中掺入有毒、有害的非食品原料，其行为已触犯刑律，构成生产、销售有毒、有害食品罪，依法应予惩处。法院依照《中华人民共和国刑法》第一百四十四条等规定，判决被告人田某犯生产、销售有毒、有害食品罪，判处有期徒刑 6 个月，并处罚金人民币 3 000 元；被告人田某违法所得予以追缴。

3. 生产、销售伪劣产品罪

《中华人民共和国刑法》第一百四十条规定，生产者、销售者在产品中掺杂掺假、以假充真、以次充好或者以不合格产品冒充合格产品，销售金额五万元以上的，根据销售金额的具体数额判处相应年限的有期徒刑，甚至无期徒刑，并处销售金额一定比例的罚金或者没收财产。《最高人民法院、最高人民检察院关于办理危害食品安全刑事案件适用法律若干问题的解释》（法释〔2021〕24号）规定，生产、销售不符合食品安全标准的食品，无证据证明足以造成严重食物中毒事故或者其他严重食源性疾病，以及生产、销售不符合食品安全标准的食品添加剂，用于食品的包装材料、容器、洗涤剂、消毒剂，或者用于食品生产经营的工具、设备等，构成犯罪的，依照生产、销售伪劣产品罪定罪处罚。

以下四种行为是关于伪劣产品界定的要件：一是掺杂掺假，是指在产品中掺入杂质或者异物，致使产品质量不符合国家法律、法规或者产品明示质量标准规定的质量要求，降低、失去应有使用性能的行为；二是以假充真，是指以不具有某种使用性能的产品冒充具有该种使用性能的产品的行为；三是以次充好，是指以低等级、低档次产品冒充高等级、高档次产品，或者以残次、废旧零配件组合、拼装后冒充正品或者新产品的行为；四是以不合格产品冒充合格产品，其中不合格产品是指不符合《中华人民共和国产品质量法》规定的质量要求的产品。对上述行为难以确定的，应当委托法律、行政法规规定的产品质量检验机构进行鉴定。

典型案例：段某某生产、销售伪劣产品罪案。2017年1月，段某某明知他人所售的"冬虫夏草"系假冒伪劣产品，仍分两次购入"冬虫夏草"684 g、774 g，并加价出售给下家郝某某（共计人民币15万元）。2017年3月7日，段某某再次从他人处购入"冬虫夏草"350 g，并准备在约定地点销售给下家郝某某时，经郝某某报警被公安机关当场人赃俱获。经鉴定，涉案"冬虫夏草"均与冬虫夏草的性状不符，系假冒冬虫夏草，且质量不符合规定。到案后，段某某如实供述了上述犯罪事实。上述事实，有包括某市食品药品检验所出具的检验报告书在内的相关证据予以证实。法院认为，被告人段某某以假充真，多次向他人销售产品质量不合格的涉案"冬虫夏草"，销售金额达人民币15万元，其行为已构成生产、销售伪劣产品罪，公诉机关指控的事实清楚，证据确实、充分，罪名成立。法院依照《中华人民共和国刑法》第一百四十条等规定，判决被告人段某某犯生产、销售伪劣产品罪，判处有期徒刑1年3个月，并处罚金人民币8万元；被告人段某某违法所得予以追缴并没收；扣押的涉案"冬虫夏草"予以没收。

二、食品安全民事公益诉讼

（一）背景

食品安全是重大政治问题、民生问题，也是重大的公共安全问题。社会各界迫切希望在对食品违法犯罪行为予以刑事打击、行政处罚的同时，充分发挥民事公益诉讼的追责功能，通过对侵权人提起民事公益诉讼惩罚性赔偿，加大其违法成本，对侵权人及潜在违法者产生震慑与警示作用。探索建立食品安全民事公益诉讼惩罚性赔偿制度，对于维护市场秩序，保障消费者合法权益，维护社会公共利益，推动食品安全国家治理体系和治理能力现代化具有重大意义。

2019 年 5 月 20 日，《中共中央 国务院关于深化改革加强食品安全工作的意见》公开发布，提出"积极完善食品安全民事和行政公益诉讼，做好与民事和行政诉讼的衔接与配合，探索建立食品安全民事公益诉讼惩罚性赔偿制度"的任务和要求。根据国务院食品安全委员会办公室相关文件要求，这项改革任务由最高人民检察院牵头，最高人民法院、农业农村部、海关总署、国家市场监督管理总局、国家粮食和物资储备局等部门共同参与。中央全面依法治国委员会办公室和国务院食品安全委员会办公室均将这项工作纳入食品安全重点工作安排予以督办并长期推进。

2020 年 7 月 28 日，最高人民检察院与国务院食品安全委员会办公室、国家市场监督管理总局等部门共同印发了《关于在检察公益诉讼中加强协作配合依法保障食品药品安全的意见》，明确指出要"积极落实《中共中央、国务院关于深化改革加强食品安全工作的意见》要求，在食品药品安全民事公益诉讼中探索提出惩罚性赔偿诉讼请求，对建立惩罚性赔偿制度开展联合调研，共同研究提出立法建议"。检察机关提起民事公益诉讼已有明确的法律规定，《中华人民共和国刑事诉讼法》第一百零一条第二款赋予了人民检察院在国家财产、集体财产遭受损失的情形下，提起公诉时可以提起附带民事诉讼。2018 年 3 月 1 日，最高人民法院、最高人民检察院以司法解释的形式，又赋予了人民检察院在生态环境、资源保护和食品药品安全等受侵害者数量众多、社会公共利益受损领域提起公益诉讼的职权。

（二）惩罚性赔偿的适用条件

办理食品安全民事公益诉讼惩罚性赔偿案件，要准确把握惩罚性赔偿惩罚、遏制和预防严重不法行为的功能定位，应当根据侵权人主观过错程度、违法次数和持续时间、受害人数、损害类型、经营状况、获利情况、财产状况、行政处罚和刑事处罚等因素，综合考虑是否提出惩罚性赔偿诉讼请求。有以下情形之一的，可以参照《中华人民共和国民法典》《中华人民共和国食品安全法》《中华人民共和国消费者权益保护法》等法律规定提出惩罚性赔偿诉讼请求：一是侵权人主观过错严重的；二是违法行为次数多、持续时间长的；三是违法销售金额大、获利金额多、受害人覆盖面广的；四是造成严重侵害后果或者恶劣社会影响的；五是其他严重侵害社会公共利益的情形。

对于侵权人初犯、偶犯、主观过错和违法行为情节轻微、主动采取补救措施等没有必要给予惩罚的情形，一般不再提出惩罚性赔偿诉讼请求。同时，突出民事公益诉讼的预防性功能，准确把握惩罚性赔偿惩罚、遏制和预防严重不法行为的功能定位。办理食品安全民事公益诉讼惩罚性赔偿案件，应当以是否存在对众多不特定消费者造成食品安全潜在风险为前提，不仅包括已经发生的损害，也包括有重大损害风险的情形，可以结合鉴定意见、专家意见、行政执法机关检验检测报告等予以认定。向众多不特定消费者销售明知不符合食品安全标准的食品，应当认定为侵害众多不特定消费者合法权益，对众多不特定消费者生命健康安全产生公益损害风险，构成损害社会公共利益。

（三）典型案例

湖北省利川市人民检察院诉吴明安等三人刑事附带民事公益诉讼案。该案是检察机关提起的全国首例法院判决支持惩罚性赔偿的食品安全领域民事公益诉讼案件。2017 年 3 月 25 日，吴明安、赵世国将湖北省利川市元堡乡朝阳村村民刘某家的一头死因不明并经深埋处理的成年母牛偷偷挖出，分割后将四个牛腿（共计 150 斤①）和牛头以人民币 2 300 元的价格销售给在毛坝集市专门从事牛肉销售生意的黄太宽，该批牛肉经黄太宽以每斤人民币 18 元至 20 元不等的价格销售给附近村民及毛坝集市上的不特定消费者，销售获款人民币 2 890 元。同年 4 月 6 日，吴明安、赵世国又以同样的方式将吴明安自家当日深埋的一头死因不明的成年母牛挖出，以人民币 1 800 元销售给黄太宽，黄太宽将 102 斤牛肉在毛坝集市上以每斤人民币 18 元至 20 元的价格销售给不特定消费者，销售获款人民币

---

① 　1 斤＝0.5 千克（kg）。

2 000 元。吴明安、赵世国、黄太宽三人两次销售死因不明的牛肉共计获得销售价款人民币 4 890 元。利川市食品药品监督管理局组织有关专家就病死牛肉的危害后果进行认定，结论如下：吴明安、赵世国、黄太宽等人经营销售死因不明的牛及其制品，足以造成严重食物中毒事故或者其他严重食源性疾病。

2017 年 5 月，利川市人民检察院通过网络发现一段村民挖掘被埋死牛的视频，即将该线索反馈利川市食品药品监督管理局，督促其依法履行监督职责，并联合展开调查。同年 6 月 22 日，利川市人民检察院启动立案监督程序，监督利川市食品药品监督管理局将该案移送利川市公安局办理，同步监督利川市公安局依法立案侦查。同年 8 月 1 日，利川市人民检察院发现吴明安等三人生产、销售不符合食品安全标准的食品可能损害社会公共利益，决定立案审查。同年 8 月 8 日，利川市人民检察院在《检察日报》发出公告，督促适格主体提起民事公益诉讼，公告期满后没有其他适格主体对该案提起诉讼，社会公共利益持续处于受侵害状态。

2017 年 11 月 22 日，利川市人民检察院向利川市人民法院提起刑事附带民事公益诉讼，诉请判令吴明安、赵世国、黄太宽共同支付牛肉销售价款 10 倍的赔偿金人民币 48 900 元，并在利川市市级公开媒体上赔礼道歉。同年 12 月 8 日，利川市人民法院公开开庭审理该案并当庭宣判。法院认为，吴明安等三人的行为损害了不特定消费者的生命健康权，除应受到刑事处罚外，还应承担相应的民事侵权责任，利川市人民检察院依照法律规定提起刑事附带民事公益诉讼，是维护社会公益的一种方式，程序合法，请求得当有据。在认定三人构成生产、销售不符合食品安全标准的食品罪，分别处以不同刑期的刑罚、罚金、追缴违法所得以及禁止在缓刑考验期内从事食品生产、销售及相关活动的同时，判决吴明安等三人赔偿人民币 48 900 元并在利川市市级公开媒体上赔礼道歉。赔偿款付至利川市财政局非税收入汇缴结算账户。

第八章 食品安全抽检监测

第一节 食品安全抽检监测概述

一、抽检监测的背景和分类

食品安全问题有时难以通过感官发现，特别是一些化学污染物、生物毒素及早期未达到腐败变质程度的微生物污染，这时只有通过食品安全抽检监测才能及时发现食品安全危害。食品安全抽检监测可以理解为食品安全抽样检验和风险监测的简称，它是《食品安全法》确定的一项基本制度，是食品安全监管部门监测食品安全风险、排查食品安全隐患的重要措施，是科学、客观评估食品安全总体状况的重要手段，也是食品安全监管的重要技术支撑。《食品安全法》规定，县级以上人民政府食品安全监管部门应当对食品进行定期或者不定期的抽样检验，包括快速检测。2019 年 5 月 20 日，《中共中央 国务院关于深化改革加强食品安全工作的意见》（以下简称《意见》）发布，要求完善以问题为主导的食品安全抽检监测机制，我国到 2020 年农产品和食品抽检量达到 4 批次/千人，食品抽检合格率稳定在 98％以上；要探索开展国家食品安全评价性抽检工作，并逐步将监督抽检、风险监测与评价性抽检分离。为贯彻落实《意见》，适应当前食品安全监管新形势，国家市场监督管理总局、国家卫生健康委员会分别公布了《食品安全抽样检验管理办法》（国家市场监督管理总局令第 15 号）、《食品安全风险监测管理规定》（国卫食品发〔2021〕35 号），对食品安全抽检监测的概念、原则、内容、程序、信息公示、结果应用等作出明确规定。根据规定，服务于食品安全监管的抽检监测主要分为风险监测、监督抽检、评价性抽检和快速检测四类。

二、抽检监测的内涵和作用

食品安全风险监测是我国《食品安全法》确立的一项基础性制度，也是体现预防为主、风险管理这一食品安全管理原则的主要措施之一。《食品安全法》规定，国家建立食品安全风险监测制度，对食源性疾病、食品污染以及食品中的有害因素进行监测。《食品安全风险监测管理规定》指出，风险监测是系统持续收集食源性疾病、食品污染以及食品中有害因素的监测数据及相关信息，并综合分析、及时报告和通报的活动。食品安全风险监测主要发挥四个方面的作用：一是全面了解食品污染状况及趋势；二是发现食品安全隐患，协助确定需重点监管的食品、项目和环节等；三是为食品安全风险评估、标准制定修订、风险预警交流提供基础数据；四是了解食源性疾病发生特点和规律，以便早期识别和防控食源性疾病。需要注意的是，国家市场监督管理总局发布的《食品安全抽样检验管理办法》中也指出风险监测的概念，该办法中风险监测的概念与上述概念不同，是指市场监管部门对没有食品安全标准的风险因素开展监测、分析、处理的活动。没有食品安全标准，包括没有检验方法标准和没有产品判定标准。

食品安全监督抽检是指食品安全监管部门按照法定程序和食品安全标准等规定，以排查风险为目的，对食品、食品添加剂、食品相关产品组织的抽样、检验、复检和处理等活动。监督抽检作为日常食品安全监管的重要技术手段，注重问题导向和目标导向，常用于检查评价食品是否符合食品安全国家标准，其检验结果可直接用于行政处罚。监督抽检是及时发现食品安全隐患、处置食品安全问题、防控食品安全风险、惩治食品违法犯罪行为的重要技术支撑，也是督促食品生产经营者加强质量安全管理、严格落实主体责任的硬性约束。

评价性抽检是我国近年来开展食品安全抽检监测工作的一种新探索。2019年8月8日，国家市场监督管理总局发布了《食品安全抽样检验管理办法》，明确将评价性抽检作为一种新的抽检方式纳入食品安全抽检监测体系，并规定评价性抽检是指依据法定程序和食品安全标准等规定开展抽样检验，对市场上食品总体安全状况进行评价的活动。相对于监督抽检更加体现针对性和靶向性，评价性抽检更加注重科学性和客观性，更能准确地反映一个地方的食品安全综合保障水平。通过评价性抽检，可以科学研判食品安全整体形势，为监管执法和监督抽检提供工作导向，提升食品安全科学监管和精准监管的水平。

食品安全快速检测是指与传统的实验室检测方法相比，能够在较短时间内出具食品安全检测结果的初步筛检方法。快速检测通常在样品制备、实验准备、操作过程、结果判读等方面具有便捷化或自动化的特点，非检测专业人员也容易掌握和操作。按照规定，食品安全监管部门在食品安全监管工作中所使用的快速检测方法必须事先经过相关部门认定，快速检测阳性结果一般需要经实验室标准方法复检确认。快速检测可以作为监督抽检的重要补充，特别是对于一些短保质期食品、食用农产品、含非法添加物质的食品、可疑中毒食品、重大活动供应食品等，可以提高问题食品的现场发现效率和基层监管人员的专业水平。

三、抽检监测的结果应用

风险监测更加注重系统性、连续性和代表性，主要用于风险评估、标准制定等。相对于国家标准检测方法，其可以采用更先进、更灵敏的非标准方法进行样品检测，监测项目既可以是标准内项目，也可以是标准以外项目。风险监测不强调产品合格判定，一般不直接用于食品安全监管执法，但能够为食品安全监督抽检和风险管理提供靶向信息。

监督抽检主要体现问题导向，需要严格按照法定程序和标准要求开展，尽可能发现不合格食品。对于发现的不合格食品，要依法进行立案查处、督促企业落实问题食品下架召回等，针对问题食品开展社会面风险防控，及时向社会公示抽检和查处信息，同时将问题样品信息纳入市场主体的信用记分；涉嫌犯罪的，要依法移送司法部门进行处理。

评价性抽检结果主要用于科学、客观评价食品安全总体状况，包括区域食品安全状况、行业食品安全状况等。评价性抽检结果可以用于指导食品安全监管规划、工作计划等制定，也可以用于食品安全示范城市创建评分、地方食品安全管理绩效考核等。

快速检测结果主要用于问题食品的快速筛查和处置。按照法律规定，县级以上人民政府食品安全监管部门在食品安全监管工作中可以采用国家规定的快速检测方法对食品进行抽查检测。国家鼓励有条件的食品生产经营企业开展食品安全快速检测。其中，对于销售者无法提供食用农产品产地证明或者购货凭证、合格证明文件的情形，集中交易市场开办者应当进行抽样检验或者快速检测，抽样检验或者快速检测合格的，方可进入市场销售。采用国家规定的快速检测方法对食用农产品进行抽查检测，被抽查人对检测结果有异议的，可以自收到检测结果时起 4 h 内申请复检。

各类食品安全抽检监测比较见表 8-1。

表 8-1 各类食品安全抽检监测比较

	主要目的	主要特征	检测方法	结果应用	信息公示
风险监测[①]	为政府提供决策依据和技术咨询	系统性、连续性、代表性，覆盖食品链全过程	国家食品安全风险监测工作手册中的方法	开展风险评估、标准制定等	没有要求监测结果信息公示
监督抽检	及时发现问题，查处违法行为	按照法定程序和食品安全标准执行	国家标准或补充检验方法	针对不合格食品应当行政处罚	依法公示抽检结果和不合格食品核查处置等信息
评价性抽检[②]	科学、客观评价食品安全总体状况	基于食品消费量、行业特点、人口结构等设计方案	国家标准或补充检验方法	可作为食品安全示范城市创建评分或地方管理绩效考核参考	可参照监督抽检进行信息公示
快速检测	快速筛查问题，及时防控风险	快速、灵敏、便捷、经济	国家市场监管总局批准的快速检测方法	作为筛检问题手段提高问题发现效率	可在食品销售区域公示

① 这里的风险监测是《食品安全法》规定的概念，而不是《食品安全抽样检验管理办法》中的概念。
② 我国评价性抽检目前正处于探索之中，相关内容和要求可能还会有调整。

第二节 食品安全风险监测

一、风险监测的内容和形式

（一）食源性疾病

食源性疾病是指由食品中致病因素进入人体而引起的感染性、中毒性等疾病，包括常见的食物中毒、肠道传染病、人畜共患传染病、食源性寄生虫病以及化学性有毒有害物质所引起的疾病。食源性疾病具有暴发性、散发性、地区性和季节性特征，其发病率居于各类疾病总发病率前列，是全球范围内日益严重的食品安全问题和公共卫生问题。食源性疾病监测主要由医疗卫生机构、疾病控制机构承担，通过食源性疾病报告、调查、样品检测等收集人群食源性疾病发病信息和相关影响因素信息。食源性疾病监测内容主要包括食源性疾病病例监测、食源性疾病事件监测、食源性疾病主动监测、食源性致病菌分子溯源、食源性致病菌耐药性监测等。

（二）食品污染物

食品污染物是指在食品生产、加工、包装、贮存、运输、销售等过程中，因非故意原因进入食品的外来污染物，包括生物性污染物（如致病菌、病毒、寄生虫等）、化学性污染物（如重金属、农药残留、兽药残留、真菌毒素等）和物理性污染物（如毛发、碎石子、玻璃等）三大类，均纳入风险监测范畴。近年来，随着核工业的发展以及放射性核素在能源、医疗、科学研究等方面的广泛应用，加之自然灾害导致的核泄漏事件的不确定性，食品中放射性核素污染也被纳入常规风险监测范畴。

（三）食品中有害因素

食品中有害因素是指在食品生产、流通和餐饮服务环节，通过除食品污染以外的其他途径进入食品并对人体健康造成不良影响的因素，既包括食物本底存在的有害物质，如野生河鲀中存在的河鲀毒素、大豆中存在的蛋白酶抑制剂等，也包括食品加工或保藏过程中添加，产生的有害物质，如酿酒过程中产生的甲醇、杂醇油，油脂精炼过程中产生的氯丙醇酯，超范围、超限量使用的食品添加剂等。

食品污染物、食品中有害因素监测主要包括以下形式。（1）常规监测，以获得重点关注污染物的连续性、代表性数据为目的，跟踪和掌握食品中污染物的污染状况、污染趋势和地域分布，为相关食品安全工作提供基础数据。（2）专项监测，以获得特定范围的阶段性数据为目的，发现食品安全隐患及其线索，并进行溯源。其包括两种类型：一是针对特定食品的探索性、针对性监测；二是针对生产加工过程的监测，发现可能存在的污染源。（3）应急监测，为了解国内外出现的食品安全隐患的严重程度和波及面，或者为快速收集相关食品安全数据而安排的临时性监测，根据实时情况酌情安排。

二、风险监测的计划和方案及实施

（一）风险监测计划

根据《食品安全法》的规定，国务院卫生行政部门会同国务院食品安全监管等部门，制定、实施国家食品安全风险监测计划。国家食品安全风险监测计划应当根据食品安全风险评估、食品安全标准制定修订、食品安全监督管理等工作的需要进行制定。国家食品安全风险监测计划应当征集国务院有关部门、国家食品安全风险评估专家委员会、农产品质量安全风险评估专家委员会、食品安全国家标准审评委员会、行业协会及地方的意见建议，并对有关意见建议认真研究吸纳。

食品安全风险监测应包括对食品、食品添加剂和食品相关产品的监测，监测范围应覆盖从农田到餐桌的全过程、从实验室到医院的全环节。食品安全风险监测应当将以下情况作为优先监测内容：（1）健康危害较大、风险程度较高以及风险水平呈上升趋势的；（2）易于对婴幼儿、孕产妇等重点人群造成健康影响的；（3）以往在国内导致食品安全事故或者受到消费者关注的；（4）已在国外导致健康危害并有证据表明可能在国内存在的；（5）新发现的可能影响食品安全的食品污染和有害因素；（6）食品安全监督管理及风险监测相关部门认为需要优先监测的其他内容。

国务院食品安全监管部门和其他有关部门在监督检查和执法办案中都有可能发现食品安全风险信息，医疗卫生机构在开展诊疗活动中也有可能发现食源性疾病等有关疾病信息，这种情况下必须对有关信息进行核实后向卫生行政部门通报或上报。国务院卫生行政部门在接到有关部门通报的食品安全风险信息后，应当会同有关部门对食品安全风险信息的科学性、准确性等进行分析，经分析研究认为有必要的，应当及时调整国家食品安全风险监测计划。特别是当出现以下情况时，有关部门应当及时调整国家食品安全风险监测计划，组织开展应急监测：（1）处置食品安全事故需要的；（2）公众高度关注的食品安全风险需要解决的；（3）发现食品、食品添加剂、食品相关产品可能存在安全隐患，开展风险评估需要新的监测数据支持的；（4）其他有必要进行计划调整的情形。

2010 年 2 月 4 日，原卫生部等六部门联合印发了《关于印发 2010 年国家食品安全风险监测计划的通知》（卫办监督发〔2010〕20 号），这是我国《食品安全法》颁布后首次在全国范围内开展多部门、全过程、经科学设计的食品安全风险监测工作，监测范围覆盖 31 个省（自治区、直辖市）及新疆生产建设兵团。该计划中既有针对产品的常规监测，又有针对特定危害因素的专项监测。截至 2018 年年底，我国已经在 31 个省（自治区、直辖市）及新疆生产建设兵团共设置 2 808 个食品污染物及有害因素监测点，占全国县区数的 98.3%，完成 14.1 万份样品 92.9 万个监测数据。

（二）风险监测方案

我国幅员辽阔，经济社会发展程度不一，饮食文化千差万别，因此国家食品安全风险监测计划不可能覆盖各地区特有的食品类别、消费品种以及可能存在的污染物和有害因素。根据《食品安全法》的规定，省、自治区、直辖市人民政府卫生行政部门会同同级食品安全监管等部门，根据国家食品安全风险监测计划，结合本行政区域的具体情况，制定、调整本行政区域的食品安全风险监测方案，报国务院卫生行政部门备案并实施。因此，省级卫生行政部门应会同有关部门，结合本地区的人口特征、食品产业状况、食品消费结构、预期保护水平及经费支撑能力等，制定食品安全风险监测方案。原则上，省级食品安全风险监测方案应根据本地区实际和需要增补内容，使风险监测方案更加明确、具体和可操作，但不得缩减国家食品安全风险监测计划中的项目。

例如，上海市食品安全风险监测方案在完成国家食品安全风险监测计划规定内容的同时，强化监测的代表性和连续性，综合考虑监测点所在区域的人口数量、地域特点、食品产业和消费结构等因素，以食品为主线、项目为辅线，突出监测食品类别和监测项目组合的科学性和针对性，是具有较强地方特色的风险监测方案，旨在通过风险监测来探索危害因素的分布和可能来源，评价食品生产经营企业的污染控制水平与食品安全标准执行效力，为食品安全监管部门采取有效监管措施提供科学依据。目前，上海市食品安全风险监测设置了有代表性的监测采样点，监测范围覆盖所有辖区和街镇，全面覆盖食用农产品种植养殖、禽畜屠宰、食品生产、食品流通、餐饮服务各环节，特别是在紧盯食品流通主渠道和集中地的同时，兼顾学校周边、城乡接合部、农村食品、粮库、冷库、中央厨房和网络交易食品，有效覆盖本市居民各类日常消费的食品和季节性消费的食品。

（三）风险监测的实施

根据法律规定，省级以上卫生行政部门会同同级食品安全监管等部门实施风险监测计划和方案。要做好风险监测工作，首先需要确定承担风险监测的技术机构。风险监测技术机构应具备食品检验机构资质认定条件和按照规范进行检验的能力，除非常规的新型污染物等风险监测项目外，原则上应按照国家有关认证认可的规定取得资质认定。风险监测技术机构在人员、仪器、设备、车辆等方面，应能够按照风险监测计划和方案要求完成规定的监测任务。

食品安全风险监测需要收集大量的、真实的、广泛的基础数据，许多数据需要通过进入食品生产经营场所才能获得。在实践中，有的食品生产经营者担心影响正常生产经营或者为了逃避监管，通过各种方式阻挠风险监测工作人员进入其种植养殖地或食品生产经营场所进行采样，导致风险监测技术机构采样难。因此法律规定，食品安全风险监测工作人员有权进入相关食用农产品种植养殖、食品生产经营场所采集样品，收集相关数据，食品生产经营者有义务配合样品采集，不得无故阻挠。

在食品污染物及有害因素监测方面，风险监测技术机构在对样品进行检验时，原则上可以采用同国家标准相比更为先进的、灵敏的检验方法，以获得更加准确的定量数据，但该方法必须已纳入国家食品安全风险监测工作手册。在食源性疾病监测方面，风险监测技术机构还可以通过学生因腹泻缺课发生率和药店腹泻类药物销售情况进行监测，以扩大食源性疾病腹泻病例监测的覆盖面。

根据《2021年上海市食品安全状况报告》，2021年，上海市食品污染物及有害因素监测项次合格率为99.7%，监测项次合格率由高到低依次为农兽药、其他、非食用物质、微生物、抗生素类、食品添加剂、重金属。监测发现的主要问题包括以下几点：一是环境污染导致的重金属等源头污染较为突出；二是超范围、超限量使用食品添加剂和非法添加现象偶有发生；三是兽药残留超标和使用禁用药物等仍有发现。食源性致病性微生物检出阳性率前五位的病毒或致病菌依次是诺如病毒、肠致泻性大肠杆菌、弯曲菌、沙门氏菌和副溶血性弧菌。中小学生因腹泻缺课发生率为3.9%，腹泻类药物销售高峰出现在6月、7月和8月，这与上海市集体性食物中毒发病高峰基本吻合。

三、风险监测的结果通报和处置

风险监测在计划制定、工作实施、结果研判、问题处理等各环节，都需要相关部门的密切配合和信息沟通，以提升食品安全监管工作的整体性和有效性，避免不同监管环节出现交叉重复和空白漏洞。根据法律规定，县级以上卫生行政部门会同同级食品安全监管等部门，落实风险监测工作任务，建立食品安全风险监测会商机制，及时收集、汇总、分析本辖区的食品安全风险监测数据，研判食品安全风险，形成食品安全风险监测分析报告，报本级人民政府和上一级卫生行政部门。特别是风险监测结果表明可能存在食品安全隐患的，食品安全监管等部门经进一步调查确认有必要通知相关食品生产经营者的，应当及时通知。接到通知的食品生产经营者应当立即进行自查，发现食品不符合食品安全标准或者有证据证明可能危害人体健康的，应当依法停止生产、经营，实施食品召回等风险防控措施。

由于风险监测不同于监督抽检，一般没有采取法定抽样程序和标准检验方法，因而发现的问题食品尚不能作为执法机关对行政相对人作出行政强制、行政处罚等的直接依据。食品安全监管部门应当对风险监测发现的问题食品，组织相关专家进行调查和分析研判，认为对身体健康和生命安全存在风险的，应及时告知食品生产经营者；同时，对存在食品安全隐患的食品生产经营者开展监督检查、线索核查、执法调查等，重点对其生产经营资质、原料采购、生产环境、设施设备、生产工艺、制度落实等进行执法检查，根据检查结果决定是否立案，对经查实的违法行为应依法查处。

风险监测发现可能存在食品安全苗头性问题的，特别是发现掺杂掺假、非法添加等具有系统性、区域性、潜规则性的食品安全问题的，县级以上地方人民政府应当研究开展行政区域范围内的专项整治，避免危害的发生或扩大。即使风险监测结果并未有确凿证据证实存在食品安全问题，只是表明可能存在食品安全隐患的，县级以上地方人民政府也应当视情启动通报和调查程序以防患于未然。例如 2012 年 6 月，国家食品安全风险监测发现某著名乳粉企业生产的婴幼儿配方乳粉产品汞含量异常，尽管我国没有婴幼儿配方乳粉汞限量标准，不能将涉事产品判定为不合格食品，但考虑到汞的毒性、消费人群的敏感性、产品覆盖的广泛性，经综合研判认为涉事产品有较大的健康风险，需要立即采取风险控制措施。涉事企业在收到上述信息后，紧急召回涉事产品，并立即对所有产品进行排查、自检、送检，积极查验原因，妥善处理，确保食品安全后才恢复产品的常态化生产。

第三节　食品安全监督抽检

一、监督抽检的原则和重点

监督抽检工作必须按照法律法规和相关标准规定的程序和要求进行，否则会影响随后的不合格食品信息公示、核查处置、行政处罚等活动。监督抽检遵循以下主要原则：一是合法性，承担抽检的机构和人员的资质、采用的操作规程、检验结果的评判方法、检验报告的出具形式等必须符合有关法律、法规、规章、标准和技术规范等的要求；二是客观性，被抽检的样品能真实反映其内在质量安全属性，被检测的污染物和有害因素没有受到外来污染和人为污染，检测结果能客观反映样品在抽样时的真实情况；三是代表性，被抽检的个体样品能真实反映其所代表的整体产品的质量安全水平；四是典型性，在食物中毒、食品污染等食品安全事故调查中，需要第一时间对典型样品或典型部位进行采样检测，充分说明被检测样品、场所和环境是否受到污染或者产品是否存在掺假掺杂等。

由于监督抽检以问题为导向，尽可能发现不合格食品以消除隐患，同时要考虑到对婴幼儿等敏感人群的保护，因而在制定食品安全监督抽检计划时，应针对食品安全问题突出的场所、食品类别和项目等，确定各类食品和项目的抽检场所、频次和数量等。根据规定，以下食品应当作为实施食品安全监督抽检计划的重点：一是风险程度高及风险水平呈上升趋势的食品；二是流通范围广、消费量大、消费者投诉举报多的食品；三是风险监测、监督检查、专项整治、案件稽查、事故调查、应急处置等工作表明存在较大隐患的食品；四是专供婴幼儿、孕妇、老年人等特定人群的主辅食品；五是学校和托幼机构食堂以及旅游景区餐饮服务单位、中央厨房、集体用餐配送单位经营的食品；六是有关部门公布的可能违法添加非食用物质的食品；七是已在境外造成健康危害并有证据表明可能在国内产生危害的食品。

二、监督抽检的程序和要求

（一）监督抽检的程序

执行监督抽检要体现公平、公正和公开。一是承担抽样任务的机构不得提前通知被抽样的食品生产经营者，现场抽样人员不得少于 2 人，被抽样者对抽样过程有异议的，可按有关规定提出异议。二是实施"抽""检"分离。食品安全监管部门负责抽样任务，可以委托专业执法机构或检验机构负责。检验任务必须由依法取得资质认定的食品检验机构负责。抽样人员与检验人员不得为同一人。三是实施"双随机、一公开"抽样。随机选择执行抽样的专业机构（人员）和被抽样的食品生产经营者（食品）。四是监督抽检结果和不合格食品核查处置等信息及时向社会公示。五是风险监测、案件稽查、事故调查、应急处置中的抽样，不受抽样数量、抽样地点、被抽样单位是否具备合法资质等限制。特别是当发生食品安全事故时，应立即赶赴现场，及时采样并送检。

（二）监督抽检的技术要求

监督抽检是一项程序性和技术性很强的工作，其结果直接关系到产品合格性判定及后续的执法办案，因此监督抽检在程序上和技术上有很严格的要求。一是样品的种类、数量和来源等应符合监督抽检计划的规定，不得由被抽样单位自行提供样品。二是样品应在保质期内，确保样品包装完整、无破损、未被污染。涉及散装食品微生物检验的样品，需要严格做到无菌采样，并及时送检。三是抽样人员应当保存购物票据，并对抽样场所、贮存环境、样品信息等通过拍照或者录像等方式留存证据。特别是通过网络抽样时，应保证样品的真实性和有效性，抽样人员应当通过截图、拍照或者录像等方式记录被抽样网络食品生产经营者信息、样品网页展示信息，以及订单信息、支付记录等。四是对有特殊贮存和运输要求的样品，抽样人员应当采取相应措施，保证样品贮存、运输过程符合国家相关规定和包装标示的要求，不发生影响检验结论的变化。五是样品应严密包装，避免交叉污染。严格按照样品的物理、化学、生物学等特性，或者其标签标识上注明的储运条件进行运输和保存，确保检验结论的真实、稳定、可靠。

为保证监督抽检的准确性和结果判定的适用性，以下情形不予抽样：一是被抽样的食品基数不符合监督抽检实施细则要求的；二是食品标签、包装、说明书上标有"试制"或者"样品"等字样的；三是有充分证据证明拟抽检的食品为被抽样单位全部用于出口的；四是食品已经由食品生产经营者自行停止经营并单独存放、明确标注进行封存待处置的；五是超过保质期或已腐败变质的；六是法律、法规和规章规定的其他情形。

（三）监督抽检的样品检验

食品安全监督抽检应当采用食品安全标准规定的检验项目和检验方法。没有食品安全标准的，应当采用依照法律法规制定的临时限量值、临时检验方法或者补充检验方法。在风险监测、案件稽查、事故调查、应急处置等工作中，在没有前述规定的检验方法的情况下，可以采用其他检验方法分析查找食品安全问题的原因。所采用的方法应当遵循技术手段先进的原则，并取得国家或者省级市场监管部门同意。具体执行时可以适当简化抽样程序，以提高问题发现效率。

检验报告不仅能客观表征食品安全状况，也是监管部门执法的重要依据。食品安全检验实行检验机构与检验人负责制。检验机构出具的食品安全检验报告应当数据准确、结论科学，不得出具虚假检验报告。检验报告应当加盖检验机构公章和中国计量认证（China Metrology Accreditation，CMA）章，并有检验人的签名或者盖章后才具有法定证明作用。

检验结果应当依据食品安全国家标准、食品安全地方标准以及国家卫生健康委员会公告、农业农村部公告等进行判定。检验结论表明样品不合格的，检验机构和监管部门应当及时向食品生产经营者通报。特别是当不合格食品可能对身体健康和生命安全造成严重危害时，应当在确认结果后立即报告或者通报。所谓"对身体健康和生命安全造成严重危害"，是指食品中包含违法添加的非食用物质，检出致病性微生物、农药残留、兽药残留、生物毒素、重金属等污染物质以及其他危害人体健康的物质含量严重超过食品安全标准限量的食品、食品添加剂，如乳制品中检出非食用物质三聚氰胺、即食糕点中检出致病性沙门氏菌、花生油中黄曲霉毒素 B_1 严重超标、酱卤肉中亚硝酸盐严重超标等。

如何判定食品中检出的某种物质是人为添加的还是存在本底污染，关系到后续的产品定性、风险防控和案件办理。例如，监督抽检发现某品牌面粉中检出铝含量为 10 mg/kg（干样品，以 Al 计），根据 GB 2760—2014《食品安全国家标准 食品添加剂使用标准》的规定，不能在面粉中人为添加含铝添加剂，但考虑到铝元素在自然界中广泛存在，仅凭上述铝含量还难以判定其是本底残留还是人为添加的。这时就需要执法人员对产品原料和工艺进行全面、系统检查，查实存在人为添加含铝添加剂的证明，比如是否有企业采购过含铝添加剂的账目、添加含铝添加剂的生产记录等，而不能仅根据面粉中检出铝就判定涉事产品为不合格食品。当然，如果面粉中铝检出值明显大于本底值，企业违规添加的可能性就更大。另外，我国食品安全国家标准对一些不存在本底污染的非食用物质规定为不得检出，即要求在目前标准方法检测灵敏度条件下不得检出，如检出即为不合格食品，或者可以推断存在非法添加。

对于微生物指标抽检不合格的情形，需要分析问题产生的原因，查清责任所在。例如，在超市抽检发现某品牌预包装熟肉制品中检出菌落总数不符合 GB 2726—2016《食品安全国家标准 熟肉制品》的规定，其判定结论为不合格。按照法律关于禁止生产经营不符合食品安全标准的食品的规定，可以直接对超市进行行政处罚。但从风险防控和责任追究方面考虑，还需要对菌落总数超标原因进行进一步调查分析。如需要查明是生产企业环境卫生不佳、从业人员操作不规范导致的，还是熟肉制品运输过程中没有严格执行冷链措施导致的，抑或是超市进货后没有按所需冷藏温度要求妥善贮存导致的等，就需要监管执法人员具有较高的专业技术水平。

食品生产经营者对监督抽检检验结论有异议的，可以自收到检验结论之日起7个工作日内，向实施监督抽检的市场监管部门或者其上一级市场监管部门提出书面复检申请。向国家市场监督管理总局提出复检申请的，国家市场监督管理总局可以委托复检申请人住所地省级市场监管部门负责办理。逾期未提出的，不予受理。但对于检验结论为微生物指标不合格的、复检备份样品超过保质期或在食品标签标注的存储条件下发生变质的、逾期提出复检申请的等情形，不予复检。复检申请受理部门应该从国家规定的复检机构名单中，遵循便捷高效的原则随机选择复检机构。复检机构不得与初检机构为同一机构，采用与初检机构一致的检验方法进行复检的，出具的复检结论为最终检验结论。食品生产经营者对抽样过程、样品真实性、检验方法、标准适用等事项有异议的，可以依法提出异议处理申请。异议处理申请应当以书面形式被提出，并提交相关证明材料。

三、监督抽检的核查处置和信息发布

（一）监督抽检的核查处置

核查处置和信息发布是食品安全监督抽检工作链条中的关键环节，直接决定了风险防控效果。核查处置和信息发布工作由市场监管部门依法依规施行。食品生产经营者在收到监督抽检不合格检验结论后，应当履行食品安全第一责任人义务，立即采取封存不合格食品，暂停生产、经营不合格食品，通知相关生产经营者和消费者，召回已上市销售的不合格食品等风险控制措施，排查不合格原因并进行整改，及时向住所地市场监管部门报告处理情况，积极配合市场监管部门的调查处理，不得拒绝、逃避，以防止不合格食品扩散带来的风险。在复检和异议期间，食品生产经营者不得停止履行法律规定的义务。食品生产经营者未主动履行的，市场监管部门应当责令其履行。特别是在国家利益、公共利益需要，或者为处置重大食品安全突发事件时，经省级以上市场监管部门同意，可以由省级以上市场监管部门组织调查分析或者再次抽样检验，查明不合格原因。食品生产经

营者对不合格原因的排查整改应当体现全面性和精准性，着重从原辅料质量控制、生产经营过程控制、环境清洁消毒、食品添加剂使用、产品出厂检验等方面查找并整改。

需注意，食品生产经营者采取风险控制措施、履行主体责任和市场监管部门依职权行使监管职能并行不悖，不能混淆。市场监管部门应当对不合格食品及时启动核查处置工作，督促食品生产经营者履行法定义务，依法开展调查处理和风险防控；对食品生产经营者开展的原因排查和问题整改给予必要的行政指导，责令其限期提供整改报告，并对不合格食品召回和整改情况进行评估和复核；对抽检不合格的食品生产经营情况进行调查取证，符合立案条件的，依法给予立案查处，确保食品安全监管责任有效落实。

（二）监督抽检的信息发布

近年来，各级市场监管部门依法组织开展食品安全监督抽检，并通过政府网站及官方媒体等定期公布监督抽检结果、风险控制措施和不合格食品核查处置信息，便于公众提高食品安全认知水平和安全消费水平。监督抽检结果内容包括监督抽检产品合格信息和不合格信息，具体有被抽检食品的名称、规格、商标、生产日期批号、标称生产企业信息、不合格项目、检验结果等。风险控制措施内容包括抽检基本情况，启动核查处置情况，企业主动或责令企业开展的下架、封存、召回等措施等信息。不合格食品核查处置内容包括抽检基本情况、原因排查情况、企业整改情况、行政处罚情况等信息。公示的相关信息应按照要求记入食品生产经营者信用档案。食品安全监督抽检信息对公共利益可能产生重大影响的，应当在信息公布前加强分析研判，加强对不合格指标的科学解读，提出科学合理的风险预警和消费提示。任何单位和个人不得擅自发布、泄露市场监管部门组织的食品安全监督抽检信息。

目前，由于食品消费量大、消费人群众多，仍存在消费者获取食品安全信息不便利等问题。为方便消费者现场了解抽检结果，增强消费者的感知度，推动食品生产经营者履行食品安全主体责任，采用食品监督抽检结果现场公示的方法将发挥更好的作用。根据规定，食品经营者在收到监督抽检不合格检验结论后，应当在被抽检经营场所显著位置，采用电子屏、宣传栏、公告牌等形式，公示相关不合格产品信息以及相关风险控制措施、核查处置情况和销售者承诺等，不得公示其他误导消费者的信息。

　　调查中发现涉及其他部门职责的，应当将有关信息通报相关职能部门，这样有利于实现食品安全信息的统筹管理和综合利用，实现互联互通和资源共享，有利于及时研究分析食品安全状况，有利于对食品安全问题做到及早发现、及早解决，实现全链条防控食品安全风险。一是通报卫生行政部门，有利于卫生行政部门在获知食品安全风险信息后，及时调整国家食品安全风险监测计划，组织开展食品安全风险评估。二是通报农业农村部门。目前，食用农产品的不合格项目主要为农药残留和兽药残留，问题根源主要在于种植养殖环节不规范使用农药兽药，农业农村部门获知后便于从源头上进行监管。三是移送公安部门。发现不合格食品涉嫌食品安全犯罪的，应当按照行政执法与刑事司法衔接有关规定及时移送公安机关。

第四节　食品安全评价性抽检

一、评价性抽检的背景和要求

　　《意见》将评价性抽检合格率作为一个地区食品安全水平的"晴雨表"，适合作为全国统一的客观、科学、公正、透明的食品安全状况评价指标。各地区、各部门在贯彻落实《意见》、制定食品安全"十四五"规划、评价食品安全状况时，也设置了本地区或本部门的食品抽检量和抽检合格率的目标。但是，各地区、各部门由于抽检的食品种类、检验项目、样品来源、样品构成等不同，食品抽检合格率难以进行平行比较，难以科学反映食品安全现状、食品安全监管和治理效果。特别是部分地区将基于问题导向的监督抽检数据纳入合格率统计，而监督抽检要求加大对问题食品和项目的抽检力度，这样就造成了食品抽检合格率相对偏低，影响了地区乃至国家对食品安全状况的客观评价。

　　作为近年来发展起来的一种新的抽检方式，评价性抽检目前仍在不断完善之中，国家还没有发布评价性抽检的具体程序和内容要求。《食品安全抽样检验管理办法》规定，评价性抽检所使用的检验方法、判定依据同监督抽检一样，需要符合食品安全相关标准要求，可以对样品检验结果作出合规判定。对于不合格食品，可以参照监督抽检进行社会公示和后续处置。评价性抽检作为对市场上食品安全总体状况进行评估、客观反映食品安全状况的重要手段，需要配备一套完备、科学、严谨的标准和规则。

二、评价性抽检的主要做法

上海市在建立和完善评价性抽检体系方面进行了积极探索，初步开展了评价性抽检的技术规范和模型研究。评价性抽检要实现预期目标，就必须在抽检方案设计、样品采集、项目检验、结果统计等方面均要按照一定的规则执行。在评价性抽检方案设计上，要根据居民各类食品膳食摄入量等因素科学、合理地确定被评价的食品种类，根据食品安全标准中的重点指标确定检验项目，根据食品生产、流通和消费情况科学制定抽样食品样本量、样品来源区域和抽样比例等。评价性抽检作为食品安全状况评判的工具和手段，需要综合多个层次、多个角度、多个因素进行数学建模，以实现对食品安全状况的科学、客观评价。

（一）评价性抽检样品数量及其分配

科学确定各类食品的样本量是保障评价性抽检科学性、代表性的基础。在样本量的确定过程中，需要至少考虑三个因素，即期望的抽样误差、居民食品消费量和食品来源渠道。一是抽样误差的影响。在随机抽样中，偶然因素的存在使被抽取样品不完全代表总体样品而导致抽样误差。为保证评价性抽检样品数量在最经济的情况下尽可能地真实反映实际的食品抽检合格率，可参考往年大样本食品抽检不合格率，明确抽样误差并设置合理的置信水平（95%），通过构建模型将抽样误差纳入对评价性抽检样品数量的估算。二是居民食品消费量因素。居民食品消费量与该食品所含污染物或有害因素对消费者健康影响呈正相关。当两种食品中的污染物危害程度相似时，在不考虑其他条件的影响下，人均消费量较高的食品对人群产生的负面影响更大。因此，评价性抽检模型需要考虑每种食品在居民日常生活中的消费量。三是食品来源渠道因素。食品消费来源一般分为生产环节、流通环节、餐饮环节以及相应的次级渠道，三个环节以及次级渠道上食品生产经营企业及其食品供应数量的占比，大致决定了所要采集的食品样品在各个环节和次级渠道上的样品分配量。

（二）评价性抽检结果的分析

不同食品种类、不同污染物对人体危害程度不同，食品中黄曲霉毒素、有毒重金属超标所带来的危害一般比普通食品添加剂超标更为严重。因此，在评价性抽检的结果分析模型中，要根据不同项目的危害程度加以区分并赋予不同权重。一是形成标化合格率。首先对各类食品、各类项目的合格率进行分层分类统计，从不同维度全面反映食品安全状况。然后不同食品、不同项目的合格率根据其对人体危害程度赋予不同权重后进行标化，形成在时间、区域、行业等方面具有一定可比性的标化合格率。二是开展食品安全综合风险指数评价。充分考虑居民食品消费量、污染物危害程度、抽检不合格率这三方面因素，建立可以用于比较不同时间、不同区域、不同行业食品安全水平的综合风险指数评价模型。其中，污染物危害程度可通过综合毒性分级指标（LD_{50}）、每日或每周允许摄入量（ADI/PTWI）[①]、特殊毒性作用（如致畸性、致癌性、致突变性和生殖发育毒性等）等进行赋值和分级（如划分为 5 个等级）。上述三方面因素的数值越大，综合风险指数就越高，食品安全状况就越差。

（三）评价性抽检模型的运用

一是科学真实，代表性抽样。科学设定评价性抽检品种和项目，统一抽样规则和检验标准，在预先设置的评价性抽检模型下，随机确定抽样区域和场所，抽样范围涵盖食用农产品种植养殖和食品生产、流通、消费各环节，并兼顾食品种类、区域产业状况、重点人群和食品消费量特点等。二是科学评价，综合性研判。充分发挥评价性抽检在食品安全工作绩效考核的导向、激励和约束作用，通过对地区食品安全整体状况的评价，考核地区食品安全工作绩效，推动地方政府落实食品安全党政领导干部责任制；通过对评价性抽检发现的突出问题进行分析研判，开展靶向性的食品安全专项整治，提高食品安全专业化治理能力和水平。

第五节　食品安全快速检测

一、快速检测的背景

我国食品行业规模巨大，食品种类繁多，食品生产经营企业大多是 10 人以下的小型企业，特别是作为食品原料的食用农产品，其种植养殖及初加工的主体

---

① ADI 表示每日允许摄入量（acceptable daily intake），PTWI 表示暂定每周耐受摄入量（provisional tolerable weekly intake）。

呈现"小、杂、散"的特点。因此，将数量巨大的食品样品都送到专业实验室进行检测是不现实的，其原因是专业实验室需要配备大型昂贵仪器和专业人员，实验室设置数量有限。近年来，我国不断加大监督抽检力度，取得了明显的成效。监督抽检采用传统的实验室检测方法，尽管其检测结果准确、可靠，但存在一些不足之处，比如：检测周期较长，不能满足鲜奶、蛋糕等保质期较短食品的检测要求；检测费用较高，不适合对廉价的、检项较多的蔬菜、水果等的检测要求；检测专业性强，操作过程烦琐，一般企业难以熟练掌握以履行食品安全自检责任。

《食品安全法》第八十八条第二款规定："采用国家规定的快速检测方法对食用农产品进行抽查检测，被抽查人对检测结果有异议的，可以自收到检测结果时起四小时内申请复检。复检不得采用快速检测方法。"第一百一十二条第一款规定，县级以上人民政府食品安全监管部门在食品安全监管工作中可以采用国家规定的快速检测方法对食品进行抽查检测。第一百一十二条第二款规定："对抽查检测结果表明可能不符合食品安全标准的食品，应当依照本法第八十七条的规定进行检验。抽查检测结果确定有关食品不符合食品安全标准的，可以作为行政处罚的依据。"《食用农产品市场销售质量安全监督管理办法》第十二条第二款规定："销售者无法提供食用农产品产地证明或者购货凭证、合格证明文件的，集中交易市场开办者应当进行抽样检验或者快速检测；抽样检验或者快速检测合格的，方可进入市场销售。"

二、快速检测的分类

食品安全快速检测一般分为实验室快速检测和现场快速检测。实验室快速检测着重于优化仪器设备、采用先进方法、改变样品前处理方式等，以实现多组分、大通量、高效率的可疑样品筛检为目标，如目前应用比较广泛的兽药残留酶联免疫吸附法、霉菌毒素免疫亲和柱法等。实验室快速检测的周期需要视样本和项目种类而定，但检测时间一般明显短于传统的实验室检测。现场快速检测着重于将实验室标准检测方法进行合理的优化改进，化繁为简，尽量利用各种手段，甚至在损失一定的准确性的前提下，提高样品在现场检测时的便捷程度。

食品安全快速检测还可以分为定性快速检测、半定量快速检测和定量快速检测。定性快速检测的结果可以直接用于样品是否合格的判定，常用于非食用物质、禁用物质（如罂粟成分、"瘦肉精"等）的筛检，通常可以在现场完成。半定量和定量快速检测常用于国家标准中允许使用或天然存在但有限量要求的项目，如食品添加剂、重金属等。其中，大部分定量快速检测可以在实验室完成，部分简单的项目可以在现场进行快速检测。

由于受到检测技术和环境条件的限制，目前能够开展快速检测尤其是现场快速检测的食品种类和项目还比较有限。应用场景主要包括重大活动保障、食物中毒病因筛查、掺杂掺假专项整治、食品企业 HACCP 体系关键点控制等方面。快速检测呈阳性以及检测结果接近指标限量值的，应当进行现场复测，以尽量排除偶然误差，但最终结果还是以实验室出具的检验结果为准。

三、快速检测主要技术

（一）化学比色分析法

化学比色分析法是指根据食品中待测成分的化学特点，将待测成为进行化学反应，使待测成分与特定试剂发生特异性显色反应后，通过与标准品比较颜色或者在一定波长下与标准品比较吸光度值来得到最终结果。该法是目前应用比较普遍与成熟的一种快速检测方法，其中采用试剂或试纸的方式已经广泛应用于各类食品安全快速检测中。

（二）酶联免疫吸附法（enzyme linked immunosorbent assay，ELISA）

酶联免疫吸附法是一种以酶为标记物的免疫分析方法。它是指将酶标记在抗体/抗原分子上，形成酶标抗体/酶标抗原，即酶结合物，将抗体/抗原反应信号放大，提高检测灵敏度，之后酶作用于能呈现颜色的底物，通过仪器或肉眼进行辨别。该法是目前应用较为广泛的快速检测方法之一，常用于检测兽药残留、生物毒素等。

（三）免疫胶体金法

免疫胶体金法是指将特异的抗体交联到试纸条上和有颜色的物质上，试纸条上有一条保证试纸条功能正常的控制线和一条显示结果的测试线，当试纸条上抗体和特异抗原结合后，再和带有颜色的特异抗原进行反应时，就形成了带有颜色的"三明治"结构，并且固定在试纸条上，如没有待测抗原，则不产生颜色。该法常用于检测生物毒素、农药残留、兽药残留以及转基因食品的现场初筛。

（四）生物芯片法

生物芯片主要包括免疫芯片和基因芯片。免疫芯片是一种特殊的蛋白质芯片，对于芯片上的探针蛋白，可根据检测目标的不同选用抗体、抗原、受体等具有生物活性的蛋白质。在芯片上的探针点阵通过特异性免疫反应捕获样品中的靶蛋白后，利用专用激光扫描系统和软件进行图像扫描即可出具检测结果。基因芯片是按照预定位置固定在固相载体上很小面积内的千万个核酸分子所组成的微点阵阵列。在一定条件下，固相载体上的核酸分子可以与来自样品的序列互补的核酸片段杂交。如果对样品中的核酸片段进行标记，在专用的芯片阅读仪上就可以检测到杂交信号。生物芯片具有高通量、自动化、高灵敏度和多元分析等优点，常用于抗生素、致病菌、病毒、真菌毒素等的实验室筛检。

（五）生物发光法

三磷酸腺苷（adenosine triphosphate，ATP）是细胞的基本能量供应单位。生物发光法是指利用细胞裂解液将细胞内的 ATP 释放，然后使用萤光素和萤光素酶与之反应，反应体系以荧光的形式释放出能量，荧光的强度就代表 ATP 的量，从而推断出待测食品中的细胞数量，间接判断其中微生物污染程度。该法具有检测灵敏度高、检测时间短、容易操作的特点，在日常食品安全监管和重大活动保障中常作为清洁度指标的快速检测方法而得到广泛应用。

四、快速检测产品评价与方法选择

随着政府、社会、企业对食品安全快速检测的意识不断增强，对食品安全快速检测工作的日益重视，国内外各种食品安全快速检测技术和方法的研发以及仪器设备、试剂耗材的生产营销迈进了快速发展阶段。新仪器、新试剂、新方法的不断涌现和更新为使用者提供更大选择空间的同时，也为他们如何正确、合理选择符合自身工作要求的产品和方法带来一定的困惑。因此，应按照《市场监管总局关于规范食品快速检测使用的意见》（国市监食检规〔2023〕1号）的规定，严格遵循食品快速检测结果验证规范和食品快速检测产品符合性评价程序，通过盲样测试、平行送实验室检验等方式对正在使用和拟采购的快速检测产品进行评价。评价结果显示不符合国家相应要求的，要立即停止使用或者不得采购。对于食品安全快速检测方法选择，主要考虑其技术性指标和操作性指标，具体内容如下。

（一）技术性指标

一是灵敏性。灵敏性是指快速检测方法对样品不合格项目的检出能力，是快速检测方法首要考虑的技术性指标。快速检测方法只有达到一定的灵敏度，才能保证不合格项目被发现而不漏检，但也不必追求过高的灵敏度而导致假阳性结果增多，应针对不同食品中污染物或有毒有害物质限量要求选择合适的快速检测方法。二是特异性。特异性是指快速检测方法对样品合格项目的确认能力。快速检测方法只有达到一定的特异度，才能保证合格项目不被错判为不合格项目。另外，一种快速检测方法最好只针对所检测项目产生特异性结果，其他非检测项目对检测结果无干扰或无影响。三是稳定性。稳定性是指快速检测方法对样品检测结果稳定，重现性好，体现在不同时间、不同地点、不同人员对同一样品快速检测结果有较好的一致性。另外，稳定性还表现在一种快速检测产品在有效期内，在不同时间和不同环境温度下对同一样品检测结果的相对一致性。

（二）操作性指标

一是便捷性。在从样品制备到实验操作再到结果判读的整个过程中，非专业普通工作人员能够方便操作并快速完成。二是经济性。由于快速检测经常针对大量样本，因而单件快速检测的成本不能太高，否则使用单位难以承受长期性或广泛性筛检带来的经费支出。三是适用性。原则上，一种快速检测方法可以通过不同的食品前处理方式对尽可能多的食品种类进行某一项目的筛检，以体现快速检测方法的普适性。

五、快速检测的工作要求

食品安全快速检测主要适用于需要在短时间内显示结果项目的快速检测，如禁限用农兽药、饲料以及动物饮用水中的禁用药物、非法添加物质、生物毒素等，主要针对食用农产品、散装食品、餐饮食品、现场制售食品，对于预包装食品，原则上以常规实验室检验为主。食品安全监管部门在日常监管、专项整治、活动保障等的现场检查工作中，可以根据实际情况使用快速检测方法进行抽查检测。但是在准确性考量方面，食品安全快速检测不能替代食品检验机构利用常规实验室仪器设备开展的食品检验。

现场快速检测结果呈阳性的，被抽查食用农产品经营者应暂停销售相关产品，食品安全监管部门应及时跟进监督检查和抽样检验，防控风险。被抽查食用农产品经营者对快速检测结果无异议的，食品安全监管部门应依法处置；对快速检测结果有异议的，可以自收到或应当收到检测结果时起4 h内申请复检。复检不得采用快速检测方法。餐饮服务环节如发现快速检测样本为阳性的，应尽快停止可疑食品的进货、加工和供应，及时查找原因并报告食品安全监管部门。对于检测指标稳定的阳性样品，可以将其平行样尽快送至有食品检验资质的实验室，采用国家标准的检测方法进行确认。

自2004年起，上海市食品安全监管部门为提高监管执法的专业能力和效率，开展了食品安全快速检测方法研究和应用，加强了食品安全快速检测技术评价，形成了一批灵敏、准确、便捷、可靠的食品安全快速检测方法，科学制定了食品安全快速检测标准和规范，逐渐形成了简易实验室、快速检测车、快速检测仪器、快速检测试剂"四位一体"的快速检测工作体系。同时，将快速检测纳入了食品安全基层监管机构标准化建设规范，并与基层科普宣传工作融为一体。快速检测作为监督员的一项基本技能，每年开展规范化培训，定期组织食品安全快速检测技能演练和竞赛。2021年，上海市食品安全监管部门共组织开展约127万项次快速检测，快速检测阳性数为5 047项次，项次阳性率为0.4%。快速检测的开展为食品生产经营过程卫生评价、食物中毒原因快速筛查、重大活动食品安全保障、食品非法添加的执法办案等提供了重要的技术手段。上海市食品安全基层监管机构开展的主要快速检测项目见表8-2。

表8-2 上海市食品安全基层监管机构开展的主要快速检测项目

检测类别	检测对象	检测指标	检测品种	方法类型	检测方法	检测时长
生产经营过程卫生	环节	ATP	手面、餐饮具等	仪器法	荧光光度法	2 min
	食用油	极性组分	煎炸油	仪器法	电导率测定法	2 min
	消毒液	有效氯	含氯消毒液	试纸法	碘化钾显色法	2 min
食品品质质量指标	食用油	酸价	植物油	试纸法	显色反应法	3 min
	食用油	过氧化值	植物油	试纸法	显色反应法	3 min
	食用盐	碘含量	加碘盐	试剂法	玫瑰红比色法	3 min
	饮用水	电导率	纯净水	仪器法	电导率测定法	3 min

续　表

检测类别	检测对象	检测指标	检测品种	方法类型	检测方法	检测时长
污染物和有害因素	水发产品	甲醛	牛百叶、豆制品	试剂法	AHMT 显色法	5 min
	干制蔬菜	二氧化硫	金针菇、黄花菜	试剂法	碘试剂滴定法	10 min
	液态食品	砷	饮料等	试剂法	检砷管法	10 min
食物中毒指标	蔬菜水果	有机磷农药	叶类蔬菜等	仪器法	胆碱酯酶抑制法	5 min
	食用盐	亚硝酸盐	食用盐	试剂法	重氮偶联显色法	3 min
	酒类	甲醇	白酒	仪器法	旋光法	10 min
	肉及肉制品	"瘦肉精"	畜肉	试剂法	免疫胶体金法	10 min
非法添加、掺杂掺假	肉制品等	硼砂	肉丸、粉丝等	仪器法	姜黄素显色法	30 min
	面制品	硫酸铝钾	面粉、油条等	试剂法	铬天青显色法	30 min
	食用菌	荧光增白剂	蘑菇	仪器法	紫外线照射法	3 min
	餐饮食品	吗啡	火锅汤（底料）	试剂法	免疫胶体金法	10 min
	保健食品	酚酞	减肥类	试剂法	碱性试液显色法	3 min
	保健食品	西地那非	壮阳、抗疲劳类	试剂法	三硝基苯酚显色法	3 min

第九章　食品标签及广告

第一节　食品标签管理

市场销售的食品按照包装形式分为预包装食品和散装食品。预包装食品是指预先包装或者制作在包装材料和容器中的食品，包括预先定量包装以及预先定量制作在包装材料和容器中，并且在一定量限范围内具有统一的质量或体积标识的食品。散装食品是指无预先定量包装，需称重销售的食品，包括无包装和带非定量包装的食品。我国法律法规对预包装食品标签和散装食品标签的要求不同，以下主要介绍预包装食品标签的相关内容。

一、食品标签的基本要求

（一）食品标签应符合法律法规规定，并符合相应食品安全标准要求

《食品安全法》规定，预包装食品包装上的标签应当标明名称、规格、净含量、生产日期，成分或者配料表，生产者的名称、地址、联系方式，保质期，产品标准代号，贮存条件，所使用的食品添加剂在国家标准中的通用名称，生产许可证编号以及法律法规或者食品安全标准规定应当标明的其他事项。对于专供婴幼儿和其他特定人群的主辅食品，其标签还应当标明主要营养成分及其含量。散装食品的容器和外包装上应当标明食品的名称、生产日期或者生产批号、保质期以及生产经营者的名称、地址、联系方式等内容。

食品安全国家标准对预包装食品标签有明确规定，例如 GB 7718—2011《食品安全国家标准　预包装食品标签通则》对预包装食品标签要求进行了统一规定；GB 28050—2011《食品安全国家标准　预包装食品营养标签通则》对预包装食品营养标签进行了规定；GB 13432—2013《食品安全国家标准　预包装特

殊膳食用食品标签》对预包装特殊膳食用食品标签进行了规定。部分特定食品类别的食品安全国家标准也对该类食品标签内容进行了规定，例如 GB 10765—2010《食品安全国家标准 婴儿配方食品》规定"标签上不能有婴儿和妇女的形象，不能使用'人乳化''母乳化'或近似术语表述"。另外，食品标签上的有关内容也要符合《中华人民共和国广告法》（以下简称《广告法》）、《中华人民共和国商标法》、《认证证书和认证标志管理办法》等法律法规的规定。

（二）预包装食品标签内容应当真实，易于辨认和识读

预包装食品标签应清晰、醒目、持久，应使消费者购买时易于辨认和识读；内容应通俗易懂、有科学依据，不得标示封建迷信、色情、贬低其他食品或违背营养科学常识的内容。

预包装食品标签的作用是向消费者传递食品的真实信息，应真实、准确，不得以虚假、夸大、使消费者误解或欺骗性的文字、图形等方式介绍食品，也不得利用字号大小或色差误导消费者；不应直接或者以暗示性的语言、图形、符号，误导消费者将购买的食品或食品的某一性质与另一产品混淆；不应标注或者暗示具有预防、治疗疾病作用的内容，非保健食品不得明示或者暗示具有保健作用。

（三）预包装食品标签文字应符合相关要求

预包装食品标签应使用规范的汉字（商标除外）。具有装饰作用的各种艺术字，应书写正确，易于辨认。可以同时使用拼音或少数民族文字，拼音不得大于相应汉字。可以同时使用外文，但应与中文有对应关系（商标、进口食品的制造者和地址、国外经销者的名称和地址、网址除外），所有外文不得大于相应的汉字（商标除外）。当预包装食品包装物或包装容器最大表面面积大于 35 cm^2 时，强制标示内容的文字、符号、数字的高度不得小于 1.8 mm。

（四）预包装食品标签应真实反映包装内多品种信息

若预包装食品的一个销售单元的包装中含有不同品种、多件独立包装且可单独销售的食品，每件独立包装的食品标识应分别标注。若外包装易于开启识别或者透过外包装物能清晰地识别内包装物（容器）上的所有强制标示内容或部分强制标示内容，可不在外包装物上重复标示相应的内容，否则应在外包装物上按要求标示所有强制标示内容。

二、食品标签的主要内容

（一）直接向消费者提供的预包装食品标签标示内容

直接向消费者提供的预包装食品标签应标示食品名称，配料表，净含量和规格，生产者和（或）经销者的名称、地址和联系方式，生产日期和保质期，贮存条件，食品生产许可证编号，产品标准代号及其他需要标示的内容。

食品名称应在预包装食品标签的醒目位置，应清晰地标示反映食品真实属性的名称，应使用不使消费者误解或混淆的名称。如标示"新创名称""奇特名称""音译名称""牌号名称""地区俚语名称"或"商标名称"，应在所示名称的同一展示版面标示反映食品真实属性的专用名称，该专用名称不能因字号和颜色让消费者误解。

预包装食品标签上的配料表应以"配料"或"配料表"为引导词。当加工过程中所用的原料已改变为其他成分（如酒、酱油、食醋等发酵产品）时，可用"原料"或"原料与辅料"代替"配料"或"配料表"。各种配料应按制造或加工食品时加入量的递减顺序一一排列，加入量不超过2%的配料可以不按递减顺序排列；对于食品添加剂，应当标示其通用名称；在食品制造或加工过程中加入的水应在配料表中标示，在加工过程中已挥发的水或其他挥发性配料不需要标示；采用可食用的包装物时也应在配料表中标示其原始配料。如在食品标签或食品说明书上特别强调含有或不含有一种或多种有特性的配料或成分，应标示所强调配料或成分的添加量或者在成品中的含量。

辐照食品和转基因食品标签标示内容也应符合相关要求。对于经电离辐射线或电离能量处理过的食品，应在食品名称附近标示"辐照食品"；对于经电离辐射线或电离能量处理过的任何配料，都应在配料表中标明。

（二）非直接提供给消费者的预包装食品标签标示内容

非直接提供给消费者的预包装食品标签应标示食品名称、规格、净含量、生产日期、保质期和贮存条件，其他内容如未在标签上标注，则应在说明书或合同中注明。

（三）营养标签

营养标签是预包装食品标签的一部分，是向消费者提供食品营养信息和特性的说明，包括营养成分表、营养声称和营养成分功能声称。营养成分是指食品中的营养素和除营养素以外的具有营养和（或）生理功能的其他食物成分。营养素是指食物中具有特定生理作用，能维持机体生长、发育、活动、繁殖以及正常代谢所需的物质，包括蛋白质、脂肪、碳水化合物、矿物质及维生素等。蛋白质、脂肪、碳水化合物和钠是营养标签中的核心营养素。

所有预包装食品营养标签强制标示内容包括能量、核心营养素的含量值及其占营养素参考值（nutrient reference value，NRV）的百分比。如标示其他营养成分，应采取适当形式使能量和核心营养素的标示更加醒目。在对除能量和核心营养素外的其他营养成分进行营养声称或营养成分功能声称时，营养成分表中还应标示该营养成分的含量及其占营养素参考值的百分比。对于使用了营养强化剂的预包装食品，营养成分表中还应标示强化后食品中该营养成分的含量值及其占营养素参考值的百分比。当食品配料含有或生产过程中使用了氢化和（或）部分氢化油脂时，营养成分表中还应标示反式脂肪（酸）的含量。

消费者可以通过营养标签了解食用某预包装食品后的摄入营养情况。例如，某品牌牛奶的营养成分表中标示钙含量为 120 mg/100 mL，其 NRV 值为 15%，消费者通过营养标签就能得知，喝了 200 mL 该牛奶，大概能满足一天所需钙含量的 30%。

除强制标示内容外，营养成分表中还可选择标示其他营养成分。对营养素的含量声称和功能声称应当符合 GB 28050—2011《食品安全国家标准 预包装食品营养标签通则》的要求。

（四）特殊膳食用食品标签

特殊膳食用食品是指为满足特殊的身体或生理状况和（或）满足疾病、紊乱等状态下的特殊膳食需求，专门加工或配方的食品，包括婴幼儿配方食品、婴幼儿辅助食品、特殊医学用途配方食品、辅食营养补充品、运动营养食品、孕妇及乳母营养补充食品等。这类食品的营养素和（或）其他营养成分的含量与可类比的普通食品有显著不同。

预包装特殊膳食用食品标签除了要符合 GB 7718—2011《食品安全国家标准 预包装食品标签通则》的要求，还应当符合 GB 13432—2013《食品安全国家标准 预包装特殊膳食用食品标签》的要求。预包装特殊膳食用食品标签不应涉及疾病预防、治疗功能，应符合预包装特殊膳食用食品相应产品标准中标签、说明书的有关规定，不应对 0～6 月龄婴儿配方食品中的必需成分进行含量声称和功能声称。其营养成分表中除标示能量、蛋白质、脂肪、碳水化合物和钠外，还应标示相应产品标准中要求的其他营养成分及其含量。其中，能量或营养成分的标示数值可通过产品检测或原料计算获得。在产品保质期内，能量和营养成分的实际含量不应低于其标示值的 80%，并应符合相应产品标准的要求。例如，某品牌婴儿配方乳粉标签上某种维生素的标示值为 0.24～0.36 mg/100 kJ，如果实测值为 0.190 mg/100 kJ，低于 0.192 mg/100 kJ（标示值 0.24 mg/100 kJ 的80%），就会被判定为不合格；如果实测值为 0.200 mg/100 kJ，虽然低于标示值，但是高于标示值的 80%，也高于 GB 13432—2013 的要求，就不会被判定为不合格。另外，预包装特殊膳食用食品标签应标示该类食品的食用方法、每日或每餐食用量，必要时应标示调配方法或复水再制方法。

（五）其他标示要求

当食品中使用的新资源食品有适宜人群或食用量等要求时，食品标签应进行相应的标示。例如，根据《关于批准人参（人工种植）为新资源食品的公告》，人参（人工种植）作为配料使用时，其名称应标示为"人参（人工种植）"，不应只标示"人参"而遗漏"（人工种植）"，且应标示不适宜人群和食用限量。另外，食品标签应符合相应执行标准的要求。

除强制标示的内容外，标示的其他内容也应当有依据或符合要求，如标示特定的标志或名号时，应当有相应的认证或认定。标示的宣传内容应当符合《广告法》或其他法律法规的要求，不能使用过度化或绝对化的语言文字宣传产品等。另外，保健食品、婴幼儿配方食品、特殊医学用途配方食品等特殊食品的标签、说明书的内容应当和注册或备案的内容一致。

食品标签的各项规定既规范食品生产者对食品属性的说明，又传递食品有关真实信息，同时也是维护消费者、生产者和经营者合法权益的重要依据。如果食品标签标示出现问题，违反相关的法律法规或食品安全标准，那么食品生产者或经营者应当承担相应的法律责任，在受到行政处罚的同时还应承担相应的民事赔偿责任。近年来，通过举报食品标签问题从而获得举报奖励和民事赔偿的职业打假事件层出不穷，职业打假人的存在一方面可以净化市场，进一步规范食品标签标示，另一方面因部分标签瑕疵不涉及食品安全问题而浪费过多资源。因此，《食品安全法》第一百四十八条规定："生产不符合食品安全标准的食品或者经营明知是不符合食品安全标准的食品，消费者除要求赔偿损失外，还可以向生产者或者经营者要求支付价款十倍或者损失三倍的赔偿金；增加赔偿的金额不足一千元的，为一千元。但是，食品的标签、说明书存在不影响食品安全且不会对消费者造成误导的瑕疵的除外。"对不影响食品安全且不会对消费者造成误导的食品标签瑕疵，食品生产者或经营者必须改正，但可以不承担相应的赔偿。

第二节 特殊食品广告监管

食品广告是指通过一定媒介和形式直接或者间接地介绍自己所推销的各种供人食用或者饮用的成品和原料的商业广告。食品广告有利于食品品牌推广、企业形象提升、消费者选择食品。但是食品广告中存在的虚假或夸大宣传等违法违规问题，会对消费者造成误导，需要监管部门和社会各界加强监督。食品广告作为一种商品广告，既要符合广告相关法律法规的基本要求，又要符合食品有关法律法规的要求。食品广告包括普通食品广告和特殊食品广告，后者除要符合普通食品的一般广告要求外，还要符合特殊食品的广告要求。

一、食品广告的基本要求

（一）食品广告的内容应当真实合法

《食品安全法》第七十三条规定，"食品广告的内容应当真实合法，不得含有虚假内容"。食品广告的内容应当与客观事实相符合，如实介绍食品的相关内容，不能进行任何形式的虚假、夸大宣传，也不能滥用艺术夸张而违背真实性原则，不得含有虚假或者引人误解的内容，不得欺骗、误导消费者。食品生产经营者对食品广告内容的真实性、合法性负责。食品广告中对食品的功能、产地、质量、成分、价格、生产者、有效期限、允诺等有表示的，应当准确、清楚、明白。食品广告中表明推销的商品或者服务附带赠送的，应当明示所附带赠送商品或者服务的品种、规格、数量、期限和方式。食品广告内容涉及的事项需要取得行政许可的，应当与许可内容相符合。食品广告使用数据、统计资料、调查结果、文摘、引用语等引证内容的，应当真实、准确，并标明出处。引证内容有使用范围和有效期限的，应当明确表示。食品广告中涉及专利产品或者专利方法的，应当标明专利号和专利种类。

食品广告应当符合《食品安全法》《广告法》和相关法律法规的规定。食品广告不得有以下情形：（1）使用或者变相使用中华人民共和国国旗、国歌、国徽、军旗、军歌、军徽；（2）使用或者变相使用国家机关、国家机关工作人员的名义或者形象；（3）使用"国家级""最高级""最佳"等用语；（4）损害国家的尊严或者利益，泄露国家秘密；（5）妨碍社会安定，损害社会公共利益；（6）危害人身、财产安全，泄露个人隐私；（7）妨碍社会公共秩序或者违背社会良好风尚；（8）含有淫秽、色情、赌博、迷信、恐怖、暴力的内容；（9）含有民族、种族、宗教、性别歧视的内容；（10）妨碍环境、自然资源或者文化遗产保护；（11）法律、行政法规规定禁止的其他情形。食品广告不得损害未成年人和残疾人的身心健康，不得贬低其他生产经营者的商品或者服务。

（二）食品广告的内容不得涉及疾病预防、治疗功能

食品是指各种供人食用或者饮用的成品和原料以及按照传统既是食品又是中药材的物品，但是不包括以治疗为目的的物品。疾病预防、治疗功能是药品应具有的功能，因此《食品安全法》第七十三条规定，食品广告的内容"不得涉及疾病预防、治疗功能"。食品广告不得出现与药品相混淆的用语，不得直接或者间接地宣传治疗作用，也不得借助宣传某些成分的作用明示或者暗示该食品的治疗作用。

（三）特定主体不得以广告或者其他形式向消费者推荐食品

市场监管部门和其他有关部门以及食品检验机构、食品行业协会不得以广告或者其他形式向消费者推荐食品。消费者组织不得以收取费用或者其他牟取利益的方式向消费者推荐食品。市场监管部门和其他有关部门是承担食品生产、销售、餐饮服务各个环节食品安全监管职责的国家机关，食品检验机构是依法对食品进行检验的专业机构，两者作为食品安全监管的权威部门或机构，不能利用自身的优势地位做食品广告。食品行业协会是食品行业非营利性的社会团体法人组织，其职责是面向食品行业开展服务、协调、自律、监督工作。食品行业协会做食品广告会损害它们作为公益机构的中立性，不利于创造公平、公正的市场竞争环境。

广告经营者、发布者设计、制作、发布虚假食品广告，使消费者的合法权益

受到损害的，应当与食品生产经营者承担连带责任。社会团体或者其他组织、个人在虚假广告或者其他虚假宣传中向消费者推荐食品，使消费者的合法权益受到损害的，应当与食品生产经营者承担连带责任。另外，《广告法》第二十条规定："禁止在大众传播媒介或者公共场所发布声称全部或者部分替代母乳的婴儿乳制品、饮料和其他食品广告。"

二、特殊食品广告要求

特殊食品包括保健食品、特殊医疗用途配方食品、婴幼儿配方食品。特殊食品广告中保健食品和特殊医学用途配方食品的广告要由省级市场监管部门审查批准，广告中应当显著标明广告批准文号。

（一）保健食品广告和特殊医学用途配方食品广告的禁止性要求

保健食品和特殊医学用途配方食品的广告不得使用或者变相使用国家机关、国家机关工作人员、军队单位或者军队人员的名义或者形象，或者利用军队装备、设施等从事广告宣传；不得使用科研单位、学术机构、行业协会或者专家、学者、医师、药师、临床营养师、患者等的名义或者形象作推荐、证明；不得违反科学规律，明示或者暗示可以治疗所有疾病、适应所有症状、适应所有人群，或者维持正常生活和治疗病症所必需等内容；不得引起公众对所处健康状况、所患疾病产生不必要的担忧和恐惧，或者有使公众误解不使用该产品会患某种疾病或者加重病情的内容；不得含有"安全""安全无毒副作用""毒副作用小"，明示或者暗示成分为"天然"，因而安全性有保证等内容；不得含有"热销、抢购、试用""家庭必备、免费治疗、赠送"等诱导性内容，"评比、排序、推荐、指定、选用、获奖"等综合性评价内容，"无效退款、保险公司保险"等保证性内容，怂恿消费者任意、过量使用保健食品和特殊医学用途配方食品的内容；不得含有医疗机构的名称、地址、联系方式、诊疗项目、诊疗方法以及有关义诊、医疗咨询电话、开设特约门诊等医疗服务的内容。

（二）保健食品广告

保健食品广告的内容应当以市场监管部门批准的注册证书或者备案凭证、注册或者备案的产品说明书内容为准，不得涉及疾病预防、治疗功能。保健食品广告涉及保健功能、产品功效成分或者标志性成分及含量、适宜人群或者食用量等内容的，不得超出注册证书或者备案凭证、注册或者备案的产品说明书范围。保健食品广告应当显著标明"保健食品不是药物，不能代替药物治疗疾病"，声明本品不能代替药物，并显著标明保健食品标志、适宜人群和不适宜人群。

（三）特殊医学用途配方食品广告

特殊医学用途配方食品广告的内容应当以国家市场监督管理总局批准的注册证书和产品标签、说明书为准。特殊医学用途配方食品广告涉及产品名称、配方、营养学特征、适用人群等内容的，不得超出注册证书和产品标签、说明书范围。特殊医学用途配方食品广告应当显著标明适用人群和"不适用于非目标人群使用""请在医生或者临床营养师指导下使用"。

特殊医学用途配方食品中的特定全营养配方食品广告只能在国务院卫生行政部门和国务院药品监管部门共同指定的医学、药学专业刊物上发布。不得利用特定全营养配方食品的名称为各种活动冠名进行广告宣传。不得使用与特定全营养配方食品名称相同的商标、企业字号在医学、药学专业刊物以外的媒介变相发布广告，也不得利用该商标、企业字号为各种活动冠名进行广告宣传。特殊医学用途婴儿配方食品广告不得在大众传播媒介或者公共场所发布。

三、保健食品和特殊医学用途配方食品广告审批

（一）申请

保健食品、特殊医学用途配方食品广告审查申请应当分别依法向生产企业或者进口代理人所在地、广告主所在地市场监管部门提出。申请人应当依法提交《广告审查表》，与发布内容一致的广告样件，申请人的主体资格相关材料或者合法有效的登记文件，产品注册证明文件或者备案凭证、注册或者备案的产品标签和说明书以及生产许可文件，广告中涉及的知识产权相关有效证明材料等申请材料。

申请人可以到广告审查机关受理窗口提出申请，也可以通过信函、传真、电子邮件或者电子政务平台提交保健食品和特殊医学用途配方食品广告审查申请。

（二）审查批准

广告审查机关收到申请人提交的申请后，应当在 5 个工作日内作出受理或者不予受理决定。申请材料齐全、符合法定形式的，应当予以受理，出具《广告审

查受理通知书》。申请材料不齐全、不符合法定形式的，应当一次性告知申请人需要补正的全部内容。

广告审查机关应当自受理之日起 10 个工作日内完成对申请人所提交材料的审查工作。经审查，对符合法律、行政法规和《药品、医疗器械、保健食品、特殊医学用途配方食品广告审查管理暂行办法》规定的广告，应当作出审查批准的决定，编发广告批准文号；对不符合法律、行政法规和《药品、医疗器械、保健食品、特殊医学用途配方食品广告审查管理暂行办法》规定的广告，应当作出不予批准的决定，送达申请人并说明理由。

保健食品和特殊医学用途配方食品广告批准文号的有效期与产品注册证明文件、备案凭证或者生产许可文件最短的有效期一致。产品注册证明文件、备案凭证或者生产许可文件未规定有效期的，广告批准文号有效期为 2 年。

（三）社会公开

保健食品广告和特殊医学用途配方食品广告经审查批准后，广告审查机关应当通过本部门网站以及其他方便公众查询的方式，在 10 个工作日内向社会公开。公开的信息应当包括广告批准文号、申请人名称、广告发布内容、广告批准文号有效期、广告类别、产品名称、产品注册证明文件或者备案凭证编号等内容。

四、典型案例

保健食品违规宣传疾病预防功能案。新冠肺炎疫情期间，某生物科技公司为某品牌保健食品破壁灵芝孢子粉的经营者自行设计、制作产品宣传广告，广告样稿经某电视购物公司审查批准后在电视购物频道播出。在节目直播过程中，当事人超出经审查批准的广告稿件内容，宣称"最近在湖北，这种传播性的疾病又出现了""口腔溃疡就是免疫力低下呀，后来就经常吃我们的破壁灵芝孢子粉，吃了以后真的感觉到好多了"等。上述语言使用了含有涉及疾病预防的用语。

某区市场监管局执法人员根据广告监测线索，对某生物科技公司开展调查。经过调查，查实了该公司的违法行为，当事人播出上述广告的费用为人民币 13 500 元。当事人发布含有涉及疾病预防内容的保健食品广告的行为，违反了《广告法》第十八条第一款第二项的规定。根据《广告法》第五十八条第一款第三项的规定，责令当事人停止发布广告，在相应范围内消除影响，并处广告费 5 倍的罚款，合计人民币 67 500 元。

第十章　特定环节食品安全监管

第一节　学校食品安全监督管理

青少年饮食安全，直接关系祖国下一代的健康成长，关系亿万家庭的幸福、社会的稳定。近年来，党中央、国务院高度重视学校（含托幼机构）食品安全工作，各有关部门积极开展学校校园及周边食品安全专项整治工作，推动了学校校园及周边食品安全水平的不断提升，但影响学校食品安全的因素依然存在，校园及周边食品安全事件仍时有发生，加上媒体对食品安全事件的渲染，促使全社会对校园食品安全广泛关注，高度敏感。

一、学校食品安全特点和监管依据

学校主要采取集中用餐方式解决饮食问题，即学校通过食堂供餐或者外购食品（包括从供餐单位订餐）等形式，集中向学生和教职工提供食品。学校食品安全具有以下特点：一是用餐人数众多，学校由于集中教学需要，学生和教职工基本在校用餐，集中用餐量大，每餐供应量达几百人次甚至数千人次；二是供应时间集中，一般学校以供应午餐为主，部分住宿学校供应早餐和晚餐，学生和教职工用餐集中在短时间内，食品必须提前准备、集中供应；三是加工过程复杂，为了保证学生的营养，学校食堂供应的品种较为丰富，满足各类学生的需求，加工过程比较复杂，容易产生交叉污染；四是学校食堂从业人员收入普遍不高，以中老年和农村务工人员为主，文化程度不高，对食品安全的相关规定不熟悉，食品加工不够规范。

2019 年 2 月，为保障学生和教职工在校集中用餐的食品安全与营养健康，加强监督管理，教育部、国家市场监督管理总局、国家卫生健康委员会联合印发了《学校食品安全与营养健康管理规定》（教育部、国家市场监督管理总局、国家卫生健康委员会令第 45 号），适用于实施学历教育的各级各类学校、幼儿园（以下统称学校）集中用餐的食品安全与营养健康管理。该规定确立了学校集中用餐实行预防为主、全程监控、属地管理、学校落实的总体原则，建立了教育、食品安全监督管理和卫生行政等部门分工负责的管理体制；明确了学校食品安全实行校长（园长）负责制，突出教育行政部门在学校食品安全突发事件中的应急处置责任。根据规定，食品安全监管部门应当将学校校园及周边地区作为监督检查的重点，定期对学校食堂、供餐单位和校园内以及周边食品经营者开展检查；每学期应当会同教育部门对本行政区域内学校开展食品安全专项检查，督促指导学校落实食品安全责任。

二、学校食品安全管理职责

（一）县级以上地方人民政府依法统一领导、组织、协调学校食品安全监督管理工作以及食品安全突发事故应对工作，将学校食品安全纳入本地区食品安全事故应急预案和学校安全风险防控体系建设。

（二）教育部门应当指导和督促学校建立健全食品安全与营养健康相关管理制度，将学校食品安全与营养健康管理工作作为学校落实安全风险防控职责、推进健康教育的重要内容，加强评价考核；指导、监督学校加强食品安全教育和日常管理，降低食品安全风险，及时消除食品安全隐患，提升营养健康水平，积极协助相关部门开展工作。

（三）食品安全监管部门应当加强学校集中用餐食品安全监督管理，依法查处涉及学校的食品安全违法行为；建立学校食堂食品安全信用档案，及时向教育部门通报学校食品安全相关信息；对学校食堂食品安全管理人员进行抽查考核，指导学校做好食品安全管理和宣传教育；依法会同有关部门开展学校食品安全事故调查处理。

（四）卫生健康主管部门应当组织开展校园食品安全风险和营养健康监测，对学校提供营养指导，倡导健康饮食理念，开展适应学校需求的营养健康专业人员培训；指导学校开展食源性疾病预防和营养健康的知识教育，依法开展相关疫情防控处置工作；组织医疗机构救治因学校食品安全事故导致人身伤害的人员。

（五）学校食品安全实行校长（园长）负责制，建立健全并落实有关食品安全管理制度和工作要求，定期组织开展食品安全隐患排查。中小学、幼儿园应当建立集中用餐陪餐制度，配备专（兼）职食品安全管理人员和营养健康管理人员，建立集中用餐信息公开制度，定期开展食品安全与营养健康的宣传教育，将食品安全与营养健康相关知识纳入健康教育教学内容。

三、食堂供餐和外购食品管理

（一）学校食堂的类型及准入条件

学校自主经营的食堂应当坚持公益性原则，不以营利为目的。实施营养改善计划的农村义务教育学校食堂不得对外承包或者委托经营。学校食堂应当依法取得食品经营许可证，严格按照食品经营许可证载明的经营项目进行经营，并在食堂显著位置悬挂或者摆放许可证。引入社会力量承包或者委托经营学校食堂的，应当以招投标等方式公开选择依法取得食品经营许可、能够承担食品安全责任、社会信誉良好的餐饮服务单位或者符合条件的餐饮管理单位。

（二）建立并执行食品安全相关制度

学校食堂应当建立并严格执行食品安全相关制度。一是食品安全与营养健康状况自查制度；二是从业人员健康管理制度和培训制度；三是食品安全信息公示及追溯制度；四是原料进货查验制度；五是环境设备定期清洁消毒制度；六是个人卫生制度等。

（三）倡导"互联网+"智慧监管方式

学校在校园安全信息化建设中，应当优先在食堂食品库房、烹饪间、备餐间、专间、留样间、餐具饮具清洗消毒间等重点场所实现视频监控全覆盖。有条件的学校食堂应当做到明厨亮灶，通过视频或者透明玻璃窗、玻璃墙等方式，公开食品加工过程。鼓励运用互联网等信息化手段，加强对食品来源、采购、加工制作全过程的监督。

（四）外购食品管理

学校从供餐单位订餐的，应当建立健全校外供餐管理制度，选择取得食品经营许可、能承担食品安全责任、社会信誉良好的供餐单位。与供餐单位签订的供餐合同中要明确双方食品安全与营养健康的权利和义务，约定不合格食品的处理方式。供餐单位应当严格遵守法律、法规和食品安全标准，当餐加工。学校应当对供餐单位提供的食品随机进行外观查验和必要检验，学校需要现场分餐的，应当保障分餐环境卫生整洁。学校外购食品的，应当查验产品包装标签，索取相关凭证。

四、食品安全事故调查与应急处置

（一）学校应当建立集中用餐食品安全应急管理和突发事故报告制度，制定食品安全事故处置方案。发生集中用餐食品安全事故或者疑似食品安全事故时，应当立即积极协助医疗机构进行救治；停止供餐并按照规定向所在地教育、食品安全监督管理、卫生健康等部门报告；封存导致或者可能导致食品安全事故的食品及其原料、工具、用具、设备设施和现场，并按照食品安全监管部门要求采取控制措施；配合食品安全监管部门进行现场调查处理；加强与师生家长联系，通报情况，做好沟通引导工作。

（二）教育部门接到学校食品安全事故报告后，应当立即赶往现场协助相关部门进行调查处理，督促学校采取有效措施，防止事故扩大，并向上级人民政府教育部门报告。学校发生食品安全事故需要启动应急预案的，教育部门应当立即向同级人民政府以及上一级教育部门报告，按照规定进行处置。

（三）食品安全监管部门会同卫生健康、教育等部门依法对食品安全事故进行调查处理。县级以上疾病预防控制机构接到报告后应当对事故现场进行卫生处理，并对与事故有关的因素开展流行病学调查，及时向同级食品安全监督管理、卫生健康等部门提交流行病学调查报告。学校食品安全事故的性质、后果及其调查处理情况由食品安全监管部门会同卫生健康、教育等部门依法发布和解释。

（四）教育部门和学校应当按照国家食品安全信息统一公布制度的规定建立健全学校食品安全信息公布机制，主动关注涉及本地本校食品安全舆情，除由相关部门统一公布的食品安全信息外，应当准确、及时、客观地向社会发布相关工作信息，回应社会关切。

第二节　网络食品经营监督管理

网络食品经营行业快速发展，方便了人民群众的生活，特别是在新冠肺炎疫情防控期间，在保供给、促就业等方面发挥了积极作用。但随着网络服务平台的快速扩张和新模式的不断涌现，网络食品安全问题不断暴露出来，已经成为消费者投诉举报的重要领域和社会舆情的热点，受到社会广泛关注。网络食品经营是指通过互联网销售食品（含食用农产品、食品添加剂）的经营活动。目前网络食品的经营模式主要有网络订餐和网络食品销售，此两种模式均有企业自建平台和第三方交易平台两种方式。

一、网络食品安全监管法律

《中华人民共和国食品安全法》《中华人民共和国电子商务法》《中华人民共和国食品安全法实施条例》《上海市食品安全条例》等法律法规对网络食品在生产、流通、销售等各环节的安全要求进行规制。专门针对网络食品安全的监管制度主要是两个部门规章：一是《网络食品安全违法行为查处办法》（国家市场监督管理总局令第 27 号），该办法对网络食品销售企业自建平台、第三方交易平台和入网经营者网络食品销售主体责任提出了要求，同时对违反规定的行为明确了相应的处罚措施；二是《网络餐饮服务食品安全监督管理办法》（国家食品药品监督管理总局令第 36 号），该办法规定了网络餐饮服务第三方平台提供者和通过自建网站提供餐饮服务的餐饮服务提供者应履行的七项主要义务，分别是备案、建立食品安全相关制度、审查登记、设置机构和配备人员、公示、记录、抽查和监测义务。

二、入网食品经营者的主体责任

（一）取得食品生产经营许可或备案

入网食品经营者应当依法取得食品经营许可或者备案凭证。未取得食品经营许可或者备案凭证的，不得从事网络食品经营活动，除非法律、法规规定不需要办理许可或者备案。入网食品经营范围应当与其许可或者备案范围一致。入网食品经营者可以通过自行设立网站从事网络食品经营，也可以通过网络食品交易第三方平台从事网络食品经营，不得委托他人从事网络食品经营。

（二）食品安全信息公示

通过第三方平台进行交易的食品生产经营者应当在其经营活动主页面显著位置公示其营业执照、食品生产经营许可证或者备案凭证。通过自建网站交易的食品生产经营者应当在其网站首页显著位置公示上述信息。餐饮服务提供者还应当同时公示其餐饮服务食品安全监督量化分级管理信息。公示信息应当画面清晰，容易辨识。

入网交易保健食品、特殊医学用途配方食品、婴幼儿配方乳粉的食品生产经营者，还应当依法公示产品注册证书或者备案凭证，持有广告审查批准文号的还应当公示广告审查批准文号，并链接至食品安全监管部门网站对应的数据查询页面。保健食品还应当显著标明"本品不能代替药物"。

发布网络食品信息应当合法有效，内容应当真实准确，不得作虚假宣传和虚假表示，不得涉及疾病预防和治疗功能。其中，发布的食品名称、成分或者配料表、生产者名称、地址或者产地、保质期、贮存条件等信息应当与销售食品的标签或标志一致；食品质量认证标志、食品检测报告、合格证明标志等应当真实有效；对在贮存、运输、使用等方面有特殊要求的食品，应当予以充分的说明和提示。

（三）建立食品安全保障制度

一是进货查验制度。入网食品经营者进货时，应当查验供货者的许可证和食品出厂检验合格证或者其他合格证明，并在网络食品信息发布页面的醒目位置公示该食品合格证明文件。入网食品经营者应当严格履行进货查验和销货记录义务，建立进货和销售电子台账并如实记录。

二是贮存运输制度。网络交易的食品有保鲜、保温、冷藏或者冷冻等特殊贮存条件要求的，入网食品生产经营者应当采取能够保证食品安全的贮存、运输措施，或者委托具备相应贮存、运输能力的企业贮存、配送。

三是索证索票制度。入网食品经营者应当按照国家有关规定向消费者出具发票等销售凭证；征得消费同意的，可以以电子化形式出具。电子化的销售凭证，可以作为处理消费投诉的依据。入网食品经营者应当留存完整有效的供货企业资质证明文件、购销凭证等信息，保证食品来源合法、质量合格。记录、凭证的保存期限不得少于产品保质期满后 6 个月，没有明确保质期的，不得少于 2 年。

四是问题食品召回制度。入网食品经营者对问题食品有召回义务。入网食品经营者对市场监管部门公布的存在质量问题或者其他安全隐患的食品，应当及时采取停止销售、召回等措施。

（四）其他相关要求

入网食品经营者对消费者个人信息具有保密义务。未经消费者同意，入网食品经营者不得公开消费者的个人信息。入网食品经营者应当建立网络食品交易纠纷协商和解制度，向消费者公布并提供地址、联系方式、售后服务等信息，依法妥善解决食品交易纠纷。入网食品经营者应当积极配合市场监管部门的监督检查，在信息查询、数据提取等方面提供必要的技术支持。

（五）禁止行为

入网食品经营者严禁以下行为：一是网上刊载的食品名称、成分或者配料表、产地、保质期、贮存条件，生产者名称、地址等信息与食品标签或者标识不一致；二是网上刊载的非保健食品信息明示或者暗示具有保健功能；三是网上刊载的保健食品的注册证书或者备案凭证等信息与注册或者备案信息不一致；四是网上刊载的婴幼儿配方乳粉产品信息明示或者暗示具有益智、增加抵抗力、提高免疫力、保护肠道等功能或者保健作用；五是对在贮存、运输、食用等方面有特殊要求的食品，未在网上刊载的食品信息中予以说明和提示等；六是特殊医学用途配方食品中特定全营养配方食品不得进行网络交易。

三、第三方平台提供者主体责任

（一）取得食品经营备案

网络食品交易第三方平台提供者应当在通信主管部门批准后 30 个工作日内，向所在地省级食品监管部门备案。通过自建网站交易的食品生产经营者应当在通信主管部门批准后 30 个工作日内，向所在地市、县级食品监管部门备案。省级和市、县级食品监管部门应当自完成备案后 7 个工作日内向社会公开相关备案信息。备案信息包括域名、IP 地址、电信业务经营许可证、企业名称、法定代表人或者负责人姓名、备案号等。网络食品交易第三方平台提供者自身从事网络食品经营的，应当依法取得食品经营许可或者备案凭证，并遵守相关的规定。

（二）建立食品安全相关制度

网络食品交易第三方平台提供者应当根据保证食品安全的要求，建立入网食品生产经营者审查登记、销售食品信息审核、食品安全自查、平台内交易管理规则、食品安全违法行为制止及报告、严重违法行为平台服务停止、食品安全投诉举报处理、消费者权益保护等管理制度。

（三）严格审查登记和档案管理

网络食品交易第三方平台提供者应当对入网食品生产经营者食品生产经营许可证、入网食品添加剂生产企业生产许可证等材料进行审查；对入网食用农产品生产经营者营业执照、入网食品添加剂经营者营业执照以及入网交易食用农产品的个人的身份证号码等信息进行登记，及时核实更新经营者许可证件或者备案凭证等内容。网络食品交易第三方平台提供者应当建立在其平台经营的食品经营者档案，审查并记录食品经营者的基本情况、经营品种、品牌和供货商、物流提供者资质、食品安全管理人员等信息。

（四）记录保存食品交易信息

网络食品交易第三方平台提供者应当审查、记录、保存在其平台上发布的食品安全信息内容及其发布时间。平台内经营者的许可证和营业执照信息记录保存时间从经营者在平台内结束经营活动之日起不少于 2 年，交易记录等其他信息记录备份保存时间不得少于产品保质期满后 6 个月，没有明确保质期的，不得少于 2 年。网络食品交易第三方平台提供者应当采取数据备份、故障恢复等技术手段确保网络食品交易数据和资料的完整性与安全性，并应当保证原始数据的真实性。

（五）开展食品经营日常检查和管理

网络食品交易第三方平台应当建立检查制度，设置专门的管理机构或者指定专职管理人员，对平台内销售的食品及信息进行检查，对虚假信息、夸大宣传、超范围经营等违法行为以及食品质量安全问题或者其他安全隐患，及时制止，并向所在地县级食品监管部门报告，发现严重违法行为的，应当立即停止向其提供网络食品交易平台服务。

（六）协助配合处理违法食品问题

网络食品交易第三方平台提供者对市场监管部门公布的存在质量安全问题或

者其他安全隐患的食品，应当及时采取停止销售、协助召回等措施。市场监管部门进行监督检查时，网络食品交易第三方平台提供者应当在销售信息查询、数据提取、停止服务等方面提供必要的技术支持。鼓励网络食品交易第三方平台提供者引入第三方机构开展网络食品交易主体身份认证、质量安全认证、食品抽检评价、信用评价、信息化管理等专业服务，提高网络食品交易第三方平台的食品安全管理水平。

（七）承担先行赔偿与连带责任

消费者通过网络食品交易第三方平台购买食品，其合法权益受到损害的，可以向入网食品经营者要求赔偿。网络食品交易第三方平台提供者不能提供经营者的真实名称、地址和有效联系方式的，由网络食品交易第三方平台提供者赔偿。网络食品交易第三方平台提供者赔偿后，有权向入网食品经营者追偿。网络食品交易第三方平台提供者作出更有利于消费者的承诺的，应当履行其承诺。网络食品交易第三方平台提供者知道或者应当知道入网食品经营者利用其平台侵害消费者合法权益，未采取必要措施的，或未依法履行审查义务的，依法与该入网食品经营者承担连带责任。

四、网络食品经营的行政检查

（一）网络食品安全行政检查方式

食品安全监管人员可以进入当事人网络食品交易场所实施现场检查；对网络交易的食品进行抽样检验；询问有关当事人，调查其从事网络食品交易行为的相关情况；查阅、复制当事人的交易数据、合同、票据、账簿以及其他相关资料；调取网络交易的技术监测、记录资料等。食品安全监管部门依法开展行政检查时，网络食品经营第三方平台提供者和入网食品经营者应当予以配合。

（二）第三方平台提供者的专项检查内容

根据《食品生产经营监督检查管理办法》配套的《食品生产经营监督检查要点表》规定，针对网络食品交易第三方平台提供者开展的专项检查内容包括：是否在通信主管部门批准后 30 个工作日内向所在地省级市场监管部门备案并取得备案号；是否具有食品安全相关制度，明确入网食品销售者食品安全管理责任，并在网络平台公开；是否设置专门的网络食品安全管理机构或者指定专职食品安全管理人员；是否建立入网食品销售者档案，对入网食品销售者进行实名登记，并对其食品经营许可证或仅销售预包装食品备案信息采集表等材料进行审查；是否对平台上的食品经营行为及信息进行检查；法律、法规规定的其他检查事项。发现存在食品安全违法行为，及时制止，并向所在地县级市场监管部门报告。

（三）典型案例

网络超范围经营冷食类食品案。2020 年 10 月 12 日，某市场监管局收到全国12315 平台举报单，举报人反映当事人在某网络订餐销售平台超许可范围经营"拍黄瓜"冷食类食品制售。经查明，当事人所持《食品经营许可证》核准的主体业态为餐饮服务经营者（小型饭店），经营项目为热食类食品制售，未取得冷食类食品制售的经营范围，但却在店内及外卖平台上超出核准范围销售冷食类食品"凉拌黄瓜"，其行为违反了《食品安全法》第三十五条第一款"国家对食品生产经营实行许可制度。从事食品生产、食品销售、餐饮服务，应当依法取得许可"的规定，构成超范围经营食品的违法行为。另经查明，当事人未按照《食品安全法》第五十三条第二款的规定建立食品进货查验记录制度。根据《食品安全法》第一百二十二条第一款和第一百二十六条第一款第三项的规定，决定对当事人处罚如下：一是责令改正；二是警告；三是没收违法所得；四是罚款人民币 5 000 元。

第三节　农村食品安全监督管理

党中央、国务院高度重视农村食品安全工作。2019 年，《中共中央 国务院关于深化改革加强食品安全工作的意见》印发，将实施农村假冒伪劣食品治理行动纳入食品安全放心工程建设"十大攻坚行动"，用 2~3 年时间，净化农村消费市场，提高农村食品安全保障水平。

随着农业产业转型升级，农村消费水平不断提升，我国农村常住人口占全国总人口的 40% 以上，农村社会消费品零售总额达 55 350 亿元，居民生活得到极大改善。当前，中国特色社会主义进入新时代，解决好"三农"问题是全党工作的重中之重。然而，我国农村食品安全风险仍然存在，诸如"康帅傅""六大核桃"等农村"三无食品","亲嘴牛筋""素烤鸡皮"等农村"五毛食品","土法红糖""农家腌萝卜干"等农村"自制食品"等消费欺诈屡见不鲜,威胁农村居民人身安全。2019年中央一号文件指出,实施农产品质量安全保障工程,促进农村食品安全战略有效实施,是增强农村食品安全治理能力,全面促进农村社会发展的重要保障之一。我国食品安全形势总体平稳向好,然而基层农村食品质量安全风险仍不容忽视,亟须把握我国农村食品安全现状与问题,探讨农村食品安全风险治理。

一、农村食品安全的主要问题

(一)生产加工环节

农村食品生产加工环节风险是指食用农产品在原料购买、配方调试、存储包装的过程中,因加工技术不成熟、生产流程不合理、卫生环境不达标及工作人员操作不规范等而导致有害物质残留,危害人体健康。首先,农村食品生产加工主体规模小、流动性大、覆盖面广,个体摊贩、家庭作坊等食品经营主体普遍存在,无卫生许可证和营业执照生产经营食品现象屡有发生,由于生产条件差、环境卫生差、加工水平低,因而产品质量难以保证。此外,农村食品在生产加工中还存在食品原料腐败变质、食品生产加工环境微生物超标、食品安全检验检测设备落后、食品无预包装和食品包装破损、食品标签缺失等突出问题。其次,农村地区工地食堂、农村学校食堂等食品销售消费场所的清洗保洁设施落后、防虫防鼠设备稀缺、小作坊及摊贩等加工环境狭小拥挤,生产间和成品间未单独隔开,容易造成食用农产品交叉污染。再次,农村食品从业人员食品安全风险控制意识低、辨别能力弱、食品安全法规解读能力不足,食品清洗消毒、分级包装等环节操作不规范,甚至使用过期原材料和有毒有害添加剂,制假售假和以次充好等现象也屡见不鲜。

(二)流通销售环节

农村食品流通销售环节风险是指食用农产品在流通、销售、贮存过程中容易遭受污染而引发食品安全风险,具体原因包括农村地区现代化物流网点覆盖不足、冷链物流技术落后,食用农产品流通效率低、流通周期长、腐烂破损率高等。随着城市流通领域食品安全监管力度的不断加大,假冒伪劣食品难有藏身之处，一些不法商贩便利用农村信息闭塞、农民消费水平低、自我保护意识不强等弱点，将假冒伪劣食品以低价倾销到农村市场，非法食品加工厂也由城市逐渐转向农村，坑害农村消费者。此外，农村食品市场准入机制不严密，大部分食品批发市场缺乏规范的食品检验设施和人员，食品经营主体在食品流通环节往往忽略食品厂家、生产期及保质期等食品安全重要信息，食品市场监督主体对食品经营许可证、食品质量检测报告、食品从业人员健康证等相关证件检查不严格，最终导致劣质食品向农产品市场倾销，进一步积聚了农村食品安全风险。

（三）消费环节

农村食品消费环节风险是指食用农产品在消费环节遭受外界污染或自身质量变质，导致产品残留有害成分或对人体健康造成危害。一方面，农村地区老人、家庭主妇和儿童等消费群体人口基数大，他们食品安全鉴别能力弱，大多数仅凭颜色、气味等特征判断食品质量，对追溯信息等反映食品安全的重要信号重视程度不高。另外，农村消费者维权意识淡薄、维权渠道不通畅、维权手续烦琐，使假冒伪劣食品、过期回炉食品大有销路。另一方面，农村地区小超市、小摊贩和小餐饮等食品经营主体食品安全知识匮乏，食品安全风险控制意愿低，食品进货渠道混乱。另外，农村食品安全监管部门分散、监管人员少、监管任务重、监管成本高，对集贸市场、熟食加工点、流动小吃店等农村食品经营主体难以实行全面深入的管理。随着农村经济社会的发展和农民生活水平的提高，农村家庭在婚丧嫁娶、乔迁、做寿、节日庆典等习俗、要事时举办的宴席规模越来越大，越来越频繁，但是供餐中作为厨房的场所不固定，厨师及相关勤杂人员不固定，用餐环境不固定，餐饮的安全稳定操作不可控，人员流动量大，举办者或承办者的食品安全意识不强，产生食品安全危害事故的风险隐患远远大于城市的餐饮服务点，因此农村地区成为食品安全隐患较为严重的区域。

二、农村食品安全的监管重点

（一）加强食品安全法律意识和知识培训

加强食品安全法律意识是治理农村食品安全问题的关键。目前我国大部分农村地区的食品经营者及消费者的食品安全法律意识较薄弱，从而导致食品质量安全问题的发生。政府及相关管理部门应该加大食品安全法律意识教育力度，结合农村地区群众的习惯，充分利用街镇食品药品科普站、食品安全宣传周、"六进"科普等活动，以张贴海报、发放宣传资料、开展食品安全讲座、举办巡回展览，以及适当开拓新媒体等多种方式向农村食品生产经营者及群众宣传食品安全知识和相关法律法规，在形成舆论声势的同时，进一步提升农村地区消费者的食品安全意识和分辨能力。

（二）加强农村集体办酒监督管理

针对农村地区集体办酒需求量大、食品安全问题容易发生的现状，可借鉴上海市奉贤区在农村集体办酒监督管理的经验。一是建立食品安全责任签约制度，与各类办酒场所负责人签订《食品安全责任书》，明确食品安全责任。二是建立监管档案，加强巡查监督工作，实施监督员、专管员、信息员分工负责。三是加强相关人员培训，推行厨师、帮工持两证（健康证、培训证）上岗操作并在办酒场所公示，根据当地情况建立农村流动厨师协会，统一操作规程和要求，定期开展流动厨师培训，制定统一的食品安全操作流程，统一配置食品加工工用具，加强流动厨师的督导。四是建立节假日申报酒席制度，由集体办酒举办方和流动厨师申报，凡是流动厨师承办酒席宴席，必须向村委会进行申报，没有申报的不得举办。

（三）加强农村假冒伪劣食品专项执法

通过公示获证企业、强化动态管理、跟踪市面流通、倒追产品来源等手段，查处无证生产的违法行为，深挖细查"黑窝点""黑工厂""黑作坊"。采取日常巡查、突击检查、靶向抽查、风险排查等手段，运用"四不两直"方法，检查食品生产者，查苗头、找隐患、纠问题、促整改。针对农村食品市场品种多、渠道广、源头杂的特点，统筹线上线下双渠道，斩断假冒伪劣食品流向农村市场的途径。聚焦线上"摸清经营主体、处置投诉举报"两个关键环节，开展大数据监测，着力破解农村地区线上食品交易存在的责任认定难、问题追溯难、消费维权难、案件查办难等问题。聚焦线下农村食品流通赶集式、走村串户式、送货下乡式的特点，采取随机检查、突击检查、跟踪检查等方法，加大送货车、逢集集市和集贸市场监管力度。针对部分农村食品经营者食品安全知识匮乏、法律法规意识淡薄，对食品因储藏保管不善而导致的腐败变质、油脂酸败、霉变生虫等现象，应采取全面梳理、列举缺陷、广而告之、相互监督的措施，要求经营者对问题食品自查不卖，提醒消费者甄别不买，防止不安全食品流向百姓餐桌。

（四）发挥社会共治，加大对农村食品安全的监督

面向农村地区建立完善的投诉举报处理机制，不断推进食品安全维权网络建设，做好投诉回应和处理。建立有效的群众监督机制，调动社会积极性，发动群众参与打击食品安全违法犯罪行为。开展农村食品风险认知调查，密切关注农村食品安全需求和满意度，基于需求导向开展食品安全治理。

三、典型案例

（一）蔬菜种植中使用禁用农药案件

2021 年 2 月，杨某某向林某某租赁位于广东省阳春市某镇某村的蔬菜大棚，并于 2 月底种植了 3 亩①普通白菜（小白菜）、2 亩菜薹、2 亩芥菜。因蔬菜上的狗虱虫无法灭杀，杨某某于同年 3 月 7 日到位于阳江市某区综合批发广场农贸肉类区的阳江市某农资配送中心某店购买了毒死蜱、啶虫脒、易沙丝等农药，并于次日将毒死蜱混合上述其他农药喷洒于前述的 7 亩蔬菜上。同年 4 月，阳江市农业农村局对杨某某种植的蔬菜进行抽检。在检测结果尚未出具的情况下，同年 4 月 16 日，杨某某采摘约 550 kg 喷洒了混合农药的蔬菜运输至阳江市江城区某市场售卖，售卖收入不少于 1 200 元。同年 5 月 6 日，经农业农村部食品质量监督检验测试中心（湛江）鉴定，被抽检的普通白菜（小白菜）、菜薹、芥菜中毒死蜱检验值分别为 0.256 mg/100 kg、0.318 mg/100 kg、0.410 mg/100 kg。被告人杨某某违反国家食品安全管理法规，在蔬菜种植过程中使用禁用农药毒死蜱并已销售部分蔬菜，其行为已触犯《中华人民共和国刑法》第一百四十四条的规定，犯罪事实清楚，证据确实、充分，应以生产、销售有毒、有害食品罪追究其刑事责任。

（二）无证地下加工腌腊制品窝点系列案件

2021 年，上海市某区市场监管局、公安分局开展联合行动，查获生产加工腌腊制品的地下窝点 4 处，现场查获咸鸭、咸鹅、咸肉等其他腌腊肉制品共计

---

① 1 亩 ≈ 666.67 平方米（m²）。

4 036.46 kg。加工后的腌腊制品均通过会展年货会摊位销售。执法人员现场随机抽取样品进行亚硝酸盐快速检测，结果为阳性。当日，市场监管部门即对 4 处地下加工窝点进行立案调查，并抽样送检，多件样品亚硝酸盐残留量严重超标，最高的达到 160 mg/kg（技术要求不大于 30 mg/kg），不符合 GB 2760—2014《食品安全国家标准　食品添加剂使用标准》要求。上述无证生产销售不符合食品安全标准案件按照程序移送公安部门立案调查。

第十一章　食品安全投诉举报处置

第一节　食品安全投诉举报处置概述

食品安全投诉举报是消费者维护自身权益的有效途径，也是食品监管部门获取违法线索、打击食品违法犯罪、规范市场经营者合法经营的基本渠道。随着人们食品安全意识和维权意识的提高，食品安全投诉举报逐渐增加，已经成为社会共治的重要组成部分。2016 年，为规范食品安全投诉举报管理工作，推动食品安全社会共治，加大对食品违法行为的惩治力度，保障公众身体健康和生命安全，原国家食品药品监督管理总局印发了《食品药品投诉举报管理办法》（国家食品药品监督管理总局令第 21 号）。2018 年，国家市场监督管理总局成立后，强化"大市场、大质量、大监管"的理念，出台了新的《市场监督管理投诉举报处理暂行办法》（国家市场监督管理总局令第 20 号），统一了市场监管部门处理公众投诉举报的程序，鼓励社会公众和新闻媒体对涉嫌违反市场监管法律、法规、规章的行为依法进行社会监督和舆论监督。

一、基本概念

《食品药品投诉举报管理办法》规定，食品安全投诉举报是指公民、法人或者其他组织向各级食品安全监管部门反映生产者、经营者等主体在食品（含食品添加剂）生产、经营环节中有关食品安全方面存在的涉嫌违法行为。这个规定将食品投诉和举报进行了统一化、系统化管理。而新的《市场监督管理投诉举报处理暂行办法》指出，投诉是指消费者为生活消费需要购买、使用商品或者接受服务，与经营者发生消费者权益争议，请求市场监管部门解决该争议的行为；举报是指自然人、法人或者其他组织向市场监管部门反映经营者涉嫌违反市场监管法律、法规、规章线索的行为。该办法将投诉举报拆分为两个相对独立的概念，即投诉行为涉及直接利益人，与利益人具有相关性，而举报行为一般具有"非涉案性"。目前，食品安全投诉举报已经成为公众知情权、参与权、表达权和监督权在民生政策中的具体体现，也是公众保障个人权益、维护公共利益的便捷途径。

二、主要内容

根据《市场监督管理投诉举报处理暂行办法》的规定，市场监管部门处理投诉举报，应当遵循公正、高效的原则，做到适用依据正确、程序合法。国家市场监督管理总局主管全国投诉举报处理工作，指导地方市场监管部门投诉举报处理工作。县级以上地方市场监管部门负责本行政区域内的投诉举报处理工作。

市场监管部门应当按照规定的程序对投诉和举报予以分别处理，包括对公民、法人或其他组织的投诉举报事项进行受理、调解、核查、告知等，对投诉举报信息进行统计、分析、应用，定期公布投诉举报统计分析报告，依法公示消费投诉信息。

三、投诉处理的程序

（一）投诉要件

1. 向市场监管部门提出投诉举报的，应当通过市场监管部门公布的接收投诉举报的互联网、电话、传真、邮寄地址、窗口等渠道进行。

2. 投诉应当提供下列材料：（1）投诉人的姓名、电话号码、通信地址；（2）被投诉人的名称（姓名）、地址；（3）具体的投诉请求以及消费者权益争议事实。投诉人采取非书面方式进行投诉的，市场监管部门工作人员应当记录前款规定信息。

3. 委托他人代为投诉的，除提供《市场监督管理投诉举报处理暂行办法》第九条第一款规定的材料外，还应当提供授权委托书原件以及受托人身份证明。授权委托书应当载明委托事项、权限和期限，由委托人签名。

4. 投诉人为2人以上，基于同一消费者权益争议投诉同一经营者的，经投诉人同意，市场监管部门可以按共同投诉处理。共同投诉可以由投诉人书面推选2名代表人进行投诉。代表人的投诉行为对其代表的投诉人发生效力，但代表人变更、放弃投诉请求或者达成调解协议的，应当经被代表的投诉人同意。

（二）管辖

投诉由被投诉人实际经营地或者住所地县级市场监管部门处理。对电子商务平台经营者以及通过自建网站、其他网络服务销售商品或者提供服务的电子商务经营者的投诉，由其住所地县级市场监管部门处理。对平台内经营者的投诉，由其实际经营地或者平台经营者住所地县级市场监管部门处理。

上级市场监管部门认为有必要的，可以处理下级市场监管部门收到的投诉。下级市场监管部门认为需要由上级市场监管部门处理本行政机关收到的投诉的，可以报请上级市场监管部门决定。对同一消费者权益争议的投诉，两个以上市场监管部门均有处理权限的，由先收到投诉的市场监管部门处理。

（三）受理

1. 具有处理权限的市场监管部门，应当自收到投诉之日起 7 个工作日内作出受理或者不予受理的决定，并告知投诉人。

2. 投诉有下列情形之一的，市场监管部门不予受理：（1）投诉事项不属于市场监管部门职责，或者本行政机关不具有处理权限的；（2）法院、仲裁机构、市场监管部门或者其他行政机关、消费者协会或者依法成立的其他调解组织已经受理或者处理过同一消费者权益争议的；（3）不是为生活消费需要购买、使用商品或者接受服务，或者不能证明与被投诉人之间存在消费者权益争议的；（4）除法律另有规定外，投诉人知道或者应当知道自己的权益受到被投诉人侵害之日起超过 3 年的；（5）未提供《市场监督管理投诉举报处理暂行办法》第九条第一款和第十条规定的材料的；（6）法律、法规、规章规定不予受理的其他情形。

（四）调解和告知

1. 市场监管部门经投诉人和被投诉人同意，采用调解的方式处理投诉，但法律、法规另有规定的，依照其规定。鼓励投诉人和被投诉人平等协商，自行和解。

2. 市场监管部门可以委托消费者协会或者依法成立的其他调解组织等单位代为调解。受委托单位在委托范围内以委托的市场监管部门名义进行调解，不得再委托其他组织或者个人。

3. 调解可以采取现场调解方式，也可以采取互联网、电话、音频、视频等非现场调解方式。采取现场调解方式的，市场监管部门或者其委托单位应当提前告知投诉人和被投诉人调解的时间、地点、调解人员等。

4. 调解由市场监管部门或者其委托单位工作人员主持，并可以根据需要邀请有关人员协助。调解人员是投诉人或者被投诉人的近亲属或者有其他利害关系，可能影响公正处理投诉的，应当回避。投诉人或者被投诉人对调解人员提出回避申请的，市场监管部门应当中止调解，并作出是否回避的决定。

5. 需要进行检定、检验、检测、鉴定的，由投诉人和被投诉人协商一致，共同委托具备相应条件的技术机构承担。除法律、法规另有规定的外，检定、检验、检测、鉴定所需费用由投诉人和被投诉人协商一致承担。检定、检验、检测、鉴定所需时间不计算在调解期限内。

6. 有下列情形之一的，终止调解：（1）投诉人撤回投诉或者双方自行和解的；（2）投诉人与被投诉人对委托承担检定、检验、检测、鉴定工作的技术机构或者费用承担无法协商一致的；（3）投诉人或者被投诉人无正当理由不参加调解，或者被投诉人明确拒绝调解的；（4）经组织调解，投诉人或者被投诉人明确表示无法达成调解协议的；（5）自投诉受理之日起 45 个工作日内投诉人和被投诉人未能达成调解协议的；（6）市场监管部门受理投诉后，发现存在《市场监督管理投诉举报处理暂行办法》第十五条规定情形的；（7）法律、法规、规章规定的应当终止调解的其他情形。终止调解的，市场监管部门应当自作出终止调解决定之日起 7 个工作日内告知投诉人和被投诉人。

7. 经现场调解达成调解协议的，市场监管部门应当制作调解书，但调解协议已经及时履行或者双方同意不制作调解书的除外。调解书由投诉人和被投诉人双方签字或者盖章，并加盖市场监管部门印章，交投诉人和被投诉人各执一份，市场监管部门留存一份归档。未制作调解书的，市场监管部门应当做好调解记录备查。

8. 市场监管部门在调解中发现涉嫌违反市场监管法律、法规、规章线索的，应当自发现之日起 15 个工作日内予以核查，并按照市场监管行政处罚有关规定予以处理。特殊情况下，核查时限可以延长 15 个工作日。法律、法规、规章另有规定的，依照其规定。对消费者权益争议的调解不免除经营者依法应当承担的其他法律责任。

四、举报处理的程序

（一）举报要件

举报人应当提供涉嫌违反市场监管法律、法规、规章的具体线索，对举报内容的真实性负责。举报人采取非书面方式进行举报的，市场监管部门工作人员应当记录。鼓励经营者内部人员依法举报经营者涉嫌违反市场监管法律、法规、规章的行为。

（二）管辖

1. 举报由被举报行为发生地的县级以上市场监管部门处理。法律、行政法规另有规定的，依照其规定。

2. 县级市场监管部门派出机构在县级市场监管部门确定的权限范围内以县级市场监管部门的名义处理举报，法律、法规、规章授权以派出机构名义处理举报的除外。

3. 对电子商务平台经营者和通过自建网站、其他网络服务销售商品或者提供服务的电子商务经营者的举报，由其住所地县级以上市场监管部门处理。对平台内经营者的举报，由其实际经营地县级以上市场监管部门处理。电子商务平台经营者住所地县级以上市场监管部门先行收到举报的，也可以予以处理。

4. 对利用广播、电影、电视、报纸、期刊、互联网等大众传播媒介发布违法广告的举报，由广告发布者所在地市场监管部门处理。广告发布者所在地市场监管部门处理对异地广告主、广告经营者的举报有困难的，可以将对广告主、广告经营者的举报移送广告主、广告经营者所在地市场监管部门处理。

对互联网广告的举报，广告主所在地、广告经营者所在地市场监管部门先行收到举报的，也可以予以处理。对广告主自行发布违法互联网广告的举报，由广告主所在地市场监管部门处理。

5. 收到举报的市场监管部门不具备处理权限的，应当告知举报人直接向有处理权限的市场监管部门提出。

6. 两个以上市场监管部门因处理权限发生争议的，应当自发生争议之日起 7 个工作日内协商解决；协商不成的，报请共同的上一级市场监管部门指定处理机关。

（三）处理和告知

1. 市场监管部门应当按照市场监管行政处罚等有关规定处理举报。对通过投诉、举报等途径发现的违法行为线索，应当自发现线索或者收到材料之日起 15 个工作日内予以核查，由市场监管部门负责人决定是否立案；特殊情况下，经市场监管部门负责人批准，可以延长 15 个工作日。法律、法规、规章另有规定的除外。检测、检验、检疫、鉴定以及权利人辨认或者鉴别等所需时间，不计入前款规定期限。

2. 经核查，符合下列条件的，应当立案：（1）有证据初步证明存在违反市场监管法律、法规、规章的行为；（2）依据市场监管法律、法规、规章应当给予行政处罚；（3）属于本部门管辖；（4）在给予行政处罚的法定期限内。

决定立案的，应当填写立案审批表，由办案机构负责人指定两名以上具有行政执法资格的办案人员负责调查处理。

3. 经核查，有下列情形之一的，可以不予立案：（1）违法行为轻微并及时改正，没有造成危害后果；（2）初次违法且危害后果轻微并及时改正；（3）当事人有证据足以证明没有主观过错，但法律、行政法规另有规定的除外；（4）依法可以不予立案的其他情形。另外，决定不予立案的，应当填写不予立案审批表。

4. 举报人实名举报的，有处理权限的市场监管部门还应当自作出是否立案决定之日起 5 个工作日内告知举报人。

5. 法律、法规、规章规定市场监管部门应当将举报处理结果告知举报人或者对举报人实行奖励的，市场监管部门应当予以告知或者奖励。

6. 市场监管部门应当对举报人的信息予以保密，不得将举报人个人信息、举报办理情况等泄露给被举报人或者与办理举报工作无关的人员，但提供的材料同时包含投诉和举报内容，并且需要向被举报人提供组织调解所必需信息的除外。

五、投诉举报的信息管理

（一）市场监管部门应当加强对本行政区域投诉举报信息的统计、分析、应用，定期公布投诉举报统计分析报告，依法公示消费投诉信息。

（二）对投诉举报处理工作中获悉的国家秘密以及公开后可能危及国家安全、公共安全、经济安全、社会稳定的信息，市场监管部门应当严格保密。其中，涉及商业秘密、个人隐私等信息，确需公开的，依照《中华人民共和国政府信息公开条例》等有关规定执行。

（三）市场监管部门应当畅通全国 12315 平台、12315 专用电话等投诉举报接收渠道，实行统一的投诉举报数据标准和用户规则，实现全国投诉举报信息一体化。

第二节　食品安全投诉举报工作要求

一、管辖原则

（一）落实属地管辖为主、层级管辖为辅的原则

各级市场监管局根据属地管辖原则，负责依法处置投诉举报。其中，在层级管辖方面，根据中共中央办公厅、国务院办公厅印发的《关于深化市场监管综合行政执法改革的指导意见》，落实地方属地管理责任，确立了以县级市场监管部门管辖为主的原则，以进一步减少执法层级，推进执法力量下沉。

（二）投诉处理落实首问负责原则

投诉由被投诉人实际经营地或者住所地市场监管部门处理。对同一消费者权益争议的投诉，两个以上市场监管部门均有处理权限的，由先收到投诉的市场监管部门处理。涉及市民服务热线投诉的，以诉求实际解决为导向，按照以实际经营地为主的原则分派投诉。

对电子商务平台经营者以及通过自建网站、其他网络服务销售商品或者提供服务的电子商务经营者的投诉，由其住所地市场监管部门处理。对平台内经营者的投诉，由其实际经营地或者平台经营者住所地市场监管部门处理。

（三）举报处理落实违法行为发生地管辖为主的原则

对网络交易、广告等领域的违法行为有特别规定的，从其规定。具体执行《中华人民共和国行政处罚法》《市场监督管理行政处罚程序规定》的相关规定。举报人提出的诉求既有投诉内容又有举报内容的，由对举报有管辖权的市场监管部门统一管辖。

二、投诉登记

（一）落实投诉实名登记。市场监管部门在接待或者处理消费者投诉过程中，应当落实投诉实名登记要求。严格落实《市场监督管理投诉举报处理暂行办法》第九条的规定，记录投诉人的姓名、电话号码、联系地址以及被投诉人相关信息。消费者匿名或者仅提供姓氏投诉的，应当要求其补充提供完整信息。

（二）调解过程中，按照《市场监督管理投诉举报处理暂行办法》等法律规范要求，应当核实消费者身份证明及经营者营业执照等信息，并将核实后的信息内容补录进系统。消费者委托代理人投诉的，应当核实委托人、委托代理人的有效证件及委托人的授权委托书；确有必要的，可以就有关信息与委托人进行核实。

（三）完善投诉举报异常名录。按照相关要求，强化分类管理，鼓励公益性职业举报行为，治理私益性职业索赔、职业举报行为，打击投诉举报过程中存在的涉嫌违法犯罪行为。持续完善异常名录，推动异常名录的跨部门共建共享。对多名投诉人共用一个联系方式投诉的，可以核实其身份信息，并予以记录。

三、受理

（一）坚持职责法定，明确投诉受理的范围。参照常见投诉举报事项职责清单，切实做到既不缺位，也不越位，对涉及其他行业主管部门职责的投诉事项，依法不予受理。对涉及12345热线、非市场监管职责的投诉举报，要加强沟通协调，及时申请退回。

（二）对未依法提供投诉材料的，不予受理。严格落实总局20号令第十五条第五项关于对未提供法定投诉材料（含投诉人基本信息、委托投诉相关授权委托书等）不予受理的规定。

（三）严格落实《市场监督管理投诉举报处理暂行办法》第十五条第三项相关规定。参考应对职业索赔职业举报的相关规定，一般可以通过投诉人是否被纳入投诉举报异常名录、是否以牟利为目的、是否用于生产经营等情形综合判断是否"因生活消费需要"。消费者未与经营者沟通而直接向市场监管部门提出投诉的，一般可以认为不存在消费者权益争议。

四、投诉举报转案件

（一）始终坚持依法行政。严格按照《中华人民共和国行政处罚法》《市场监督管理行政处罚程序规定》的要求，依法处理相关举报线索。在调解消费投诉过程中，发现违法经营行为线索的，应当依法进行核查。对已经登记、开展核查的举报，举报人要求撤销的，不影响对举报的调查处理。

（二）通过公众诉求综合处置平台内投诉举报发现违法行为线索需要诉转案的，应当通过公众诉求综合处置平台内系统选择"立案查处"处理程序，将该违法行为线索转入行政处罚系统。

（三）通过全国 12315 平台内的投诉举报发现违法行为线索需要诉转案的，在行政处罚系统中应当正确选择线索来源，并明确来源的投诉举报编号。

五、告知

（一）"谁处理、谁告知"原则

市场监管部门可以通过网络、信函、电话、短信、传真、电子邮件等各种途径进行告知，并做好相关证据的固定。市场监管部门派出机构处理投诉过程中可以使用投诉举报专用章；对举报是否立案决定的告知，应当使用市场监管部门的印章或者投诉举报专用章。对其他部门移交的举报，有管辖权的市场监管部门在处理完毕后应当履行告知举报人处理结果的义务。

（二）举报处理情况的告知

举报人实名举报的，有处理权限的市场监管部门应当自作出是否立案决定之日起 5 个工作日内告知举报人。除法律、法规、规章另有规定外，举报相关案件的最终处理结果不再告知。举报人明确要求告知最终处理结果的，可以告知其查询行政处罚公示信息。举报人通过全国 12315 平台提出举报的，可以告知其在线自主查询处理结果。举报人提供的内容存在被举报对象地址不明确、无涉嫌违法行为具体事实等市场监管部门难以开展核查的情形，可以要求举报人补充相关信息或者告知无法核查、不予立案处理。

六、投诉信息公示

（一）发挥投诉信息公示对企业的倒逼作用

投诉信息公示有利于保障消费者知情权和选择权，促进优胜劣汰，要充分认识其在推动社会监督、改善消费环境中的重要作用，倒逼企业落实主体责任。

（二）突出公示重点

要围绕投诉集中的重点行业、重点经营者开展消费者投诉信息公示，突出对行业内共性问题的公示。公示过程中，可以根据相关经营者被投诉数量、投诉解决率等分别进行排名，并公示相关数据。

（三）创新公示载体

要积极利用第三方网络交易平台、投诉信息公示专栏、消费维权联络点网站、微信公众号、市场（商场）的 LED 屏等公示，扩大社会影响。

七、约谈督查督办机制

（一）开展行政约谈，督促企业落实主体责任

对发生群体性投诉的、投诉举报数量较多的、侵害消费者权益行为产生较大社会影响的、对投诉举报敷衍塞责不配合调查的经营者，通过单独约谈、集体约谈、媒体参与约谈等各种形式开展行政约谈，指导企业落实消费维权第一责任人的责任。

（二）加强督查，提升工作质量

突出目标导向、问题导向、结果导向，坚持将投诉举报处理工作督查与执法检查相结合，与年度考核相结合，突出投诉举报及时办结率、办理质量、数据质量等，综合运用现场督查、会议督查、联合督查、信息化系统后台抽查等方式开展督查，并加强督查结果的应用。

（三）开展督办，提高处理效能

市局对重大投诉举报件、逾期尚未反馈结果的投诉举报件、涉及群体性的消费投诉或者集中举报、已引发舆情的投诉举报件等加强督办。基层各承办单位应当落实上级业务部门的督办要求，并及时反馈结果。

八、消费纠纷多元化解

（一）消费纠纷行政调解和人民调解相衔接

在征得消费者同意的基础上，可以将相关投诉移交消费纠纷人民调解委员会、市场监管所消费纠纷联合人民调解工作室、行业协会消费纠纷联合人民调解工作室等处理。投诉移交人民调解机制处理的，应当在投诉举报信息系统"处理情况""经办意见"等栏目中明确记录相关投诉已转人民调解处理。

（二）创新多种方式，化解消费争议

积极探索通过行政调解与民事诉讼的对接、政府购买服务、支持公益诉讼等方式化解消费争议。对调解不成的群体性消费纠纷或者疑难消费投诉，通过诉调对接机制或者积极引导消费者通过民事诉讼等途径解决。

（三）推广在线纠纷解决机制

应当鼓励引导经营者通过消费维权联络点云调解平台、在线消费纠纷解决（online dispute resolution，ODR）企业等机制化解消费争议，推动经营者和消费者协商和解。着重推动 ODR 企业和消费维权联络点融合发展，发挥其化解纠纷、疏导矛盾以及咨询接待、宣传引导等作用。

九、食品安全职业打假

（一）背景

职业打假是指故意通过购买或消费假冒、不合格产品或服务，随后依据法律规定获得惩罚性赔偿，并以获得此赔偿作为主要营业收入来源的职业活动。随着新修订的《食品安全法》《消费者权益保护法》对惩罚性赔偿制度的明确，消费者用以维权的法律法规日益完善，"职业打假人"这一特殊维权群体迅速兴起，各地市场监管部门收到的由"职业打假人"投诉举报的案件数量也日益增多，作为监管部门应该不断提高处理"职业打假人"投诉举报案件的能力和水平。

（二）职业打假人的现状与特征

1. 手法专业化

职业打假人对食品领域的法律法规乃至食品安全相关标准非常熟悉，对证据材料的收集、申诉送达的途径及维权程序等有较为深入的研究，其投诉、举报、信访、复议、诉讼的手段非常专业，索赔成功率高。他们在法律框架下，以一种理性、平和的方式表达诉求，且不达目的誓不罢休。

2. 组织集团化

职业打假人具有区域活动和团队活动倾向，有的还组建打假团队，成立打假公司，其成员不乏媒体记者、律师和行业内人士等，甚至有实验室为其提供技术支持。其内部分工明确，已经实现了打假的集团化和程序化。

3. 目的利益化

职业打假人打假的直接动力源于《消费者权益保护法》及新修订《食品安全法》的惩罚性赔偿制度，他们以"打假"为噱头，以获取超额赔偿和举报奖励为目的，只要获得较为满意的经济赔偿，就不再关注执法部门对违法行为的查处，甚至同意撤回复议申请或撤诉。

当前，职业打假人选择"维权"对象的目标性很强，主要集中在食品标签标识上，对食品内在质量安全却少有问津。这种打假方式成本低、风险小、见效快。其"维权"地点多集中在大中型商场、超市，因为大中型商场、超市更加注重自身名誉和信誉，并拥有一定范围的消费群体，社会影响力较大，赔付能力较强，一般会直接通过赔偿了事。

（三）职业打假人的身份归属

对于职业打假人是否属于消费者，不仅各地的司法判例差异较大，有关权威规定也是大相径庭。《最高人民法院关于审理食品药品纠纷案件适用法律若干问题的规定》规定："因食品、药品质量问题发生纠纷，购买者向生产者、销售者主张权利，生产者、销售者以购买者明知食品、药品存在质量问题而仍然购买为由进行抗辩的，人民法院不予支持。"这一规定对"知假买假"的职业打假人的合法地位予以确认，或可理解为认可了职业打假人的消费者身份。

2016 年 8 月 5 日，原国家工商行政管理总局发布的《消费者权益保护法实施条例（征求意见稿）》中提到："消费者为生活消费需要而购买、使用商品或者接受服务的，其权益受本条例保护。但是金融消费者以外的自然人、法人和其他组织以营利为目的而购买、使用商品或者接受服务的行为不适用本条例。"该条款有关适用范围的界定，被认为是职业打假人将不再受《消费者权益保护法》保护的信号。

职业打假人并不是一个完整意义上的法律概念，在法律法规对职业打假行为作出明确规定之前，监管部门应不排斥，不迁就，严把程序，注重实体，坚持"有理、有据、有节"的原则，妥善处理职业打假人的投诉举报。

（四）应对职业打假人的策略方法

1. 积极应对，掌握分寸

市场监管部门要变被动为主动，改变"怕、推、等、耗"的观念，对合理诉求依法保障，对无理主张坚决回绝，始终坚持依法、依职责的原则，谨慎妥善处理，特别是要把握好处理尺度。若一味支持其行为，就会使职业打假人利用监管部门来获得其个人利益；若不理不睬、草草应付，对方就会纠缠不休，制造负面影响。因此，对待此类案件，执法人员既不能"不作为"，更不能"乱作为"。同时，要规范言行，防止出现因言语不当而造成不良后果。

2. 严格程序，依法处理

实践中，职业打假人就监管部门收到投诉举报信后，未在法定时限内作出书面受理答复而申请复议或提起诉讼的情况时有发生。因此，对于职业打假行为，监管部门除坚持高效、便民的原则外，更要做到严格按照法律授权、法定程序、法制要求办事，严格执行关于申诉受理的时限规定，及时履行告知程序，并留存书面记录。

3. 分清诉求，履职尽责

职业打假人的诉求涉及投诉、举报、信访等不同性质的案件，要分类处理，分别答复。答复内容要兼顾程序和实体，避免出现行政不作为的复议和诉讼。另外，对于职业打假人投诉的事项，应当在法定期限内作出受理、移送受理或者不予受理的决定，并书面告知投诉人。对于举报事项，应当在规定时限内组织核查，经核查属实的，立案查处，并及时将查处结果反馈给举报人，同时按照规定给予举报奖励；经核查不实的，应当及时将核查的情况和不予立案查处的理由反馈给举报人。特别是不同环节的承办人员要做好无缝对接与反馈工作，避免出现"受而不理、理而不复、办而无果"的现象。

4. 完善机制，规范引导

监管部门应进一步增强规范意识和责任意识，完善投诉举报处置机制及其他内部管理制度。对文件收发、流转时限、责任人等作出明确规定，确保投诉举报材料等各类文书的正常流转。要将职业打假人维权事项纳入监管隐患排查范围，认真梳理和研究职业打假人提出的诉求，属于食品生产经营共性问题的，要及时组织开展针对性的治理行动，主动消除食品安全隐患。应重视职业打假人提供的线索，通过聘请职业打假人为"维权义工"、召开座谈会、邀请参加消费维权"五进"（进学校、进社区、进农村、进军营、进企业）活动等形式，发挥职业打假人的积极作用。同时，通过普法教育，规范职业打假人的维权行为，将之限制在法律允许的范围内，发挥其净化市场环境的积极作用，更好地维护社会公平正义，保障人民群众合法权益。

（五）典型案例

××××年××月××日，某市民在上海市长宁区长宁路一家超市购买了相当数量的鸡腿，并向当地市场监管局举报该产品"外包装宣传传承百年配方，采用十几种配料精制而成"，然而配料表上根本没有十几种配料，严重误导消费者，希望管理部门核实后要求超市、厂家提供百年配方的相关法律依据，如确实违反相关法规，要求依法查处，赔偿损失，包括精神损失费人民币 3.15 万元，书面告知市民查处结果。

某市场监管局调查后，形成了如下办结意见：被投诉举报经营者提供了被投诉产品配方相关的介绍和证明，证明其传承历史；此外，被投诉举报产品的配料表中含有"香辛料"一项，"香辛料"中含有花椒、桂皮等十余种配料，其表述同时符合预包装食品标签的相关规定。故被投诉举报经营者的行为不构成虚假宣传，该局决定对其不予立案。同时，经营者已告知该局拒绝参加调解，故该局按照相关规定，决定终止调解。

该举报案件发生在扫黑除恶期间，举报人对监管部门处理不满意，同时多次威胁经营者，要求私了，获得他期望的所谓报酬，如果不答应，将继续对经营者进行举报和诉讼。市场监管部门将该举报人相关线索移送至公安部门，公安部门依法对其实施了抓捕，并移送司法机关进行审理。

第三节 上海市食品安全举报奖励

一、食品安全举报奖励背景

2019 年 5 月，《中共中央 国务院关于深化改革加强食品安全工作的意见》发布，明确要求完善食品安全投诉举报机制，畅通投诉举报渠道，落实举报奖励制度，鼓励企业内部知情人举报违法犯罪行为，加强对举报人的保护。2019 年 12 月 1 日施行的《食品安全法实施条例》明确规定，"国家实行食品安全违法行为举报奖励制度，对查证属实的举报，给予举报人奖励。举报人举报所在企业食品安全重大违法犯罪行为的，应当加大奖励力度。"

为落实中央文件精神和法律法规中关于食品安全举报奖励的规定，发挥举报奖励制度的正向激励作用，加强对举报人的保护，近年来，各地开始纷纷建立食品违法行为举报奖励制度，引导并鼓励群众参与食品违法行为举报，这对于及时发现、控制和消除食品安全风险隐患，打击食品违法犯罪行为，构造食品安全社会共治格局，发挥了较为明显的作用和制度效果。为此，上海市人民政府于 2020 年 8 月 21 日印发修订后的《上海市食品安全举报奖励办法》（沪府办规〔2020〕8 号），对举报奖励工作职责、奖励情形和标准、举报奖励的实施、奖励发放、监管等作出了明确的规定。2021 年，为了鼓励社会公众积极举报包括食品安全在内的市场监管领域重大违法行为，市场监管总局印发《市场监管领域重大违法行为举报奖励暂行办法》的通知（国市监稽规〔2021〕4 号），规定各级市场监管部门受理社会公众（以下统称举报人，应当为自然人）举报属于其职责范围内的重大违法行为，经查证属实结案后，给予相应奖励。

本节主要介绍上海市食品安全举报奖励的相关内容。根据《上海市食品安全举报奖励办法》（以下简称《办法》），举报奖励是指各级市场监管部门对自然人、法人和非法人组织以信函、传真、走访、网络、电话、电子邮件等方式，举报属于其监管职责范围内的食品（含食品添加剂）在生产经营过程中违法犯罪行为或者违法犯罪线索，经行政机关查证属实并立案查处后，根据举报人的申请，予以相应物质奖励及精神奖励的行为。

二、食品安全举报奖励情形

凡举报下列食品安全违法行为，并经核实的，属于奖励范围：（1）在食用农产品种植、养殖、收获、捕捞、加工、收购、运输过程中，使用违禁药物或者其他可能危害人体健康物质的；（2）未经获准定点屠宰而进行生猪及其他畜禽私屠滥宰的；（3）未经许可从事食品、食品添加剂生产经营活动或者食品相关产品生产活动的；（4）生产经营用非食品原料生产加工的食品或者添加食品添加剂以外的化学物质和其他可能危害人体健康物质生产的食品或者用回收食品作为原料生产加工的食品的；（5）生产经营营养成分不符合食品安全标准的专供婴幼儿和其他特定人群的主辅食品的；（6）经营病死、毒死或者死因不明的禽、畜、兽、水产动物肉类或者生产经营病死、毒死或者死因不明的禽、畜、兽、水产动物肉类制品的；（7）经营未按照规定进行检疫或者检疫不合格的肉类或者生产经营未经检验或者检验不合格的肉类制品的；（8）生产经营国家和本市为防病和控制重大食品安全风险等特殊需要明令禁止生产经营的食品的；（9）生产经营添加药品的食品的；（10）生产经营致病性微生物，农药残留、兽药残留、生物毒素、重金属等污染物质以及其他危害人体健康的物质含量超过食品安全标准限量的食品、食品添加剂、食品相关产品的；（11）使用超过保质期的食品原料、食品添加剂生产食品、食品添加剂或者经营上述食品、食品添加剂的；（12）生产经营超范围、超限量使用食品添加剂的食品的；（13）生产经营腐败变质、油脂酸败、霉变生虫、污秽不洁、混有异物、掺假掺杂或者感官性状异常的食品、食品添加剂的；（14）生产经营标注虚假生产日期、保质期或者超过保质期的食品、食品添加剂的；（15）生产经营未按照规定注册的保健食品、特殊医学用途配方食品、婴幼儿配方乳粉，或者未按注册的产品配方、生产工艺等技术要求组织生产的；（16）以分装方式生产婴幼儿配方乳粉，或者同一企业以同一配方生产不同品牌的婴幼儿配方乳粉的；（17）利用新的食品原料生产食品或者生产食品添加剂新品种，未通过安全性评估的；（18）生产经营被包装材料、容器、运输工具等污染的食品、食品添加剂的；（19）生产经营无标签的预包装食品、食品添加剂的；（20）生产经营未按照规定显著标示的转基因食品的；（21）食品生产经营者采购或者使用不符合食品安全标准的食品原料、食品添加剂的；（22）食品、食品添加剂生产者未按照规定对采购的食品原料和生产的食品、食品添加剂进行检验的；（23）学校、托幼机构、养老机构、建筑工地等集中用餐单位未按照规定履行食品安全管理责任的；（24）提供虚假材料，进口不符合我国食品安全国家标准的食品、食品添加剂、食品相关产品的；（25）集中交易市场的开办者、柜台出租者、展销会的举办者允许未依法取得许可的食品经营者进入市场销售食品，或者食用农产品批发市场未履行检验义务或发现不符合食品安全标准后未履行相关义务的；（26）违法违规产生、收集、收运、加工、销售餐厨废弃物、废弃油脂，或者将餐厨废弃物、废弃油脂加工后作为食用油使用、销售的；（27）假冒他人注册商标生产经营食品、伪造食品产地或者冒用他人厂名、厂址，伪造或者冒用食品生产许可标志或者其他产品标志生产经营食品的；（28）生产食品相关产品新品种，未通过安全性评估，或者生产不符合食品安全标准的食品相关产品的；（29）食品相关产品生产者未按照规定对生产的食品相关产品进行检验的；（30）生产经营以有毒有害动植物为原料的食品的；（31）网络食品交易第三方平台提供者未对入网食品经营者进行实名登记、审查许可证，或者未履行报告、停止提供网络交易平台服务等义务的；（32）广告中对食品作虚假宣传，欺骗消费者，或者发布未取得批准文件、广告内容与批准文件不一致的保健食品广告的；

（33）其他具有严重社会危害性或造成重大影响的食品安全违法犯罪行为，举报经食品安全监管部门认定需要予以奖励的情形。

三、食品安全举报奖励的条件

食品安全举报奖励还应当同时符合以下条件：（1）所举报的食品安全违法犯罪案件发生在本市行政区域内；（2）举报人实名举报或者食品安全监管部门能够核实举报人有效身份的隐名举报；（3）有明确、具体的被举报对象和主要违法犯罪事实或者违法犯罪线索；（4）违法犯罪行为或者线索事先未被食品安全监管部门掌握；（5）同一举报内容未获得其他部门奖励；（6）举报情况经食品安全监管部门调查，查证属实并立案查处。特殊情况下，举报的违法事实确实存在，违法行为证据确凿，因其他原因无法立案查处，但违法行为确已得到有效制止的，由市级食品安全监管部门按照《办法》对举报人予以奖励。

但是，下列人员和情形不属于奖励范围：（1）本市食品安全监管部门工作人员（包括在编的公务员、参照公务员管理的人员、文员等）及其直系亲属；（2）不涉及食品安全问题的举报；（3）采取利诱、欺骗、胁迫、暴力等不正当方式，使有关生产经营者与其达成书面或者口头协议，致使生产经营者违法并对其进行举报的；（4）举报人以引诱方式或其他违法手段，取得生产经营者违法犯罪相关证据并对其进行举报的；（5）法律法规和相关文件规定的其他不适用的情形。

四、食品安全举报奖励原则

对举报人员的奖励，实行一案一奖制，依据以下原则确定奖励范围与金额：（1）对同一举报事项，不得重复予以奖励。同一违法犯罪案件被不同举报人举报且内容相同的，对第一举报人进行举报奖励，举报顺序以举报人向相关食品安全监管部门举报时间为准；其他举报人提供的证据对案件查处起直接、重大作用的，可以给予适当奖励；（2）一个举报中所涉及的违法犯罪行为，相关食品安全监管部门予以分案查处的，可分别计算奖励金额，奖金可合并发放；（3）最终认定的违法犯罪事实与举报事项不一致的，不予奖励；（4）最终认定的违法犯罪事实与举报事项部分一致的，相一致的部分为有效举报，不一致的部分为无效举报，无效部分不计算奖励金额；（5）除举报事项外，办案机构还认定了其他违法犯罪事实的，对其他违法犯罪事实做出的处理部分不计算奖励金额；（6）同一举报内容本部门或其他部门已经受理举报奖励申请（包括使用市级或区县食品安全举报专项奖励资金），有关食品安全监管部门不再告知举报人申请该举报奖励的权利，举报人申请后也不再受理。

五、食品安全举报奖励等级及标准

举报奖励根据举报证据与违法事实查证结果，分为三个奖励等级。食品安全监管部门按照举报案件罚没款金额，同时综合考虑涉案货值金额、奖励等级、社会影响程度等因素计算奖励金额，每起案件的举报奖励金额原则上不超过 50 万元，具体奖励类别及标准为：

（一）一般奖励标准

1. 一级举报奖励

提供被举报方的详细违法事实、线索及直接证据，举报内容与违法事实完全相符，按照罚没款金额的 4%~6%（含）给予奖励。不足 2 000 元的，给予 2 000 元奖励。

2. 二级举报奖励

提供被举报方的违法事实、线索及部分证据，举报内容与违法事实基本相符，按照罚没款金额的 2%~4%（含）给予奖励。不足 1 000 元的，给予 1 000 元奖励。

3. 三级举报奖励

违法事实部分相符，按照罚没款金额的 1%~2%（含）给予奖励。不足 200 元的，给予 200 元奖励。

4. 无罚没款的案件，各级举报奖励金额分别不低于 2 000 元、1 000 元、200 元。

（二）重点奖励标准

属于以下举报的，举报奖励标准在一般奖励标准的基础上分别上浮 1%~2%：

1. 举报符合上述奖励范围第（2）（4）（5）（6）（7）（8）（9）项的；

2. 举报未取得食品（食品添加剂）生产许可制售有毒有害或者假冒伪劣食品的；

3. 其他涉及重大食品安全事件的举报。

对举报人举报所在企业食品安全重大违法犯罪行为的，可以按照上述标准增加一倍计算奖励金额。

六、食品安全举报奖励工作程序

（一）一般程序的举报奖励申请和审批程序

1. 权利告知

市场监管部门应当在作出行政处罚决定（或者刑事判决生效）之日或案件结案之日起的 15 日内（指自然日，下同）书面或电话告知举报人是否符合《办法》举报奖励条件。对符合举报奖励条件且书面告知的，应当制作《上海市食品安全举报奖励申请告知书》。电话告知的，应当做好录音及书面记录。告知日期分别以告知书发出的邮戳日期、电话通知当日的录音及书面记录为准。符合举报条件特殊情况的，有关食品安全监管部门可以在制止违法行为之日起的 15 日内，告知符合《办法》奖励条件的举报人，并根据举报然意愿启动奖励程序；不符合奖励条件的，应当书面或者电话告知举报人不予奖励。举报人应当自食品安全监管部门告知其享有举报奖励权利之日起 60 日内提出奖励意愿。无正当理由，逾期不申请奖励的，视为放弃。举报人可以以书面形式，表明放弃申请奖励的权利。

2. 奖励申请

举报人申请奖励的，应当向告知其享有举报奖励权利的食品安全监管部门提交《上海市食品安全举报奖励申请表》和有效身份证件。举报人委托他人代为申领举报奖励的，还应当提供授权委托证明、受委托人的身份证或者其他有效证件。未提供相关的证明材料，或提供的信息与举报时所约定内容不符的，不予奖励。

3. 奖励审批

市场监管部门应当自启动举报奖励之日起 30 日内，对举报事实、奖励条件和标准予以认定，提出奖励意见，填写《上海市食品安全举报奖励审核表》《上海市食品安全举报奖励专项资金使用申请表》，连同《上海市食品安全举报奖励申请表》和举报原始记录复印件、举报受理记录复印件、处罚决定书或刑事判决书复印件、奖励告知书及送达证明等材料，报市级食品安全监管部门审批。符合奖励条件中特殊情况的应当提供查实违法行为、制止违法行为的相关证据、案件结案审批文书等材料。

市级食品安全监管部门审批同意后，向市市场监管部门提出使用市级食品安全举报专项奖励资金，市市场监管部门审核通过后，予以拨付资金。

（二）简易程序的举报奖励申请和审批程序

1. 简易程序的启动

举报事项有较大社会影响，且经有关食品安全监管部门立案调查，有充分证据证明举报行为符合《办法》规定应当给予举报奖励的，食品安全监管部门可以在案件调查终结时，启动简易程序，根据案件货值金额等具体情况，对举报人给予不低于 200 元的先行奖励。

2. 简易程序权利告知与申请

市场监管部门应当在批准案件调查终结之日起 5 日内，按照《办法》第十五条的规定，告知符合奖励条件的举报人有申请先行奖励的权利。举报人应当按照《办法》第十六条的规定向有关食品安全监管部门提出先行奖励申请。

3. 简易程序审批

市场监管部门应当在举报人提出先行奖励意愿之日起 20 日内，对举报事实、奖励条件予以认定，提出奖励意见，填写《上海市食品安全举报奖励审核表》《上海市食品安全举报奖励专项资金使用申请表》，连同《上海市食品安全举报奖励申请表》、举报原始记录复印件、举报受理记录复印件、立案审批文书、案件调查终结审批文书、奖励告知书及送达证明等材料，报市市场监管部门审核。

市级食品安全监管部门审核同意后，提出使用市级食品安全举报专项奖励资金，审核通过后，予以拨付资金。如规定还可以进行后续奖励的，应该给予奖励，但两次奖励总额应当符合前述奖励标准的规定。

（三）特殊奖励附加程序

对于奖励金额大于 10 万元（含 10 万元）的较大金额食品安全举报奖励资金使用申请，除按照《办法》规定的一般程序进行审批外，还需经市食品药品安全委员会批准。

（四）隐名举报奖励申领

举报人隐名举报的，应当提供其他能够辨别其身份的信息作为身份代码（如身份证缩略号、电话号码、网络联系方式等），并与食品安全监管部门专人约定举报密码、举报处理结果和奖励权利的告知方式。

隐名举报人提出奖励意愿的，应当向告知其享有举报奖励权利的食品安全监管部门提交《上海市食品安全举报奖励申请表》，并提供身份代码、举报密码。

隐名举报人可以委托他人代为提出举报奖励意愿、代为领取举报奖励资金。代为申领的，受委托人应当提供授权委托证明、受委托人有效身份证件、隐名举报人与市场监管部门约定的身份代码、举报密码。

其他事项，按照《办法》规定的一般程序办理。

（五）奖励发放程序

1. 奖励通知

市场监管部门应当在举报奖励审核同意后，制作《上海市食品安全举报奖励通知书》或《不予奖励通知书》，加盖行政机关印章，按照举报人提供的地址和联系方式通知举报人。

2. 奖励领取

举报人应当自接到奖励通知之日起 60 日内，凭通知和有效身份证件领取奖励，并填写《上海市食品安全举报奖励发放登记表》。无正当理由逾期不领取奖励的，视为放弃，食品安全监管部门应当记录在案。

委托他人代为提出举报奖励意愿的，应当委托同一人领取奖金，受委托人需凭通知、授权委托证明、举报人和受委托人的有效身份证件领取奖励。

3. 申领承诺

对符合《办法》规定，向本市各级市场监管部门提出举报奖励意愿的举报人，应当对其就同一举报内容未获得其他部门奖励（包括获得市级或区县食品安全举报专项奖励资金奖励）的情况作出书面承诺。

委托他人提出举报奖励意愿并申领的，委托人应当在授权委托书中，承诺对受委托人的申领行为和结果承担法律责任。

4. 救济途径

举报人对奖励决定不服的，可以自收到《上海市食品安全举报奖励通知书》或《不予奖励通知书》之日起 10 个工作日内，向实施举报奖励的食品安全监管部门提出复核申请；也可以在 60 日内依法申请行政复议，或者在 6 个月内直接向人民法院提起行政诉讼。

七、食品安全举报奖励责任追究

举报人借举报之名，故意捏造事实诬告他人或者弄虚作假骗取奖励的，应当依法承担相应的责任。被举报人对举报人进行打击报复的，应当依法承担相应的责任。本市各级市场监管部门及其工作人员有下列情形之一的，由任免机关或者监察机关按照管理权限，对直接负责的主管人员和其他直接责任人给予行政处分；构成犯罪的，依法移送司法机关处理：（1）伪造举报材料，冒领举报奖金的；（2）对举报事项未核实查办的；（3）泄露举报人身份情况、举报内容或者帮助被举报人逃避查处的。

第十二章　重大活动食品安全监督保障

第一节　重大活动食品安全监督概述

一、重大活动食品安全监督保障背景

重大活动食品安全监督保障是确保重大活动顺利进行的安全保障，也是食品安全监管部门的重要职责之一。近年来，随着我国对外经济、贸易、科学和文化交流逐渐深入，国内外各类重大活动的举办频率越来越高，规模越来越庞大，重大活动食品安全监督保障工作的重要性越来越凸显。为了规范重大活动的食品安全管理，确保重大活动餐饮服务食品安全，原国家食品药品监督管理局曾于2011年发布《重大活动餐饮服务食品安全监督管理规范》（国食药监食〔2011〕67号），随后，原国家食品药品监督管理总局于2018年印发《重大活动食品安全监督管理办法（试行）》（食药监食监二〔2018〕27号），用于指导各级监管部门在重大活动时期的食品安全管理工作。

二、重大活动食品安全监督保障概念

重大活动主要指党员代表大会、人民代表大会、政治协商会议和重要的国际会议，以及国际、全国、区域性体育比赛，大型庆典、经贸等活动。重大活动食品安全保障是指省级及以上党委、政府、人大、政协确定的具有一定规模和影响的政治、经济、文化、体育等重大活动期间实施的食品安全监管工作。

三、重大活动食品安全监督保障原则

（一）预防为主

将"预防为主"原则贯穿重大活动监督保障工作始末，对可能存在食品安

全隐患做到"早部署、早预防、早发现和早消除"。例如，食品安全监管部门在重大活动举办前应对重大活动食品供应商、餐饮接待单位的事前监督检查。检查发现存在食品安全隐患的，要及时提出整改要求，并监督整改；对不能满足接待任务要求、不能保证食品安全的供应商、餐饮接待单位，评估不符合要求的餐饮接待单位，可及时提请或要求承办单位或主办单位予以更换。再如，食品安全监管部门事前要对重大活动餐饮接待单位提供的食谱进行审定。对食品原料的采购要求通过定点供应、全程溯源、逐批抽检的方式确保食品来源可靠，安全可控。

（二）规范管理

规范管理是指食品安全监管部门根据重大活动供餐的特点，依据食品安全法律法规、标准规范等的要求，全面排查可能存在的食品安全风险，实施从"农田到餐桌"的食物链全过程的风险管理。比如，食用农产品供应商应当对食用农产品种植、养殖者进行审核，要求食用农产品种植、养殖者严格按照食品安全标准和国家有关规定使用农药、肥料、兽药、饲料和饲料添加剂等农业投入品，严格执行农业投入品使用安全间隔期或者休药期的规定，并做好食用农产品的采收、屠宰、贮存、运输相关记录，保证食用农产品可追溯。再如，餐饮接待单位应当按照《餐饮服务食品安全操作规范》对原辅料的控制要求，加强对原辅料的采购管理，落实查验记录制度，确保所使用的食品、食品添加剂和食品相关产品符合食品安全标准。

（三）属地负责

按照地方政府负总责和监管部门各负其责的原则，根据各自管辖范围明确职责分工，切实履行监管职责，确保责任到位。国家食品安全监管部门负责重大活动食品安全监管工作的规范、指导；省级食品安全监管部门负责本行政区域内举办的重大活动食品安全监管工作的部署、协调、督导、检查；市、县级食品安全监管部门负责具体组织、实施本行政区域内举办的重大活动食品安全监管工作。但在实际保障活动中，省级食品安全监管部门负责的重大活动监管任务可以自行承担，也可以组织相关地市或区县食品安全监管部门共同承担；区县级任务由相关区县食品安全监管部门承担，必要时可报请上级食品安全监管部门协助承担，或组织相关部门共同承担。

（四）分级监督

市场监管部门可以根据活动任务性质、活动规格、供餐方式、食品品种、用餐人数等因素，综合食品安全风险，按照下列分级方式进行监督保障。

1. Ⅰ级保障

Ⅰ级保障即全程驻点保障，指对规格较高、规模较大以及食品安全风险较高的重大活动，从餐饮单位的食品原料进货到供餐所有加工制作环节进行全程监督，主要包括检查评估、食谱审查、进货查验、食品原料快速检测、粗加工、烹饪、凉菜加工、糕点加工、现榨饮料、备餐供餐、环节表面（餐饮具、加工用具、手部）快速检测、食品贮运、餐用具清洗消毒、人员健康、食品留样等环节。

2. Ⅱ级保障

Ⅱ级保障即重点环节监督，指对规格较低、规模较小以及食品安全风险较低的重大活动，重点对餐饮单位食品加工制作关键环节进行监督检查，主要包括开展食谱审查、高风险食品原料进货查验与快检、环节表面快速检测，检查凉菜加工条件、冷加工糕点加工条件；告知和督促接待单位按要求做好其他环节食品安全管理。

3. Ⅲ级保障

Ⅲ级保障即高频次巡查，指针对特定区域，在特定时间段内开展高频次的巡回监督检查，主要对重大活动接待酒店附近的食品经营单位，以及主要旅游景点食品经营单位开展巡回检查。

政务类重大活动、重大体育赛事活动一般采取Ⅰ级保障；经济、文化等供餐方式简单、食品安全风险较低的活动可以采取Ⅱ级或Ⅲ级保障。每一类重大活动食品安全保障级别不是固定不变的，而是应该根据风险大小和主办方要求确立保障级别。在一类或一次活动中，对不同的供餐单位、供餐方式可以采用不同的保障级别。

第二节　重大活动食品安全监督
保障的职责和要求

食品安全监管部门、重大活动主办单位或承办单位、食品供应商、餐饮接待单位应当建立多方参与的联动机制，有效加强对重大活动食品安全监管和保障工作的领导、组织、沟通和协调，落实各方责任。食品供应商、餐饮接待单位应当积极配合食品安全监管部门的监督检查，对监管部门提出的整改意见应当及时整改，确保在规定时间内整改到位。重大公共活动的组织者应当采取有效的保障措施，保证活动期间的食品安全。鼓励重大公共活动的组织者聘请社会专业机构提供重大公共活动的食品安全保障服务。

一、重大活动食品安全监督保障承办单位的责任

重大活动的主办单位应对重大活动期间食品安全负总责。重大活动的承办单位应当设立食品安全管理机构，对重大活动食品安全进行管理，并对食品安全负责。承办单位应当选择符合下列条件的食品供应商、餐饮接待单位承担重大活动食品安全保障工作：（1）食用农产品供应商应当具有合法有效的资质；（2）食品供应商应当具有合法有效的食品生产、经营许可证；（3）餐饮接待单位应当具有合法有效的食品经营许可证，具备与重大活动规模、供餐人数、供餐方式相适应的食品安全保障能力；（4）餐饮接待单位的量化等级应当为 A 级；（5）配备专职或兼职食品安全管理人员；（6）符合食品安全监管部门提出的其他要求。

承办单位要在重大活动确定后 7 个工作日内向当地食品安全监管部门通报重大活动相关信息，包括活动名称、时间、地点、人数、代表食宿安排；主办单位、承办单位名称、联系人、联系方式；食品供应商、餐饮接待单位名称、地址、联系人、联系方式，重要宴会、赞助食品等信息。承办单位应当协助食品安全监管部门开展食品安全监管，督促食品供应商、餐饮接待单位落实食品安全主体责任。承办单位根据重大活动的规模和层级，需要确定食品总供应商的，应当选择具有保障食品安全能力的供应商作为食品总供应商。承办单位应当为食品安全监管部门开展食品安全监督保障工作提供必要的保障措施。

二、重大活动食品安全监督保障食品供应者责任

重大活动期间食品供应者应当依据食品安全相关要求，从事食品相关生产经营活动，确保食品安全，具体如下。

（一）设立食品总仓

食品总供应商应当设立食品总仓，统一采购、统一查验、统一检测、统一贮

存、统一配送、统一记录，并符合食品贮存、冷藏和冷冻的要求，确保食品闭合管理，全程安全。

（二）食品运输要求

食品总供应商供应的食品应当专车运输、专人验收、专人记录、专库贮存；运输车辆必须符合卫生和安全要求；需要冷链运输的食品必须按要求封闭冷链运输。

（三）台账管理

食品生产企业应当建立和完善台账管理制度，建立原辅材料进货台账、使用档案和生产记录，严格过程控制、出厂检验，企业食品安全质量管理体系有效运行，确保食品安全可追溯。

三、重大活动食品安全保障餐饮接待单位责任

餐饮接待单位为重大活动提供餐饮服务，依法承担餐饮服务食品安全主体责任，具体如下。

（一）自查与承诺

餐饮接待单位在接到重大活动任务后应当立即组织开展食品安全自查，并向承办单位和食品安全监管部门提交自查报告。在重大活动开始前，餐饮接待单位应当与食品安全监管部门签订责任承诺书。

（二）保障方案及应急预案

餐饮接待单位应当设立食品安全管理机构，建立健全食品安全管理制度，应当制定重大活动食品安全保障方案和食品安全事故应急预案，明确重大活动食品安全管理责任人和联络人，并及时报送食品安全监管部门和承办单位。餐饮接待单位应当按照食品经营许可的项目为重大活动提供餐食食谱。食谱应当标明主要原料和烹饪方式，由驻点监管人员审核。审定后的食谱在重大活动期间不得擅自更改。

（三）从业人员健康管理与培训

餐饮接待单位应当严格执行从业人员健康管理制度，确保从业人员的健康状

况符合相关要求。餐饮接待单位应当按照每日晨检制度的要求，坚持每天对从业人员进行晨检，并做好晨检记录，对患有有碍食品安全疾病的人员进行调整或调离相关岗位。餐饮接待单位应当与承办单位共同做好餐饮服务从业人员的培训，满足重大活动食品安全保障的特殊需求。

（四）原辅料安全控制

餐饮接待单位应当按照原辅料控制要求，加强对原辅料的采购管理，落实查验记录制度，确保所使用的食品、食品添加剂和食品相关产品符合食品安全标准。

（五）设施设备的维护与清洁

餐饮接待单位应当加强对食品加工、贮存、陈列、消毒、保洁、保温、冷藏、冷冻等设施设备以及校验计量器具的维护与保养，及时清理清洗，确保设施设备器具的正常运转和使用。加强对餐饮具清洗、消毒的管理，保持专用设施设备的清洁。

（六）食品留样要求

重大活动餐饮服务食品留样应当按餐次、品种分别存放于清洗消毒后的密闭专用容器内，每个品种至少 125 g，在冷藏条件下存放 48 h 以上，每个品种留样量应当满足检验需要，并做好记录。存放留样食品的冰箱等设备应当专用，并由专人负责、上锁保管。

（七）禁止使用的食品

餐饮接待单位不得使用下列食品、食品添加剂和食品相关产品：（1）法律法规禁止生产经营的食品、食品添加剂和食品相关产品；（2）检验检测不合格的食品；（3）外购现制现售食品、散装熟肉制品；（4）食品安全监管部门在审核食谱时认定不适宜提供的食品；（5）检验检测不合格的生活饮用水。

四、重大活动食品安全保障监管部门的职责

食品安全监管部门应当建立重大活动食品安全监管联动协作工作机制，会同相关部门共同做好重大活动食品安全监管工作。具体包括：

（一）制定保障方案及应急预案

食品安全监管部门应当根据《餐饮服务食品安全操作规范》《重大活动食品安全监督管理办法（试行）》等，制定重大活动食品安全监管工作方案和食品安全事故应急预案，按照重大活动的特点，确定食品安全监管方式和方法。

（二）开展事前检查及评估

食品安全监管部门应当在重大活动举办前加强对重大活动食品供应商、餐饮接待单位的事前监督检查，检查发现存在食品安全隐患的，应当及时提出整改要求，并监督整改；对不能满足接待任务要求、不能保证食品安全的食品供应商、餐饮接待单位，评估不符合要求的餐饮接待单位，及时提请或要求承办单位或主办单位予以更换。

（三）严格审定食谱

食品安全监管部门应当对重大活动餐饮接待单位提供的食谱进行严格审定。

（四）明确监管方式

食品安全监管部门根据重大活动食品安全监管工作需要，可采取巡查或驻点监管方式，选派适当数量监管人员，对重点环节进行监督检查，并做好检查记录。监管人员在检查过程中遇有不能现场解决的重大食品安全问题，应当及时向上级报告。

（五）及时通报信息

食品安全监管部门认为有必要的，可以将重大活动所使用的食品品种等信息，向食品生产经营企业所在地食品安全监管部门通报，通报信息包括食品品种、采购数量、企业名称及监管要求等。必要时，可以将重大活动所使用食用农产品的品种、种植养殖者名称，向食用农产品产地农业部门通报。

（六）开展食品企业所在地食品安全监管

食品生产经营企业所在地食品安全监管部门应当按照保障重大活动食品安全的要求，对食品生产经营企业进行严格的监督检查。对食品生产企业重点检查原辅材料采购、加工过程控制、产品检验、追溯记录等内容，对食品经营企业重点检查采购管理、查验记录、贮存等内容。

（七）对总供应商的检查

食品安全监管部门应当加强对食品总供应商的监督检查，重点检查进货、贮存、配送以及保障食品安全措施的落实情况。

（八）对餐饮接待单位的检查

1. 食品安全监管部门对重大活动餐饮接待单位进行资格审核，对餐饮接待单位的加工制作环境、餐饮具清洗消毒、食品添加剂采购使用、食品留样等进行现场检查。

2. 食品安全监管部门应当对餐饮接待单位采购管理、查验记录等行为进行监督检查；对产品进行感官检查，也可进行快速检测或抽样检验。发现异常时，应当对可疑食品、食品添加剂及食品相关产品进行抽样检验；发现不合格的，应当及时采取控制措施。

3. 食品安全监管部门应当对重大活动餐饮服务进行现场检查，并做好检查记录。对餐饮接待单位不符合相关法律法规要求的，应当责令限期整改，视情节轻重给予相应处罚，并及时通报承办单位；涉嫌犯罪的，及时移送公安机关。

（九）食物中毒处理

发生食物中毒或疑似食物中毒时，主办单位、承办单位、餐饮接待单位、驻点监管人员、接收病人进行治疗的单位，应当及时向发生地县级人民政府食品安全监督管理、卫生行政部门报告。食品安全监管部门应当立即会同相关部门进行调查处理。属于食品安全事故的，按照《食品安全法》的相关规定处置。

（十）其他

食品安全监管人员应当严格遵守重大活动食品安全监管工作纪律和保密规定。食品安全监管部门应当自重大活动食品安全监督保障工作结束之日起 10 个工作日内，将有关资料归档。

第三节　重大活动食品安全监督
保障工作程序和内容

一、重大活动食品安全监督保障前期准备工作

（一）任务登记

主办单位或承办单位应当在重大活动确定后 7 个工作日内向市场监管部门通报重大活动相关信息，主要包括：（1）活动名称、时间、地点、人数、食宿安排；（2）主办单位、承办单位名称、联系人、联系方式；（3）食品供应商、餐饮接待单位名称、地址、联系人、联系方式；（4）重要宴会、赞助食品等信息。市场监管部门在向主办单位、承办单位、餐饮接待单位了解确认上述信息后进行书面登记。

（二）制定工作方案

市场监管部门应根据主办方提出的重大活动保障要求制定工作方案，内容包括工作任务、工作目标、监督保障级别、职责分工、工作要求、人员安排和经费预算等。根据重大活动规模和特点，必要时还需制定其他相关工作子方案。如单独制定食品原料管理方案、食源性兴奋剂检测方案；涉及农产品种植养殖环节、食品生产、食品经营、进口食品、餐饮服务等多环节的，还需要制定相关环节分方案。必要时，市场监管部门组织专家对各项方案的科学性和可操作性进行咨询评估。

（三）建立组织体系

市场监管部门可根据重大活动规模大小，成立指挥协调、现场保障、应急处置、检验检测等工作组，并配备足够的工作人员。对级别高、规模大、持续时间长的综合性重大活动，市场监管部门应在主办方组委会组织架构中设立食品安全保障部门。多级市场监管部门参加的食品安全保障工作，应由上级市场监管部门统一协调和组织指挥，共同开展食品安全保障工作。跨省市或跨区域的重大活动，市场监管部门还应建立省际或区域之间的联动协作机制。

（四）严格审查食谱

市场监管部门审查食谱的重点包括：食品原料是否安全；食品加工工艺、食品加工时间和加工温度等是否与加工条件相适应；是否确保可以杀死或破坏食品中有毒有害物质，保证食品安全。

1. 食谱制定和审查遵循原则

（1）与加工场所条件相适应原则，即食谱菜肴品种、数量应与加工场所、加工条件相适应，并符合相应的安全要求；（2）便于控制原则，即食谱菜肴应便于规模制作、便于充分加热、便于控制时间；（3）规避高风险原则，即不宜选用四季豆等豆荚类品种、非人工种植的食用菌、操作复杂的改刀熟食、水分和蛋白质含量高的冷加工糕点和豆制品、非现拌色拉、生食海产品等；（4）尊重特殊饮食习惯原则，即告知餐饮单位尊重民族和宗教饮食习惯，以及个人特殊饮食。

2. 禁止使用的食品、食品添加剂和食品相关产品

具体包括：（1）法律法规禁止生产经营的食品、食品添加剂和食品相关产品；（2）检验检测不合格的食品和生活饮用水；（3）外购现制现售食品、散装熟肉制品；（4）在审核食谱时认定不适宜提供的食品。

（五）开展检查评估

1. 资料审查

市场监管部门根据实际需要，对餐饮单位或食品原料供应商重点审查以下资料：（1）许可经营业态、经营范围、供餐数量等资质情况；（2）食品安全管理组织、管理人员、管理制度设立情况；（3）食品从业人员健康证明及健康状况等；（4）其他食品安全相关资料。

2. 现场检查

市场监管部门对餐饮单位或食品原料供应商生产加工现场重点检查以下内容：（1）是否具有量化分级 A 级标准或 A 级标准相当的条件；（2）食品生产经营场所布局是否合理、是否发生改变，相关设备设施是否正常运行等情况；（3）食品生产加工制作过程是否符合食品安全要求；（4）加工场所条件、设施设备数量、从业人员安排与食品生产加工数量、食品加工工艺、供餐方式、用餐人数，以及其他特殊要求是否相适应，是否有足够的生产或接待能力；（5）其他需要现场检查的内容。

3. 原料审查

市场监管部门对拟采购使用的食品原料进行重点审查，具体包括：（1）食品原料供应商资质，食品原料索证索票情况，食品原料是否可追溯到源头；（2）食品包装、标签标识是否符合要求；（3）能否提供同批次有效检验（检疫）合格证明。对于餐饮服务单位原料供应不能确保安全和可追溯的，应重新调整供应商或提出推荐供应商。

4. 食品抽样检测

具体抽检内容包括：（1）食品安全指标检测，对食品及原料、食品工用具、餐饮具、容器等样品抽样检测食品安全指标，用于评价食品生产单位、餐饮服务单位食品安全现状和食品安全制度执行情况；（2）食源性兴奋剂项目检测，在重大体育赛事食品安全保障中，根据组委会要求对供运动员食用的食品及原料抽样检测食源性兴奋剂项目。

5. 撰写检查评估报告

检查评估工作结束后，市场监管部门应撰写重大活动食品安全监督评估报告，完成评估结论，提出整改意见和建议，告知主办单位、承办单位和有关食品生产经营单位，并监督整改落实。

（六）实施告知承诺

市场监管部门应告知重大活动餐饮服务单位食品安全要求和注意事项，要求餐饮服务单位签订食品安全承诺书，并督促其做好供餐准备工作。在一些重大活动中，市场监管部门还可向代表团或人员发放食品安全须知，告知外出就餐和饮食注意事项。

（七）组织培训演练

市场监管部门应组织监督保障人员、食品生产经营单位相关人员开展针对性的重大活动食品安全监督保障工作培训；根据需要，组织开展模拟演练，检验保障工作方案、保障措施、应急处置等的科学性和可操作性，及时发现问题，完善相关方案和措施。

（八）落实工作条件

市场监管部门应协调主办单位或承办单位落实保障工作场所、现场保障人员的住宿和用餐、现场检测工作场所、人员和车辆通行证件等条件，提前落实食品快速检测设备和试剂耗材、监督车辆、通信等后勤保障工作。

二、重大活动食品安全监督保障组织实施工作

（一）派员进驻

承担重大活动食品安全保障人员应带好监督保障相关文书，保障工作登记表格、采样工用具、快速检测仪器设备及执法记录仪器设备等，提前进驻重大活动现场。

（二）实施过程监督

过程监督是指市场监管部门对承担重大活动食品供应单位的食品生产加工供应过程进行的现场监督。重点是监督企业严格按照前期确定的食品原料、供餐食谱、供餐方式、生产加工场所、生产加工工艺、加工操作过程、从业人员卫生等方面要求和方案进行食品生产加工供应，对不符合要求的，立即提出整改，确保供应的食品安全。

1. 检查食品原料安全

具体内容包括：（1）餐饮单位是否对库存食品原料进行清理核查，拟使用的原料是否属于保障前期检查评估合格的原料，每批次食品原料是否按要求提供索证索票资料；（2）对食品原料是否开展食品安全快速检测，并做好检测记录；（3）餐饮单位是否在原料收货时查验和记录易腐食品运输、收货温度，对不符合温度要求的食品，是否按要求废弃或确认未变质后方可使用；（4）餐饮单位是否将重大活动供餐的食品原料进行单独存放，明显标识，与其他原料进行区分，必要时对原料和食品添加剂进行"双人双锁"管理，防止人为破坏。

2. 检查粗加工及切配过程

具体内容包括：（1）待加工食品是否有腐败变质迹象或其他感官性状异常；（2）水产品、禽肉类与植物性食物是否分池清洗，禽蛋在使用前是否对外壳进行清洗，必要时做消毒处理；（3）食品存放是否规范，易腐食品是否及时冷藏存放，盛装食品的容器是否直接着地存放。

3. 检查烹饪加工过程

具体内容包括：（1）是否按审核的食品品种、工艺、数量、时间节点加工食品；（2）加工的食品是否烧熟煮透，用中心温度计测量或检查动物性食品内部是

否有血水，加工时食品中心温度是否达到70℃；（3）加工操作过程是否存在生熟混放，加工好的成品是否与半成品和原料分开存放，需冷藏的熟制品是否采取冷藏措施；（4）个人卫生是否符合卫生规范；（5）是否存在其他不符合加工操作规范的行为。

4. 检查凉菜加工过程

具体内容包括：（1）是否提前做好专间空气消毒（紫外线灯消毒 30 min 以上），室温是否在 25℃ 以下；（2）专间内是否配备消毒液，消毒液浓度是否符合要求，是否定期更换；（3）专间是否存在未经清洗处理的蔬菜、水果等食品原料或其他不洁物品；（4）待加工食品是否有腐败变质迹象或其他感官性状异常；（5）加工操作前是否对加工用具、台面、人员手部进行严格的清洗与消毒，合格后方可进行操作，否则责令其重新清洗消毒；（6）凉菜自加工完毕到食用是否控制在 2 h 内；凉菜是否当餐制作，不得隔餐食用；（7）凉菜是否叠盆摆放，先前加工的要用保鲜膜或密闭容器存放；（8）加工人员是否穿戴清洁的工作衣帽和佩戴口罩，并宜佩戴一次性手套；（9）是否存在其他不符合加工操作规范的行为。

5. 检查现榨果蔬汁制作过程

具体内容包括：（1）制作现榨果蔬汁的设备、工用具是否专用，每餐次食用前是否消毒，食用冰和净水设施是否符合要求；（2）用于制作现榨果蔬汁的原料是否经清洗、消毒、净水冲洗处理；（3）现榨果蔬汁制作后是否控制在 2 h 内食用；（4）加工人员是否穿戴清洁的工作衣帽和佩戴口罩，并宜佩戴一次性手套。

6. 检查即食蔬果加工过程

具体内容包括：（1）是否剔除腐烂、病变、虫害、异常、畸形、被污染的不合格蔬果；（2）蔬果经清洗和消毒后，是否在专间内进行脱水、分拣和预包装；（3）操作人员进入专间前是否更换洁净的工作衣帽、洗手、消毒、戴口罩，操作中是否适时消毒双手；（4）即食蔬果是否采用经实验验证符合食品消毒要求的消毒制剂进行消毒，如采用含氯消毒剂，宜用二次消毒法，一次消毒液的有效氯浓度一般为100~150 mg/L，二次消毒液的有效氯浓度一般控制在 50 mg/L 左右，并根据产品特点确定消毒时间，消毒后宜用净水冲净和滤干。

7. 检查点心加工过程

具体内容包括：（1）食品原辅料是否有腐败变质迹象或其他感官性状异常；（2）需热加工的点心是否按要求进行热加工处理；（3）未用完的点心馅料、半成品点心，是否冷藏并在规定期限内使用；（4）奶油类原料是否低温存放，水分含量较高的含奶、蛋的点心是否在 10℃ 以下或 60℃ 以上的温度条件下贮存；（5）加工人员是否穿戴清洁的工作衣帽和佩戴口罩，并且佩戴一次性手套。

8. 检查备餐供餐过程

具体内容包括：（1）备餐人员是否在操作前清洗、消毒手部；（2）待供应食品是否有异物或感官性状异常；（3）菜肴分派造型整理的用具、菜肴装饰的原料是否经过消毒；（4）待供菜肴成品加工至食用不超过 2 h，热链盒饭不超过 3 h；（5）待供菜肴成品中心温度冷藏低于 10℃，热藏高于 60℃。

9. 检查餐用具清洗消毒和保洁

具体内容包括：（1）检查消毒设施、设备是否处于良好状态，采用化学消毒的测量有效消毒浓度是否符合要求；（2）餐饮具、工具、容器清洗消毒快速检测是否合格，不合格的，要重新清洗消毒；（3）餐用具洗涤剂、消毒剂是否符合要求，是否属于餐用具专用产品；（4）生熟食品工具、容器是否分开存放，严禁混用；（5）餐用具使用后是否及时洗净，定位存放，保持清洁。

10. 检查从业人员健康和个人卫生

具体内容包括：（1）餐饮单位是否做好从业人员健康晨检，杜绝患有腹痛、腹泻、呕吐、发热、皮肤伤口或感染、咽部炎症等病症的人员上岗操作；（2）从业人员是否依照规定穿戴工作衣帽、口罩和一次性手套；（3）专间从业人员是否在操作前和操作中定时清洗消毒手部，手部接触不洁物品后应重新清洗消毒。

11. 检查食品留样

具体内容包括：（1）留样容器是否洁净和密闭；（2）留样食品品种是否齐全，必要时督促餐饮服务单位留取食品原料、热加工菜肴汤汁；（3）留样冰箱是否处于冷藏状态；（4）每个品种留样量是否达到 125 g，标识是否齐全；（5）留样时间是否在 48 h 以上，专供运动员的食品，因防控食源性兴奋剂特殊需要的，根据赛事要求延长时间。

（三）问题食品处理

1. 设置不安全食品和待处理食品独立存放区域或专用设施，并有醒目标识。

2. 发生货证不符、索证索票不全、食品运输贮存温度不当、食品包装和标签不符合要求、快速检测结果呈阳性，以及其他不能确定食品安全性的食品，应立即停止使用，存放至待处理区或设施中，并对事件进行调查。

3. 餐饮接待单位应做好不安全食品和待处理食品记录，记录内容包括不安全食品和待处理食品，应记录食品来源、品名、数量、原因、处理结果等内容。

（四）应急处置

市场监管部门应做好应急处置预案，及时妥善分析判断出现的应急事件，并采取针对性的控制措施。

1. 保障中一旦发生与事先知晓内容不符合的情况，如供餐单位擅自改变菜谱、供餐方式或供餐时间等，保障人员应责令供餐单位立即停止供餐，并向上级报告；如因实际情况确需变更供餐方案，需经重新审核符合要求后方可恢复供餐。

2. 保障中一旦发现食品或食品原料不符合食品安全要求，如快检结果呈阳性，保障人员应责令供餐单位立即停止使用并向上级报告。

3. 发生食物中毒或疑似食物中毒时，主办单位、供餐单位、驻点保障人员应当依法依规向有关部门报告，协助、配合有关部门开展食品安全事故调查。市场监管部门应当立即封存可能导致食品安全事故的食品及原料、工具及用具、设施设备和现场。

（五）记录管理

市场监管部门对重大活动食品安全保障工作情况要进行记录，包括现场检查笔录、食谱审查记录、检验检测记录、培训会议记录、告知承诺书、监督意见书、应急处置记录等，重大活动结束后应整理归档。涉及保密的还应按相关规定，做好保密工作。

（六）信息汇总

在实施阶段，重大活动食品安全保障信息收集和汇总工作尤其重要。要严格落实信息报送责任制，按照规定时间上报。信息汇总内容包括各监督保障点工作动态、食品检测情况、应急事件处置进展情况、其他重要事件信息，并按规定要求上报主管部门和主办单位。

三、重大活动食品安全监督保障总结评估工作

市场监管部门应做好重大活动食品安全保障工作总结，内容包括目标任务完成情况、监管措施有效性和科学性、工作成效及经验教训等，以便为今后工作积累有价值的经验。重大活动保障的工作总结、评估报告等应及时向上级主管部门

和重大活动主办单位报告，并及时归档保存。

市场监管部门可以根据重大活动食品安全保障工作需要，按照下列工作记录表单样张记录重大活动保障全过程信息。记录表包括但不限于：（1）重大活动食品安全保障任务登记表；（2）重大活动食品安全监督评估报告；（3）重大活动接待单位食品安全承诺书；（4）重大活动食品安全保障人员岗位职责安排；（5）重大活动食品从业人员健康证及培训审查表；（6）重大活动食谱及加工流程表；（7）重大活动食品原料索证与快速检测记录表；（8）重大活动食品安全现场监督检查表；（9）重大活动餐用具和人员手部消毒效果检查表；（10）重大活动外送食品原料运输验收记录单；（11）重大活动食品安全保障应急处理记录表；（12）重大活动食品安全保障工作动态汇总表。

第四节　重大活动食品安全监督保障快速检测

一、背景与意义

重大活动食品安全监督保障的核心是预防和控制食品安全事故的发生，重点是通过食品生产经营各环节监控，预防细菌性食物中毒和化学性食物中毒的发生。我国关于食物中毒防控法律法规和标准规程已经较为完善，严格按照程序和内容开展防控工作，基本可以避免重大食品安全事故的发生。但是，对有毒有害化学物质引起的化学性食物中毒，特别是人为投毒等情况，要做到事前早发现、早处理。将事故消灭在萌芽状态有时不是一件容易的事情，很多有毒有害化学物质是无色、无味的，靠感官根本无法判定，污染食品的细菌起初也不易被发现，依靠传统的检查检测方法，成本高、效率低，难以满足现场监督保障的需要。特别是重大活动食品安全保障任务重、要求高、时间紧、压力大，要求在较短时间内判定食品是否安全、操作是否规范，离开现代科学技术手段的帮助是难以胜任的。只有依靠先进的科学技术手段才能及时发现和消除隐患。食品快速检测技术是快速发现食品安全风险的利器，是重大活动食品安全保障成功的有效技术保证。

食品快速检测的主要作用和意义有：一是为判断食品是否安全、是否受到有毒有害物质污染提供依据和线索，以便及时发现食品安全隐患，杜绝食用不安全食品；二是为判断食品加工操作是否安全、规范提供依据，如表面 ATP 检测结果可评价消毒效果，食品中心温度可判定食品是否烧熟煮透等，以便采取相应措施消除食品安全危害产生的条件、环境等因素；三是为快速评价整改措施效果提供参考依据。

早在 2011 年，原国家食品药品监督管理局就印发了《关于印发重大活动餐饮服务食品安全监督管理规范的通知》，对重大活动中的食品检验提出了要求。随着我国举办重大活动事项日益增多，重大活动食品安全监督保障任务日趋繁重，2018 年，原国家食品药品监督管理总局印发《重大活动食品安全监督管理办法（试行）》，提出食品安全监管部门应当对餐饮接待单位采购管理等行为进行监督检查，对产品进行感官检测，也可进行快速检测或抽样检验。广东、重庆等省市也先后出台《重大活动食品安全监督管理实施细则》，对重大活动保障中的快速检测工作提出了进一步的细化要求。上海市也充分发挥食品安全快速检测在重大活动保障中的作用，积极采用先进、便捷、灵敏的快速检测方法，第一时间发现和处置重大活动保障现场食品安全隐患，大大提高了重大活动食品安全保障的专业水平和工作效率。

二、危害因素来源

重大活动中可导致严重食品安全危害及食物中毒的因素主要有以下来源：一是食品在种植、养殖、运输、贮存、加工、销售等环节受到致病菌、病毒、寄生虫等微生物污染；二是食品本身含有天然的有毒成分，如含皂素和红细胞凝集素的四季豆、含河鲀毒素的河鲀、含毒素的毒蘑菇、含贝类毒素的贝壳类食品等；三是种植养殖环节的有毒化学物质污染，如因环境污染造成的农作物和水产重金属污染，因违规使用农药造成的蔬菜和水果农药（如甲胺磷农药）污染，因违规使用兽药造成的肉品药物成分（如"瘦肉精"）残留等；四是贮存运输环节的化学污染，如使用运送过有毒化学物质的运输工具运输食品、用盛装过有毒化学物质的容器盛装食品、将食品与有毒化学物质混放等；五是食品生产加工环节产生的有毒有害物质，如用有毒有害的非食品原料加工食品、违法添加有毒有害的化学物质等；六是误用，特别是误将亚硝酸盐当食盐使用；七是人为投毒，如往食品或饮用水中投放砒霜、剧毒农药、鼠药、亚硝酸盐等。

三、快速检测重点项目

食品安全监管部门在开展重大活动抽样检测工作时，应提前对用于重大活动的食品及原料进行抽样，并确保能够在重大活动举办前得出检测结论，及时停用并封存不合格产品。在重大活动保障进程中，食品安全监管部门可以结合食谱、供餐方案等，选择和确定快速检测的食品和项目。发现快速检测阳性结果的，应立即采取果断措施，停止问题食品供应，同时开展问题食品的实验室验证，追溯问题食品源头和去向，全方位保障社会面重大活动食品安全。重大活动保障中重点快速检测项目主要包括以下几个方面。

（一）过程控制项目

1. 三磷酸腺苷（ATP）

ATP 存在于所有活细胞体内，是细胞供能的基本单位。食品接触环节表面的 ATP 值与食品的卫生状况紧密相关。传统上采用菌落总数和大肠菌群作为指示菌反映食品接触环节表面卫生状况，需要采样后在实验室进行培养，步骤多、时间长，不利于及时发现重大活动保障中食品生产经营过程的卫生问题。通过荧光光度计检测 ATP，可以灵敏而又快速反映环节表面残留的细胞数量，提示生产加工环节的环境洁净度（卫生状况）。上海市食品安全地方标准 DB 31/2024—2014《食品安全地方标准 集体用餐配送膳食生产配送卫生规范》规定了工用具、容器、从业人员手等 ATP 限量值，为科学评价食品卫生状况提供了依据。

2. 温度

温度和时间是细菌繁殖的最重要影响因素。大多数细菌在 $5 \sim 65℃$ 这一危险温度区范围快速繁殖，冷冻可使大多数细菌休眠而停止生长。因此，保持适当的温度是控制细菌生长繁殖的重要手段之一。可以针对不同的环境、物体、样品等采用不同的温度监控。如采用食品中心温度计来测量块状食物的中心温度，判定食物是否烧熟煮透；采用便携式远红外测温仪测量环境空气和表面的温度；还可采用连续温度电子监控仪，按设置的时间间隔连续测量食品和环境的温度，并实时将温度数值传输到网络上。我国很多法规标准都对食品生产经营和贮存运输的温度提出了限值要求。

3. 紫外线强度

紫外灯发出的紫外线（波长为 $200 \sim 275\ nm$）可以用于食品生产经营场所空气和物体表面消毒。但是当紫外灯长时间使用超过其正常使用寿命时，或紫外灯管壁有灰尘、空气中尘粒多，相对湿度高时，杀菌效能就会降低。可以采用紫外线照度仪进行紫外灯照度的快速测量，以评估紫外灯对食品加工专间空气、物体表面的消毒效果。我国公共场所卫生规范等法律标准对紫外灯照度作出了规定，要求使用中的紫外灯管（30 W）的照度应不小于 70 μW/cm²。

4. 有效氯和余氯

含氯消毒剂是食品生产经营企业最常用的化学消毒药物，价格便宜，消毒效果强，但其缺点是有效氯成分在空气环境中不断降解，消毒浓度难以掌握。使用测氯试纸可以快速测量含氯消毒水的有效氯浓度，提醒使用者及时添加消毒剂或更换消毒水。余氯是指含氯消毒剂与水接触一定时间后，除了与水中微生物、有机物等作用后消耗掉一部分外，还余留在水中的氯量。水中保持一定量的余氯，可以维持水中致病菌等的杀灭效果。可以采用余氯试剂盒或仪器法等测量生活饮用水以及消毒后餐饮具、工用具表面的游离余氯。

5. 极性组分

煎炸用油经反复使用和高温加热，可发生一系列的化学反应，其中食用植物油的主要成分甘油三酯分子会裂解为带电的离子状态，表现为极性组分增加，"导电性"增强，可通过极性组分测定仪或试纸检测其"导电性"而推算极性组分含量，从而判断煎炸油的使用寿命和更换新油的时间。反复使用的煎炸油在营养价值下降的同时还会产生丙烯酰胺、苯并芘等多种有害物质。

（二）食物中毒项目

1. 砷和汞等重金属

食品中含有的微量重金属砷和汞不会引起急性中毒，但在重大活动保障中要防止人为投毒造成的重金属中毒。常见的砷化物为三氧化二砷，俗称砒霜。常见的汞化物有氯化汞（升汞）、氯化亚汞（甘汞）、硝酸汞及赛力散（醋酸苯汞）等汞制剂。这些重金属化合物在农业、化工、医药等方面具有广泛的用途，凡是可溶于水或稀酸的砷化物和汞化物皆系剧毒物质，混入食品中可对人体造成危害甚至致死。可以采用砷管法和汞管法快速检测食品中的砷和汞。

2. 有机磷和氨基甲酸酯类农药

有机磷和氨基甲酸酯类农药常用作农作物的杀虫剂、除草剂、杀菌剂等。有机磷和氨基甲酸酯类农药可经呼吸道、消化道侵入机体，也可经皮肤黏膜缓慢吸收。经口中毒后可出现头昏、头痛、乏力、恶心、呕吐、流涎、多汗及瞳孔缩小等症状，重者可产生肺水肿、脑水肿、昏迷和呼吸抑制等症状。采用农药残留快速测定纸片或仪器，可快速检测蔬菜等食品中有机磷和氨基甲酸酯类农药的残留情况。

3. 氰化物

氰化物属于剧毒物质，在食品中的来源有天然存在、环境污染和人为投毒等。有些植物本身含有氰苷，如木薯、苦杏仁、银杏、枇杷仁等。氰苷经酶、酸或加热分解后产生剧毒的具挥发性的氰化氢或氢氰酸。氢氰酸的致死量约为60 mg，氰化钠或氰化钾的致死量在 200~300 mg，苦杏仁的成人致死量大约为 50粒。采用苦味酸试纸或仪器可以检测和判定食品是否存在氰化物残留。

4. 亚硝酸盐

亚硝酸盐在工业、建筑业应用广泛，我国也允许其作为食品添加剂发色剂使用，某些食品加工过程也会自然产生亚硝酸盐。亚硝酸盐毒性较强，特别是其外表呈现和食盐相似的白色粉末状，易引起误食中毒。误食亚硝酸盐纯品 0.3 g 就可能在 10 min 内引起急性中毒。食用变质蔬菜引起的急性亚硝酸盐中毒可在 1~3 h 内出现症状。可采用亚硝酸盐试剂盒或仪器在较短时间内测定食品中亚硝酸盐含量。

（三）非法添加

1. "瘦肉精"

"瘦肉精"是 β-肾上腺受体激动剂的俗称，因能够促进动物瘦肉生长而抑制脂肪生长而得名，主要包括盐酸克仑特罗、莱克多巴胺、沙丁胺醇、西马特罗等。由于使用"瘦肉精"会在动物产品中残留，过多摄入含有"瘦肉精"的肉品具有健康风险甚至导致急性食物中毒，因此，我国明令禁止在饲喂畜禽动物时添加"瘦肉精"。在我国，动物饲料里违禁添加"瘦肉精"的行为已被纳入犯罪行为。采用胶体金法或酶联免疫吸附法可快速检测食品中是否含有"瘦肉精"。

2. 甲醛

甲醛是一种重要的化工原料，广泛应用于生产中。但由于甲醛毒性较强，能破坏生物细胞蛋白质，可引起人体过敏、肠道刺激反应，并具有潜在的致癌性等，已被我国禁止作为食品添加剂使用。食品在生产、加工与运输环节，一般不容易被甲醛污染。由于甲醛可以改变一些食品的色感并有防腐作用，一些不法分子违禁使用甲醛处理水产品、金针菇等，以起到防腐的效果。采用甲醛速测试剂盒或仪器可以快速检测食品是否含甲醛，以判定经营者是否在水发产品中违法加入甲醛。

3. 苏丹红

苏丹红是一种化学染色剂，主要用于石油、机油等工业溶剂中，目的是使其增色，也可用于鞋、地板等的增光。苏丹红有Ⅰ、Ⅱ、Ⅲ和Ⅳ四种结构，经毒理学研究表明，苏丹红Ⅰ和Ⅳ的主体结构相同，具有动物致突变性和致癌性，但存在个体差异，对人体致癌性还没有明确。我国明令禁止其在食品中使用。苏丹红等油溶性非食用色素的化学极性不同，可以在测试纸上滴加展开剂，通过观察试样的展开距离，确定不同苏丹红组分的存在。

4. 亚硫酸盐

亚硫酸盐是我国允许使用的食品添加剂，但必须按照食品范围和使用量限量使用。亚硫酸盐主要包括亚硫酸钠、亚硫酸氢钠、低亚硫酸钠、焦亚硫酸钠、焦亚硫酸钾等，这些物质在食品中可解离成具有强还原性的亚硫酸，起到漂白、脱色、防腐和抗氧化作用。但用量过大会破坏食品的营养成分并对人体产生危害，尤其是超限量或超范围添加到食品中时，具有潜在的人体危害。硫黄熏蒸也会在食品中残留二氧化硫（遇水变为亚硫酸）。可以采用碘量法通过试剂和仪器对白糖、葡萄酒、蔬菜、淀粉等食品中二氧化硫及亚硫酸盐含量进行快速检测。

5. 罂粟（吗啡）

吗啡是从罂粟中提取出来的生物碱，也是罂粟的主要有效成分，是我国现行刑事打击毒品犯罪中主要的毒品种类。长期食用添加罂粟壳（吗啡）的火锅或其他食品，会产生中枢神经危害及躯体依赖性。通过胶体金试剂盒可以快速判断食品中是否含有罂粟类物质。

四、典型案例

中国2010年上海世界博览会食品安全监督保障案例。按照《2010上海世博会食品安全保障工作方案》的要求，上海世博会食品安全监督保障工作分世博园区和城市面两条战线同步推进，贯彻"实行全程监管、推进防线前移，突出保障重点、加强内外联动，强化科学监管、注重提高效率"的总体思路。依据预定的工作方案，严格落实各项保障措施，成功经受住了梅雨季节、极端天气、客流波动和超大客流等可预知或难以预见的因素给食品安全带来的严峻考验，有效应对了部分企业供餐压力大、外国展馆餐饮情况复杂、重大活动保障任务繁重、不确定因素多导致食品安全风险增大等各种挑战，确保了世博会期间中外重要贵宾、参展人员、参观人员和服务人员以及来沪观博和旅游人员的饮食安全。

采取的主要监督保障措施包括：（1）加强组织领导，制定完善保障工作方案；（2）坚持全过程监管，推进食品安全防线前移；（3）创新方式方法，提升园区食品供应质量安全水平，以中心厨房为纽带确保入园食品安全，以食品安全综合评价为基础实施风险分类管理，以食品抽检和快速检测为手段提高食品安全风险识别能力，以食品风险为导向调整监管策略，以国家标准和惯例为依据实施韧性管理；（4）依靠科技手段和专业队伍，提高餐饮环节食品安全保障效能；（5）围绕防控集体性食物中毒为目标，开展专项检查；（6）加强对行政相对人的个性化服务指导和对公众的宣传引导，增强企业食品安全管理品质和公众食品安全意识。

截至 2010 年 10 月 31 日，上海世博会累计接待入园游客 7 308 万余人次，其中在园区享用食品（包括餐饮和食品零售）的游客占入园游客的比例超过 75%，此外，工作人员用餐约 850 万人次，实现了世博会举办期间，园区内不发生集体性食物中毒、不发生重大食品安全投诉、全市食品安全平稳可控的预定目标。

第十三章　食品安全事故应急处置

第一节　食品安全事故应急处置概述

食品安全事故是指食源性疾病、食品污染等源于食品，对人体健康有危害或者可能有危害的事故。食品安全事故发生后，通过采取迅速、有序、高效的应急处置工作，可以有效预防、精准应对食品安全事故，最大限度地减少食品安全事故的危害，确保人民身体健康和生命安全，维护正常的社会经济秩序。

一、食品安全事故应急处置法规依据

食品安全事故应急处置的法规依据包括《中华人民共和国食品安全法》、《中华人民共和国突发事件应对法》、《中华人民共和国农产品质量安全法》、《中华人民共和国食品安全法实施条例》、《突发公共卫生事件应急条例》（国务院令第 376 号）、《食品安全事故流行病学调查工作规范》（卫监督发〔2011〕86 号）、《食品安全事故流行病学调查技术指南》（卫办监督发〔2012〕74 号）、《上海市公共卫生应急管理条例》（上海市人民代表大会常务委员会公告第 50 号）、《上海市食品安全事故专项应急预案》（沪府办〔2020〕52 号）、《上海市食品安全事故报告和调查处置办法》（沪市监规范〔2022〕22 号）等法律、法规、规章和规范性文件等。

二、食品安全事故应急处置预案

根据《食品安全法》的规定，国务院组织制定国家食品安全事故应急预案。县级以上地方人民政府应当根据有关法律、法规的规定和上级人民政府的食品安全事故应急预案以及本行政区域的实际情况，制定本行政区域的食品安全事故应急预案，并报上一级人民政府备案。各地区、各部门应当根据实际情况及时修

改、完善食品安全事故应急预案。目前，国家层面发布的相关应急预案包括《国家突发公共事件总体应急预案》《国家食品安全事故应急预案》，本市现行的相关应急预案有《上海市食品安全事故专项应急预案》。此外，食品生产经营企业应当制定食品安全事故处置方案，定期检查本企业各项食品安全防范措施的落实情况，及时消除事故隐患。

三、食品安全事故应急处置原则

对食品安全问题"早发现、早预防、早整治、早解决"，是取得处置工作主动权、最大限度减少损失的重要原则。《国家食品安全事故应急预案》规定了食品安全事故应急处置的四个原则：一是以人为本，减少危害；二是统一领导，分级负责；三是科学评估，依法处置；四是居安思危，预防为主。《上海市食品安全事故专项应急预案》规定了"人民至上、预防为主、科学评估、快速反应、依法处置、精准应对、社会动员、联防联控"的32字工作原则。《上海市食品安全事故报告和调查处置办法》规定食品安全事故的报告和调查处置应当遵循"分级负责、属地管理、依法有序、科学高效"的原则。尽管不同预案或处置办法对食品安全事故规定的处置原则在表述上略有不同，但共同体现了"以人为本、预防为主、科学评估、依法处置"的宗旨。

四、食品安全事故的分级与核定标准

根据《国家食品安全事故应急预案》，食品安全事故等级的评估核定由卫生行政部门会同有关部门依照有关规定进行。食品安全事故共分四级，即特别重大食品安全事故（Ⅰ级）、重大食品安全事故（Ⅱ级）、较大食品安全事故（Ⅲ级）和一般食品安全事故（Ⅳ级）。根据《上海市食品安全事故专项应急预案》，本市食品安全事故等级的核定标准如下。

（一）特别重大（Ⅰ级）食品安全事故

1. 受污染食品流入2个以上省份或国（境）外（含港澳台地区），造成特别严重健康损害后果的，或经评估认为事故危害特别严重的；

2. 1起食品安全事故出现30人以上死亡的；

3. 党中央、国务院认定的其他特别重大级别食品安全事故。

（二）重大（Ⅱ级）食品安全事故

1. 受污染食品流入 2 个以上区，造成或经评估认为可能造成对社会公众健康产生严重损害的食品安全事故；

2. 发现在我国首次出现的新的污染物引起的食品安全事故，造成严重健康损害后果，并有扩散趋势的；

3. 1 起食品安全事故涉及人数在 100 人以上并出现死亡病例，或出现 10 人以上、29 人以下死亡的；

4. 市委、市政府认定的其他重大级别食品安全事故。

（三）较大（Ⅲ级）食品安全事故

1. 受污染食品流入 2 个以上区，可能造成健康损害后果的；

2. 1 起食品安全事故涉及人数在 100 人以上，或出现死亡病例的；

3. 市委、市政府认定的其他较大级别食品安全事故。

（四）一般（Ⅳ级）食品安全事故

1. 存在健康损害的污染食品，造成健康损害后果的；

2. 1 起食品安全事故涉及人数在 30 人以上、99 人以下，且未出现死亡病例的；

3. 区委、区政府认定的其他一般级别食品安全事故。

注："以上""以下"均含本数。

五、应急处置工作组设置及职责

以《上海市食品安全事故专项应急预案》规定为例，市应急处置指挥部可视情成立若干工作组，在市应急处置指挥部的统一指挥下开展工作。

（一）事故调查组

由市市场监管局牵头，会同市卫生健康委、市农业农村委、上海海关、市公安局等相关部门和行业主管部门，调查事故发生原因，评估事故影响，尽快查明致病原因，作出调查结论，提出事故防范意见。对监管部门及其他部门相关人员涉嫌履行职责不力、失职失责等需要追责的，由市市场监管局牵头将相关调查结果及追责意见移送监察机关依据有关规定办理；涉嫌犯罪的，移送有关国家机关依法追究刑事责任。

（二）危害控制组

由市市场监管局、市农业农村委、市粮食和物资储备局、上海海关等事故发生环节的具体监管职能部门牵头，召回、下架、封存有关食品、原料、食品添加剂及相关产品，严格控制流通渠道，防止危害蔓延扩大。

（三）医疗救治组

由市卫生健康委牵头，结合事故调查组的调查情况，制定医疗救治方案，对事故中出现的伤病员进行医疗救治。

（四）检测评估组

由市市场监管局牵头提出检测方案和要求，组织实施相关检测，综合分析各方检测数据，查找事故原因和评估事故发展趋势，预测事故后果，为制定现场抢救方案和采取控制措施提供参考。

（五）专家组

由市市场监管局牵头组建，负责对食品安全事故影响范围、发展态势等作出研判，对追溯、召回、封存、阻断问题食品和防治救治等相关工作提出意见建议。

（六）维护稳定组

由市公安局牵头，加强治安管理，维护社会稳定。

（七）新闻宣传组

由市政府新闻办牵头，会同市委网信办、市食药安办、市市场监管局、市农业农村委、市卫生健康委、市商务委、市公安局、市粮食和物资储备局、上海海关等部门做好事故处置宣传报道和舆论引导，并配合市应急处置指挥部办公室做好信息发布工作。

第二节　食品安全事故报告及评估^①

一、食品安全事故的信息来源

食品安全事故信息来源是多方面的，需要调查人员尽可能地及时、全面、准确进行调查。具体信息来源包括：（1）食品安全事故发生单位及引发食品安全事故的食品生产经营单位报告的信息；（2）医疗机构报告的信息；（3）食品安全相关技术机构监测和分析结果；（4）经核实的公众举报信息；（5）经核实的媒体披露与报道信息；（6）国家卫生健康委员会、国务院其他有关部门或其他省（区、市）通报的信息；（7）世界卫生组织等国际机构、其他国家和地区通报的信息。

二、食品安全事故报告及通报主体和时限

（1）食品生产经营者发现其生产经营的食品造成或者可能造成公众健康损害的情况和信息，应当在 1 小时（此为上海市规定，国家卫生健康委员会规定为 2 小时）内向所在地的区市场监管局和负责本单位食品安全监管工作的有关部门报告。

（2）发生可能与食品有关的急性群体性健康损害的单位，应当在 2 小时内向所在地区市场监管局、卫生健康委报告。

（3）接收食品安全事故病人治疗的单位，要按照国家卫生健康委员会有关规定，在 2 小时内向所在地的区市场监管局、卫生健康委报告。

（4）食品安全相关技术机构、有关社会团体及个人发现食品安全事故相关情况，应当及时向市、区市场监管局和卫生健康委报告或举报。

（5）有关监管部门发现食品安全事故或接到食品安全事故报告或举报，应当立即组织核查；初步核实后，立即通报同级食药安办和其他有关部门。市市场监管局、市卫生健康委、区市场监管局接到通报后，要及时调查核实，收集相关信息，并及时将有关调查进展情况向同级政府及食药安办、其他有关监管部门和上级部门报告。

（6）经初步核实为食品安全事故且需要启动应急响应的，由市市场监管局、

① 本节以《上海市食品安全事故专项应急预案》和《上海市食品安全事故报告和调查处置办法》等规定为例，介绍食品安全事故报告以及评估程序和内容。

区市场监管局报同级食药安办，并按照有关规定，向同级政府及上级主管部门提出启动响应的建议。如为Ⅲ级及以上事故的，区食药安办和区市场监管局要立即向市食药安办、市市场监管局和区政府报告，市食药安办和市市场监管局接报后，在30分钟内以口头方式、1小时内以书面方式向市委、市政府报告。报国家主管部门的重大食品安全事故信息，要同时或先行向市委、市政府报告。特别重大食品安全事故或特殊情况，必须立即报告。

（7）食品安全事故涉及其他省（区、市）的，由市食药安办及时向相关省（区、市）有关部门通报信息，加强协作。

（8）食品安全事故涉及港、澳、台地区人员或外国公民，或事故可能影响到境外，需要向香港、澳门、台湾地区有关机构或有关国家通报时，按照国家有关规定办理。

三、食品安全事故报告内容

食品生产经营者、医疗、技术机构和社会团体、个人向市市场监管局或区市场监管局报告疑似食品安全事故信息时，应当包括事故发生时间、地点和人数等基本情况。市场监管部门对食品安全事故信息报告一般分为初报、续报、终报等。其中，初报应当减少审批层级，避免层层把关延误初报时限。

（一）初报

1. 较大（Ⅲ级）以上食品安全事故

市局及其直属执法机构应当立即组织区市场监管局开展初步调查核实，在核实后30分钟内由市局分别向市委、市政府值班室口头报告，在核实后1小时内向市委、市政府值班室书面报告初步调查情况。报国家市场监督管理总局的重大（Ⅱ级）以上食品安全事故信息，要同时或先行向市委、市政府值班室报告。特别重大食品安全事故或特殊情况的，应当立即报告。

2. 发生一般（Ⅳ级）食品安全事故或者疑似食品安全事故以及10人以上30人以下的食品安全事故事件

牵头区市场监管局应当在初步调查核实后，1小时内口头报告市局、市局直属执法机构和区人民政府，并在2小时内将初步调查情况书面报告市局、市局直属执法机构和区人民政府。初步调查情况报告应当包括以下内容：（1）食品安全事故信息来源、发生的时间、接报时间、到达现场时间、先期处置情况；（2）食品安全事故涉嫌肇事单位和危害涉及单位的名称、地址；（3）发病人数，有无危重病人或死亡病例等危害信息；（4）病人就诊医疗机构，主要临床表现及医院初步诊断；（5）食品安全事故简要经过、可能原因及目前采取的措施；（6）调查联系人、联系方式及报告时间。

（二）续报

在查清有关基本情况、事件发展情况后随时上报，据事故应对情况可进行多次续报，内容主要包括事故进展、发展趋势、后续应对措施、调查详情、原因分析等信息。市局应当及时向市人民政府书面报告较大（Ⅲ级）以上食品安全事故的进程；区市场监管局应当及时向市局及其直属执法机构书面报告一般（Ⅳ级）食品安全事故的进程，并同时将调查进展信息抄报区人民政府。

（三）终报

在突发事件处理完毕后按规定上报，应包括事故概况、调查处理过程、事故性质、事故责任认定、追溯或处置结果、整改措施和效果评价等。重特大突发事件发生时，至少每日报告情况，重要情况随时报告。

（四）结案报告

由市市场监管局牵头，按照《上海市食品安全事故专项应急预案》的要求形成总结报告，报送同级人民政府，并抄送事故肇事者所在地的区人民政府。

（五）其他报告

市市场监管局或区市场监管局在调查中发现存在死亡病例的，或者可疑投毒等涉嫌刑事犯罪情形的，应当立即通报同级公安部门。市局或区市场监管局在调查中发现事故涉及学生等敏感人群的，应及时向同级相关行政主管部门通报。

四、食品安全事故评估

食品安全事故评估是为核定食品安全事故级别及确定应采取的措施而进行的评估。其中，应急处置专业技术机构及时对引发食品安全事故的相关危险因素进行检测，专家组对检测数据进行综合分析和评估，分析事故发展趋势、预测事故后果，为制定事故调查和现场处置方案提供参考。另外，有关监管部门应当及时核实相关信息，并向市市场监管局或区市场监管局提供核实后的信息和资料，由市市场监管局或区市场监管局会同有关部门组织开展食品安全事故评估。评估内容包括：污染食品可能导致的健康损害及所涉及的范围，是否已造成健康损害后果及严重程度；事故的影响范围及严重程度以及事故发展蔓延趋势。

第三节　食品安全事故应急响应[①]

一、食品安全事故应急响应基本要求

（一）国家要求

依照《国家食品安全事故应急预案》的规定，特别重大食品安全事故，由国家卫健委会同食品安全办向国务院提出启动 I 级响应的建议，经国务院批准后，成立国家特别重大食品安全事故应急处置指挥部，统一领导和指挥事故应急处置工作。重大、较大、一般食品安全事故，分别由事故所在地省、市、县级人民政府组织成立相应应急处置指挥机构，统一组织开展本行政区域事故应急处置工作。

（二）地方要求

依据《上海市食品安全事故专项应急预案》要求，一旦发生特别重大、重大食品安全事故，市政府根据市食品药品安全委员会办公室（以下简称"市食药安办"）的建议和应急处置需要，视情成立市食品安全事故应急处置指挥部（以下简称"市应急处置指挥部"），对本市特别重大、重大食品安全事故应急处置实施统一指挥。市应急处置指挥部总指挥由市领导确定，成员由相关部门和单位领导组成，设立地点根据处置需要确定。根据特别重大、重大食品安全事故的发展态势和处置需要，由事发地所在区政府和市食药安办负责设立现场指挥部。在市应急处置指挥部的统一指挥下，具体组织实施现场应急处置。

（三）其他

对未达到 IV 级且致病原因基本明确的食品安全事故，由事发地所在的区市场

[①] 本节以《上海市食品安全事故专项应急预案》和《上海市食品安全事故报告和调查处置办法》等规定为例，介绍食品安全事故应急响应。

监管局会同卫生健康委、疾病预防控制机构等单位按照《中华人民共和国食品安全法》第一百零五条、《上海市食品安全条例》第七十三条的规定处理，无须启动市级应急预案。

二、食品安全事故分级响应

（一）Ⅳ级应急响应

发生一般食品安全事故，由事发地所在区政府启动Ⅳ级响应，组织、指挥、协调、调度相关应急力量和资源实施应急处置。各有关部门要按照各自职责和分工，密切配合，共同实施应急处置，并及时将处置情况向本级政府和上级主管部门报告。

（二）Ⅲ级应急响应

发生较大食品安全事故，由市食药安办或由市食药安办指定的相关部门启动Ⅲ级应急响应，视情成立市食药安办食品安全事故应急处置指挥部，并参照本预案开展组织应急处置，市食药安办及时将处置情况向本级政府和上级主管部门报告。

（三）Ⅱ级应急响应

发生重大食品安全事故，由市食药安办报请市委、市政府批准并启动Ⅱ级应急响应。市委、市政府根据市食药安办建议，视情成立市应急处置指挥部，负责统一组织、指挥、协调、调度相关应急力量和资源实施应急处置等工作。

（四）Ⅰ级应急响应

发生特别重大食品安全事故，启动Ⅰ级应急响应。市应急处置指挥部立即向国务院上报有关情况，在国家指挥部的统一指挥下，组织开展应急处置工作，并及时向国务院及有关部门、国家指挥部办公室报告进展情况。

三、食品安全事故应急处置措施

（一）科学研判事态

事故发生后，根据事故性质、特点和危害程度，各相关部门单位依照有关规定，采取应急处置措施，以最大限度减轻事故危害。其中，应急处置指挥机构及时组织研判事故发展态势，并向事故可能蔓延到的地方政府通报信息，提醒做好应对准备。事故可能影响到国（境）外时，及时协调有关涉外部门，做好相关通报工作。

（二）加强联防联控

发生特别重大和重大食品安全事故时，在市委、市政府统一领导下，依托联防联控工作机制，依靠人民群众，发挥群众和社区的主体作用，将防控资源和力量下沉社区，落实社区防控措施，全面排查食品安全风险，做好基层防控工作。加大源头严防、过程严管、风险严控，形成监管合力。建立健全食品安全信息通报、联合执法、隐患排查和事故处置等协调联动机制，强化食品安全来源可溯、去向可追，加大食品安全问题线索的排查力度，及时受理和迅速处置12315平台有关投诉举报信息。

（三）落实单位职责

1. 事故发生单位按照相应的处置方案，开展先期处置，并配合相关部门做好食品安全事故的应急处置。

2. 卫生健康委应有效利用医疗资源，组织指导医疗机构开展食品安全事故患者的救治。

3. 疾病预防控制机构接到通知后，应对食品安全事故现场采取卫生处理等措施，并开展流行病学调查，市场监管、卫生健康、公安等部门依法予以协助。疾病预防控制机构应及时向市场监管局、卫生健康委提交流行病学调查报告。

4. 农业农村、海关、市场监管等有关部门应依法强制性就地或异地封存事故相关食品及原料、被污染的食品工具及用具，及时组织检验机构开展抽样检验，待查明食品安全事故的原因或响应结束后，责令食品生产经营者彻底清洗消毒被污染的食品工具及用具，消除污染。

5. 对确认受到有毒有害物质污染的相关食品及原料，农业农村、海关、市场监管等有关部门要依法责令生产经营者召回、停止经营及进出口并销毁。检验后确认未被污染的，予以解封。

6. 依法从严从重查处违法违规行为和涉事主体，对涉嫌犯罪的，公安机关及时介入，开展相关犯罪行为侦破工作。

四、食品安全事故先期处置

事故发生单位和所在社区负有先期处置的第一责任。事发地所在区食药安办和市场监管局在得到报告后，应当承担先期处置的职能，开展相关工作，并向上级部门报告信息。事发地所在区政府及有关部门在事故发生后，要根据职责和规定的权限，启动相应的应急预案，组织群众展开自救互救，控制事态并向上级报告。一旦发生先期处置仍不能控制事态的紧急情况，市食药安办、市应急联动中心等报请或由市委、市政府直接决定应急响应等级和范围，启动相应等级的应急响应并实施应急处置。

第四节　食品安全事故调查与认定①

一、调查时限与事项

接到事故发生单位或医疗机构疑似食品安全事故报告后，区市场局应当会同区疾控中心在接报后2小时内赶赴现场开展核实调查。接到消费者疑似食品安全事故或事件的投诉举报后，区市场局经初步核实，认为需开展流行病学调查的，应立即通知区疾控中心。市局直属执法机构接到区市场局报告，初步判定为较大（Ⅲ级）以上的食品安全事故；或涉及学生等敏感人群的一般（Ⅳ级）食品安全事故的，应当在2小时内前往事发现场，组织或指导开展调查。

调查机构会同相关部门，开展食品安全事故现场调查与处置，应当查明是否属于食品安全事故、事故性质、肇事单位、肇事食品（或餐次）、病例数、致病因素及发生原因等，并做好相关记录。

二、流行病学调查与卫生处理

流行病学调查与卫生处理由卫生行政部门的疾病预防控制机构按照有关法律、法规和工作规范要求执行（详见本章第五节），危害因素调查应当包括以下三个方面内容：一是访谈相关人员，查阅有关资料，获取就餐环境、可疑食品、配方、加工工艺流程、生产经营过程危害因素控制、生产经营记录、从业人员健康状况等信息；二是现场调查可疑食品的原料、生产加工、贮存、运输、销售、

———————————

① 本节以《上海市食品安全事故专项应急预案》和《上海市食品安全事故报告和调查处置办法》等规定为例，介绍食品安全事故调查与认定。

食用等过程中的相关危害因素；三是采集可疑食品、原料、半成品、环境样品等，以及相关从业人员生物标本。

三、现场采取的控制措施

调查机构在开展食品安全事故调查工作中，为防止食品安全事故危害进一步扩大，可依据《食品安全法》《上海市食品安全条例》等法律、法规规定采取相关控制措施。采取查封、扣押等行政强制措施的，应当符合《中华人民共和国行政强制法》的相关规定。

四、食品安全事故认定要求

市局或牵头区市场局应根据流行病学调查报告等技术性结论以及执法检查证据，进行综合判断，作出是否为食品安全事故的认定结论。必要时可由 3 名副主任医师及以上职称的食品安全专家作出技术性结论。

五、食品安全事故查处

食品安全事故调查结束后，由肇事者所在地的区市场监管部门按照《食品安全法》《上海市食品安全条例》等有关规定，对违法食品生产经营者实施行政处罚，必要时可由市局实施行政处罚。

依法应当吊销或撤销食品生产经营许可证或产品批准文件的，由本市原发证机关作出吊销或撤销行政许可决定。涉及依法应当吊销或撤销国家市场监督管理总局发放的食品产品批准文件或证书的，由市局上报国家市场监督管理总局作出决定。

六、食品安全事故后期处置

（一）善后处置

1. 各级政府及有关部门要积极稳妥、深入细致地做好善后处置工作，消除事故影响，恢复正常秩序。

2. 食品安全事故发生后，保险机构应当及时开展保险受理和保险理赔工作。

3. 造成食品安全事故的责任单位和责任人应当按照有关规定结算由相关机构及个人垫付的前期治疗费用，对受害人给予赔偿，承担受害人后续治疗及保障等相关费用。

（二）奖惩

1. 食品安全事故应急处置实行行政领导负责制和责任追究制。

2. 对在食品安全事故应急管理和处置工作中做出突出贡献的先进集体和个人，按照国家和本市有关规定给予表彰。

3. 对迟报、谎报、瞒报和漏报食品安全事故重要情况或者应急管理工作中有其他履行职责不力、失职失责等行为的，依法依规追究有关责任单位或责任人的责任；构成犯罪的，依法追究其刑事责任。

（三）总结

食品安全事故善后处置工作结束后，市食药安办应当组织有关部门，及时对食品安全事故和应急处置工作进行总结，分析事故原因和影响因素，评估应急处置工作开展情况和效果，提出对类似事故的防范和处置建议，形成总结报告上报市委、市政府。

第五节　食品安全事故流行病学和卫生学调查

食品安全事故流行病学调查由同级卫生行政部门成立的事故流行病学调查组（以下简称调查组）具体实施。调查组应当由 3 名以上调查员组成，并指定 1 名负责人。

一、流行病学调查

流行病学调查步骤一般包括核实诊断、制定病例定义、开展病例搜索、病例个案调查、描述性流行病学分析、分析性流行病学研究等内容。具体调查步骤和顺序由调查组结合实际情况确定。

（一）核实诊断

调查组到达现场应核实发病情况、访谈患者、采集患者标本和食物样品等。

1. 核实发病情况

通过接诊医生了解患者主要临床特征、诊治情况，查阅患者在接诊医疗机构的病历记录和临床实验室检验报告，摘录和复制相关资料。

2. 开展病例访谈

根据事故情况制定访谈提纲、确定访谈人数并进行病例访谈。访谈对象首选首例、末例等特殊病例；访谈内容主要包括人口统计学信息、发病和就诊情况以及发病前的饮食史等。

3. 采集样本

调查员到达现场后应立即采集病例生物标本、食品和加工场所环境样品以及食品从业人员的生物标本。如未能采集到相关样本的，应做好记录，并在调查报告中说明相关原因。

（二）制定病例定义

1. 病例定义的内容

病例定义应当简洁，具有可操作性，可随调查进展进行调整。病例定义可包括以下内容。（1）时间：限定事故时间范围。（2）地区：限定事故地区范围。（3）人群：限定事故人群范围。（4）症状和体征：通常采用多数病例具有的或事故相关病例特有的症状和体征。症状如头晕、头痛、恶心、呕吐、腹痛、腹泻、里急后重、抽搐等；体征如发热、发绀、瞳孔缩小、病理反射等。（5）临床辅助检查阳性结果：包括临床实验室检验、影像学检查、功能学检查等，如嗜酸性粒细胞增多、高铁血红蛋白增高等。（6）特异性药物治疗有效：该药物仅对特定的致病因子效果明显。如用亚甲蓝治疗有效提示亚硝酸盐中毒，抗肉毒毒素治疗有效提示肉毒毒素中毒等。（7）致病因子检验阳性结果：病例的生物标本或病例食用过的剩余食物样品检验致病因子有阳性结果。

2. 病例定义的分类

病例定义可分为疑似病例、可能病例和确诊病例。其中，疑似病例定义通常指有多数病例具有的非特异性症状和体征；可能病例定义通常指有特异性的症状和体征，或疑似病例的临床辅助检查结果呈阳性，或疑似病例采用特异性药物治疗有效；确诊病例定义通常指符合疑似病例或可能病例定义，且具有致病因子检验阳性结果。

3. 病例定义的应用

病例定义是确定被调查对象是否纳入病例的依据，在事故流行病学调查中用于统计发病人数，不适用临床治疗。在调查初期，可采用灵敏度高的疑似病例定义开展病例搜索，并将搜索到的所有病例（包括疑似病例、可能病例、确诊病例）进行描述性流行病学分析。在进行分析性流行病学研究时，应采用特异性较高的可能病例和确诊病例定义，以分析发病与可疑暴露因素的关联性。

（三）开展病例搜索

调查组应根据具体情况选用适宜的方法开展病例搜索，可参考以下方法搜索病例：

1. 对可疑餐次明确的事故，如因聚餐引起的食物中毒，可通过收集参加聚餐人员的名单来搜索全部病例；

2. 对发生在工厂、学校、托幼机构或其他集体单位的事故，可要求集体单位负责人或校医（厂医）等通过收集缺勤记录、晨检和校医（厂医）记录，收集可能发病的人员；

3. 事故涉及范围较小或病例居住地相对集中，或有死亡或重症病例发生时，可采用入户搜索的方式；

4. 事故涉及范围较大，或病例人数较多，应建议卫生行政部门组织医疗机构查阅门诊就诊日志、出入院登记、检验报告登记等，搜索并报告符合病例定义者；

5. 事故涉及市场流通食品，且食品销售范围较广或流向不确定，或事故影响较大等，应通过疾病监测报告系统收集分析相关病例报告，或建议卫生行政部门向公众发布预警信息，设立咨询热线，通过督促类似患者就诊来搜索病例。

病例搜索时可采用一览表记录病例发病时间、临床表现等信息。

（四）病例个案调查

1. 调查方法

根据病例的文化水平及配合程度，并结合病例搜索的方法要求，可选择面访调查、电话调查或自填式问卷调查。个案调查可与病例搜索相结合，同时开展。个案调查应使用一览表或个案调查表，采用相同的调查方法进行。个案调查范围应结合事故调查需要和可利用调查资源等确定，避免因完成所有个案调查而延误后续调查的开展。

2. 调查内容

个案调查应收集的信息主要包括：（1）人口统计学信息：包括姓名、性别、年龄、民族、职业、住址、联系方式等；（2）发病和诊疗情况：开始发病的症状、体征及发生、持续时间，随后的症状、体征及持续时间，诊疗情况及疾病预后，已进行的实验室检验项目及结果等；（3）饮食史：进食餐次、各餐次进食食品的品种及进食量、进食时间、进食地点，进食正常餐次之外的所有其他食品，如零食、饮料、水果、饮水等，特殊食品处理和烹调方式等；（4）其他个人高危因素信息：外出史、与类似病例的接触史、动物接触史、基础疾病史及过敏史等。

3. 设计个案调查表

食品安全事故流行病学调查一览表、个案调查表的设计可参考《食品安全事故流行病学调查技术指南》（卫办监督发〔2012〕74 号）。个案调查表设计还要考虑以下不同事故特点：（1）病例发病前仅有一个餐次的共同暴露；（2）病例发病前有多个餐次的共同暴露；（3）病例之间无明显的流行病学联系，如多个社区居民的腹泻暴发等。

（五）描述性流行病学分析

个案调查结束后，应根据一览表或个案调查表建立数据库，及时录入收集的信息资料，对录入的数据进行核对后，按照以下内容进行描述性流行病学分析。

1. 临床特征

临床特征分析应统计病例中出现各种症状、体征等的人数和比例，并按比例的高低进行排序（举例见表 13 - 1）。根据临床分布特征初步分析致病因子的可能范围。

表 13 - 1　某起食品安全事故的临床特征分析

症状/体征	人数（$n = 125$）	比例/%
腹泻	103	82
腹痛	65	52
发热	51	41
头痛	48	38
头昏	29	23
呕吐	25	20
恶心	21	17
抽搐	4	3.2

2. 时间分布

时间分布可采用流行曲线等描述，流行曲线可直观地显示事故发展所处的阶段，并描述疾病的传播方式，推断可能的暴露时间，反映控制措施的效果。直方图是流行曲线常用形式，绘制直方图的方法如下：（1）以发病时间作为横轴（x 轴）、发病人数作为纵轴（y 轴），采用直方图绘制；（2）横轴的时间可选择天、小时或分钟，间隔要等距，一般选择小于 1/4 疾病平均潜伏期；如潜伏期未知，可试用多种时间间隔绘制，选择其中最适当的流行曲线；（3）首例前、末例后需保留 1~2 个疾病的平均潜伏期。如调查时发病尚未停止，末例后不保留时间空白；（4）在流行曲线上标注某些特殊事件或环境因素，如启动调查、采取控制措施等。举例见图 13－1。

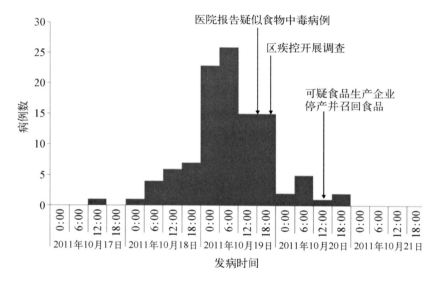

图 13－1 某起食品安全事故的流行曲线

3. 地区分布

通过绘制标点地图或面积地图描述事故发病的地区分布。

（1）标点地图可清晰显示病例的聚集性以及相关因素对疾病分布的影响，适用于病例数较少的事故。将病例（或病例所在家庭、班级、学校）的位置，用点或序号等符号标注在手绘草图、平面地图或电子地图上，并分析病例分布的聚集性与环境因素的关系。如图 13－2 所示，鼠药中毒病例家庭主要聚集在 A 小卖部周围，提示该事件可能与 A 小卖部销售的食品有关。

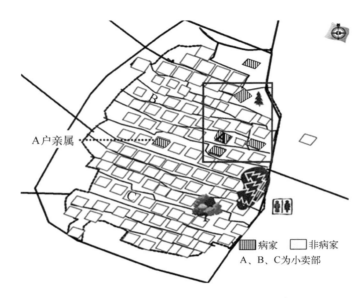

A户亲属 ········

▨病家 □非病家
A、B、C为小卖部

图 13 - 2　某村抗凝血类杀鼠剂中毒的 6 户家庭分布图

（2）面积地图适用于规模较大、跨区域发生的事故。根据不同区域（省、市、县/区、街道/乡镇、居委会/村）的罹患率，采用 EpiInfo 或 MapInfo 等地图软件进行绘制，并分析罹患率较高地区与较低地区或无病例地区饮食、饮水等因素的差异。

4. 人群分布

按病例的性别、年龄（学校或托幼机构常用年级代替年龄）、职业等人群特征进行分组，分析各组人群的罹患率是否存在统计学差异，以推断高危人群，并比较有统计学差异的各组人群在饮食暴露方面的异同，以寻找病因线索（举例见表 13 - 2）。

表 13 - 2　某起食品安全事故病例的年龄分布

年龄组/岁	病例数	总人数	罹患率/%
0~4	33	74	45
5~9	15	36	42
10~19	10	31	32
20~29	18	91	20
30~39	6	33	18

年龄组/岁	病例数	总人数	罹患率/%
40~49	13	76	17
50~59	14	101	14
60~75	9	108	8.3
合计	118	550	21（平均）

注：$\chi^2 = 50$，$P < 0.005$。

5. 描述性流行病学结果分析

根据访谈病例、临床特征和流行病学分布，应当提出描述性流行病学的结果分析，并由此对引起事故的致病因子范围、可疑餐次和可疑食品作出初步判断，用于指导临床救治、食品卫生学调查和实验室检验，提出预防控制措施建议。

（六）分析性流行病学研究

分析性流行病学研究用于分析可疑食品或餐次与发病的关联性，常采用病例对照研究和队列研究。在完成描述性流行病学分析后，如存在以下情况之一的，应当继续进行分析性流行病学研究：（1）描述性流行病学分析未得到食品卫生学调查和实验室检验结果支持的；（2）描述性流行病学分析无法判断可疑餐次和可疑食品的；（3）事故尚未得到有效控制或可能有再次发生风险的；（4）调查组认为有继续调查必要的。研究方法如下。

1. 病例对照研究

在难以调查事故全部病例或事故暴露人群不确定时，适合开展病例对照研究。

（1）调查对象

选取病例组和对照组作为研究对象。病例组应尽可能选择确诊病例或可能病例。病例人数较少（少于50例）时可选择全部病例；人数较多时，可随机抽取50~100例。对照组应来自病例所在人群，通常选择同餐者、同班级、同家庭等未发病的健康人群作对照，人数应不少于病例组人数。病例组和对照组的人数比例最多不超过1∶4。

（2）调查方法

根据初步判断的结果，设计可疑餐次或可疑食品的调查问卷，采用一致的调查方式对病例组和对照组进行个案调查，收集进食可疑食品或可疑餐次中所有食品的信息以及各种食品的进食量。

（3）计算 OR 值

按餐次或食品品种，计算病例组进食和未进食之比与对照组进食和未进食之比的比值（OR）及 95% 可信区间（CI）。当 OR 大于 1 且 95% CI 不包含 1 时，可认为该餐次或食品与发病的关联性具有统计学意义。如出现 2 个及以上可疑餐次或食品，可采用分层分析、多因素分析方法控制混杂因素的影响。对确定的可疑食品可进一步做剂量反应关系的分析。

2. 队列研究

在事故暴露人群已经确定且人群数量较少时，适合开展队列研究。

（1）调查对象

以所有暴露人群作为研究对象，如参加聚餐的所有人员、到某一餐馆用餐的所有顾客、某学校的在校学生、某工厂的工人等。

（2）调查方法

根据初步判断的结果，设计可疑餐次或可疑食品的调查问卷，采用一致的调查方式对所有研究对象进行个案调查，收集发病情况、进食可疑食品或可疑餐次中所有食品的信息以及各种食品的进食量。

（3）计算 RR 值

按餐次或食品进食情况分为暴露组和未暴露组，计算每个餐次或食品暴露组的罹患率和未暴露组的罹患率之比（RR）及 95% CI。当 RR 大于 1 且 95% CI 不包含 1 时，可认为该餐次或食品与发病的关联性具有统计学意义。如出现 2 个及以上可疑餐次或食品，可采用分层分析、多因素分析方法控制混杂因素的影响。对确定的可疑食品可进一步作剂量反应关系的分析。

二、食品卫生学调查

食品卫生学调查不同于日常监督检查，应针对可疑食品污染来源、途径及其影响因素，对相关食品种植、养殖、生产、加工、贮存、运输、销售各环节开展卫生学调查，以验证现场流行病学调查结果，为查明事故原因、采取预防控制措施提供依据。食品卫生学调查应在发现可疑食品线索后尽早开展。

（一）调查方法与内容

调查方法包括访谈相关人员、查阅相关记录、进行现场勘察、样本采集等。

1. 访谈相关人员

访谈对象包括可疑食品生产经营单位负责人、加工制作人员及其他知情人员等。访谈内容包括可疑食品的原料及配方、生产工艺，加工过程的操作情况及是否出现停水、停电、设备故障等异常情况，从业人员中是否有发热、腹泻、皮肤病或化脓性伤口等。

2. 查阅相关记录

查阅可疑食品进货记录、可疑餐次的食谱或可疑食品的配方、生产加工工艺流程图、生产车间平面布局图等资料，生产加工过程关键环节时间、温度等记录，设备维修、清洁、消毒记录，食品加工人员的出勤记录，可疑食品销售和分配记录等。

3. 进行现场勘查

在访谈和查阅资料的基础上，可绘制流程图，标出可能的危害环节和危害因素，初步分析污染的原因和途径，便于进行现场勘查和采样。现场勘查应当重点围绕可疑食品从原材料、生产加工、成品存放等环节存在的问题进行。

（1）原材料

根据食品配方或配料，勘查原料贮存场所的卫生状况、原料包装有无破损情况、是否与有毒有害物质混放，测量贮存场所内的温度；检查用于食品加工制作前的感官状况是否正常，是否使用高风险食品，是否误用有毒有害物质或者含有有毒有害物质的原料等。

（2）配方

食品配方中是否存在超量、超范围使用食品添加剂、非法添加有毒有害物质的情况，是否使用高风险配料等。

（3）加工用水

供水系统设计布局是否存在隐患，是否使用自备水井及其周围有无污染源。

（4）加工过程

生产加工过程是否满足工艺设计要求。

（5）成品贮存

查看成品存放场所的条件和卫生状况，观察有无交叉污染环节，测量存放场所的温度、湿度等。

（6）从业人员健康状况

查看接触可疑食品的工作人员健康状况，是否存在可能污染食品的不良卫生习惯，有无发热、腹泻、皮肤化脓破损等情况。

4. 样本采集

根据病例的临床特征、可疑致病因子或可疑食品等线索，应尽早采集相关原料、半成品、成品及环境样品。对怀疑存在生物性污染的，还应采集相关人员的生物标本。如未能采集到相关样本，应做好记录，并在调查报告中说明原因。

（二）基于致病因子类别的重点调查

初步推断致病因子类型后，应针对生产加工环节有重点地开展食品卫生学调查（举例见表 13 - 3）。

表 13 - 3　不同致病因子类型食品卫生学调查重点环节

环　节	致　病　因　子				
	致病微生物	有毒化学物	动植物毒素	真菌毒素	其他
原料	+	++	++	++	+
配方		++			+
生产加工人员	++				+
工用具、设备	+	+			+
加工过程	++	+	+	+	+
成品保存条件	++	+			+

注："++"指该环节应重点调查，"+"指该环节应开展调查。

三、采样和实验室检验

采样和实验室检验是事故调查的重要工作内容。实验室检验结果有助于确认致病因子、查找污染来源和途径、及时救治病人。

（一）采样原则

采样应本着及时性、针对性、适量性和不污染的原则进行，以尽可能采集到含有致病因子或其特异性检验指标的样本。

1. 及时性原则

考虑到事故发生后现场有意义的样本有可能不被保留或被人为处理，应尽早采样，提高实验室检出致病因子的机会。

2. 针对性原则

根据病人的临床表现和现场流行病学初步调查结果，采集最可能检出致病因子的样本。

3. 适量性原则

样本采集的份数应尽可能满足事故调查的需要；采样量应尽可能满足实验室检验和留样需求。当可疑食品及致病因子范围无法判断时，应尽可能多地采集样本。

4. 不污染原则

样本的采集和保存过程应避免微生物、化学毒物或其他干扰检验物质的污染，防止样本之间的交叉污染。同时也要防止样本污染环境。

（二）样本的采集、保存和运送

样本的采集、登记和管理应符合有关采样程序的规定，采样时应填写采样记录，记录采样时间、地点、数量等，由采样人和被采样单位或被采样人签字。所有样本必须有牢固的标签，标明样本的名称和编号；每批样本应按批次制作目录，详细注明该批样本的清单、状态和注意事项等。样本的包装、保存和运输，必须符合生物安全管理的相关规定。

（三）确定检验项目和送检

为提高实验室检验效率，调查组在对已有调查信息认真研究分析基础上，根据流行病学初步判断提出检验项目。在缺乏相关信息支持、难以确定检验项目时，应妥善保存样本，待相关调查提供初步判断信息后再确定检验项目和送检。调查机构应组织有能力的实验室开展检验工作，如有困难，应及时联系其他实验室或报请同级卫生行政部门协调解决。

（四）实验室检验

1. 实验室应依照相关检验工作规范的规定，及时完成检验任务，出具检验报告，对检验结果负责。

2. 在样本量有限的情况下，要优先考虑对最有可能导致疾病发生的致病因子进行检验。

3. 开始检验前可使用快速检验方法筛选致病因子。

4. 对致病因子的确认和报告应优先选用国家标准方法，在没有国家标准方法时，可参考行业标准方法、国际通用方法。如需采用非标准检测方法，应严格按照实验室质量控制管理要求实施检验。

5. 承担检验任务的实验室应当妥善保存样本，并按相关规定期限留存样本和分离到的菌毒株。

（五）致病因子检验结果的解释

致病因子检验结果不仅与实验室的条件和技术能力有关，还可能受到样本的采集、保存、送样条件等因素的影响，对致病因子的判断应结合致病因子检验结果与事故病因的关系进行综合分析。

1. 检出致病因子阳性或者多个致病因子阳性时，需判断检出的致病因子与本次事故的关系。事故病因的致病因子应与大多数病人的临床特征、潜伏期相符，调查组应注意排查剔除偶合病例、混杂因素以及与大多数病人的临床特征、潜伏期不符的阳性致病因子。

2. 可疑食品、环境样品与病人生物标本中检验到相同的致病因子，是确认事故食品或污染原因较为可靠的实验室证据。

3. 未检出致病因子阳性结果，亦可能为假阴性，需排除以下原因：（1）没能采集到含有致病因子的样本或采集到的样本量不足，无法完成有关检验；（2）采样时病人已用药治疗，原有环境已被处理；（3）因样本包装和保存条件不当导致致病微生物失活、化学毒物分解等；（4）实验室检验过程存在干扰因素；（5）现有的技术、设备和方法不能检出；（6）存在尚未被认知的新致病因子等。

4. 不同样本或多个实验室检验结果不完全一致时，应分析样本种类、来源、采样条件、样本保存条件，以及不同实验室采用的检验方法、试剂等的差异。

四、资料分析和调查结论

调查结论包括是否定性为食品安全事故，以及事故范围、发病人数、致病因子、污染食品及污染原因。不能作出调查结论的事项应当说明原因。

（一）作出调查结论的依据

调查组应当在综合分析现场流行病学调查、食品卫生学调查和实验室检验三方面结果基础上，依据相关诊断原则，作出事故调查结论。卫生行政部门认为需要开展补充调查时，调查机构应当根据卫生行政部门通知开展补充调查，结合补充调查结果，再作出调查结论。在确定致病因子、致病食品或污染原因等时，应当参照相关诊断标准或规范，并参考以下推论原则。

1. 现场流行病学调查结果、食品卫生学调查结果和实验室检验结果相互支持的，调查组可以作出调查结论。

2. 现场流行病学调查结果得到食品卫生学调查或实验室检验结果之一支持的，如结果具有合理性且能够解释大部分病例的，调查组可以作出调查结论。

3. 现场流行病学调查结果未得到食品卫生学调查和实验室检验结果支持，但现场流行病学调查结果可以判定致病因子范围、致病餐次或致病食品，经调查机构专家组 3 名以上具有高级职称的专家审定，可以作出调查结论。

4. 现场流行病学调查、食品卫生学调查和实验室检验结果不能支持事故定性的，应当作出相应调查结论并说明原因。

（二）调查结论中因果推论应当考虑的因素

1. 关联的时间顺序：可疑食品进食在前、发病在后。

2. 关联的特异性：病例均进食过可疑食品，未进食者均未发病。

3. 关联的强度：OR 值或 RR 值越大，可疑食品与事故的因果关联性越大。

4. 剂量反应关系：进食可疑食品的数量越多，发病的危险性越高。

5. 关联的一致性：病例临床表现与检出的致病因子所致疾病的临床表现一致，或病例生物标本与可疑食品或相关的环境样品中检出的致病因子相同。

6. 终止效应：停止食用可疑食品或采取针对性的控制措施后，经过疾病的一个最长潜伏期后没有新发病例。

（三）撰写调查报告

调查机构根据调查组的调查结论，可参考《食品安全事故流行病学调查技术指南》（卫办监督发〔2012〕74 号）的框架和内容撰写调查报告，向同级卫生行政部门提交对本次事故的流行病学调查报告。同级卫生行政部门对事故流行病学调查报告有异议的，可通知调查机构补充调查，或报请上一级卫生行政部门组织专家组对调查结论进行技术鉴定。撰写调查报告应注意以下事项。

1. 按照先后次序介绍事故调查内容、结果汇总和分析等调查情况，并根据调查情况提出调查结论和建议，事故调查范围之外的事项一般不纳入报告内容。

2. 调查报告的内容必须客观、准确、科学，报告中有关事实的认定和证据要符合有关法律、标准和规范的要求，防止主观臆断。

3. 调查报告要客观反映调查过程中遇到的问题和困难，以及相关部门的支持配合情况和相关改进建议等。

4. 复制用于支持调查结论的分析汇总表格、病例名单、实验室检验报告等作为调查报告的附件。

5. 调查报告内容与初次报告、进程报告不一致的，应当在调查报告中予以说明。

对于符合突发公共卫生事件报告要求的事故，应按相关规定进行网络直报。

（四）工作总结和评估

事故调查结束后，调查机构应对调查情况进行工作总结和自我评估，总结经验，分析不足，以更好地应对类似事故的调查。总结评估的重点内容包括以下内容。

1. 调查实施情况。日常准备是否充分，调查是否及时、全面地开展，调查方法有哪些需要改进，调查资料是否完整，事故结论是否科学、合理。

2. 协调配合情况。调查是否得到有关部门的支持和配合，调查人员之间的沟通是否畅通，信息报告是否及时、准确。

3. 调查中的经验和不足，需要向有关部门反映的问题和意见等。

（五）案卷归档

调查机构应当将相关的文书、资料和表格原件整理、存档。

五、典型案例

"吐黄水病"食物中毒调查案例。1944年开春2月，陕西省延安市东南区域有一个地方叫川口，当地农民纷纷得了一种怪病。最初的症状是无精打采、嗜睡，短短几个小时之后，肚子开始难受疼痛，不停地呕吐甚至腹泻，开始吐没消化的食物到最后吐黏稠的苦黄水，有些人还会排泄出同样颜色的液体，当地俗称"吐黄水病"，大部分患者在发病后一天内即会死亡。一旦暴发，从开春一直持续到端午节后才能渐渐平息。

　　边区联合防疫委员会接到信息后，以西北野战军第二野战医院徐根竹院长牵头的调查组立即奔赴疫区调查，发现川口镇 500 位居民中，染病死亡者已达 70 余人。这次"吐黄水病"的发病极为迅捷，发病后 7 小时至 1 天之内死亡。初步饮食调查发现，多点同时暴发的模式，不太像是急性肠胃炎的发病规律，而且各个村子粮食都是自给自足，从外界购入食物量很少，原粮受到污染引发的可能性不大。

　　徐根竹医生提出疑问，会不会是食物加工过程出了问题？调查组采集了一批食物样本，连夜送回延安边区医院进行检验，经显微镜检和培养皿培养食物样本，很快发现腌菜中有肉毒杆菌污染。陕北农民家家户户都有腌菜的习惯，当地人吃腌菜往往喜欢生冷食用或简单蒸煮，很难防住这种污染。进一步调查发现，大部分"吐黄水病"的患者都曾出现过眼睑下垂的症状，这正是肉毒杆菌中毒的典型特征。

　　为什么川口有些村子"吐黄水病"的情况非常严重，而同样有吃腌菜习惯的另外一些村子却没有疫情发生呢？肉毒杆菌选择性污染的规律是什么？调查组成员、延安边区医院马荔院长也是个极为认真负责的人，他对着地图反复研究，并注意到一个细节，即这个吐黄水病多年来一直是开春暴发，端午即消。为什么这种病和时间的关系如此密切？进一步实地调查发现，川口是典型的黄土高原丘陵沟壑区，村子随地势分布，有高有低，病例的地域分布特点为处于上风口的村子，"吐黄水病"就发作得厉害，凡是在背风口的村子，发病就少。陕北位于黄土高原，大风从冬季要持续到农历五月。黄土中的肉毒杆菌芽孢被大风带进上风口的村子落入不盖盖子的腌菜缸。春季没有新鲜蔬菜，老百姓被迫大量食用腌菜，农历五月端午之后，风沙小了，新鲜蔬菜也陆续上市，吃腌菜的人少了，发病率自然就下去了。所采集的土壤样本中检验出了大量肉毒杆菌，足以佐证其理论。调查组深入调查发现，扬尘所带来的肉毒杆菌芽孢，不仅会污染腌菜，还会污染水源。陕北燃料匮乏，一般只加热到七八十度就饮用，这个温度不足以杀灭芽孢形态的肉毒杆菌。至此，"吐黄水病"终于在世人面前呈现出真实面目。

第十四章　食品安全风险交流

第一节　食品安全风险交流概述

一、风险交流的背景

食品安全风险分析是目前国际公认的食品安全科学管理手段。对风险进行分析就是通过风险评估、风险管理与风险情况交流三个步骤，最大限度地降低食品安全风险。2006 年，联合国粮农组织/世界卫生组织（FAO/WHO）在《食品安全风险分析——国家食品安全管理机构应用指南》首次对风险交流进行了定义，即"在风险分析全过程中，风险评估人员、风险管理人员、消费者、企业、学术界和其他利益相关方就某项风险、风险所涉及的因素和风险认知相互交换信息和意见的过程"。

国际食品法典委员会在《现代生物技术食品安全风险分析准则》中强调，风险交流是一个利益相关方和被影响方反复交流的过程，即风险交流是用来解释如何作出决定、为什么作出决定，它明确回应利益相关方及公众提出的任何疑虑，解释为何这些问题被关注，以及解决这些问题的设想。风险交流须在重点关注健康和环境安全的同时用一个简单综合的方式交流，并确保所有的信息和观点被有效地纳入风险管理的决策过程。

近年来，世界各国越来越重视食品安全风险交流在食品安全综合治理中的作用，认识到有效的食品安全风险交流已成为避免公众产生不必要的恐慌情绪、提高政府的食品安全监管权威性、保障食品企业高质量发展乃至维护社会稳定和谐的关键，而另一方面，低效的食品安全风险交流不仅不能够达到疏通解惑的目的，长期不畅的风险交流还会降低政府在食品安全监管方面的公信力，加重企业甚至专家的信任危机，使公众产生悲观情绪，采取错误行动。

目前，我国食品安全风险信息交流主要有以下几种途径：政府信息发布、政府信息咨询、食品安全教育宣传、公众信息反馈（消费者举报投诉）、媒体报道解读以及民间组织发布的相关风险信息等。

二、风险交流的原则和要点

《食品安全法实施条例》规定，国务院食品安全监管部门和其他有关部门建立食品安全风险信息交流机制，明确食品安全风险信息交流的内容、程序和要求。原国家卫计委印发的《食品安全风险交流工作技术指南》（国卫办食品发〔2014〕12号）明确了我国开展食品安全风险交流的基本原则：以科学为准绳，以维护公众健康权益为根本出发点，贯穿食品安全工作始终，服务于食品安全工作大局。开展食品安全风险交流坚持科学客观、公开透明、及时有效、多方参与的原则。风险交流的目的是促进对风险分析所审议的特定问题的认识和理解，帮助理解风险管理决策的合理性，促进利益相关方对食品安全风险分析过程的认识和风险信息的交换，提高公众对食品供应安全性的信任和信心。

在开展风险交流时应注意以下要点。一是在制作风险交流信息资料时，应正确分析和认识交流对象，了解他们的动机和观点；要建立交流的专门技能，能更好地向有关各方传达易于理解的有用信息，促进风险交流的过程顺利实施。二是信息来源要可靠，决定来源可靠性的因素包括被承认的能力、可信任度、公正性以及无偏性；专家作为风险评估者必须有能力解释风险评估的概念和过程。三是风险交流的过程一定要保证公开透明，风险交流中不同角色，包括政府机关、媒体、企业以及消费者等应承担不同的责任。四是树立正确的风险交流观，正确对待风险交流的科学性，风险交流者应该能够对公众说明可接受的风险水平的理由，全面认识风险并帮助消费者建立安全消费信心。

三、风险交流的内容和方式

（一）科普宣传

主要内容包括：食品安全基本知识的科普宣传；食品安全法律法规及食品安全标准的解读与宣贯；食品安全典型事件、案例等的解读分析。科普宣传可通过制作和散发宣传折页、网络音视频等各种形式的科普载体，或通过社区咨询、科普讲座等公众活动日等形式开展。

（二）政策发布解读

主要内容包括：解释政策措施制定的背景和依据；解释政策措施的目的与意义；对政策措施的具体条款作出解释说明；对发布后出现的认识误区进行解释说明等。政策措施的解读一般可以配套相关解读材料，也可以对特定群体采取培训、讲座等形式，还可以利用媒体进行重点内容解读。

（三）食品安全标准

主要内容包括：国内外食品安全标准体系；食品安全标准制定、修订的原则和程序；食品安全标准的制定、修订背景及依据；食品安全标准的制定、修订过程及进展信息；食品安全标准的条款解释；国际标准相关内容等。食品安全标准相关的风险交流可以采取标准配套问答、媒体采访、标准宣贯培训、公众活动、新媒体传播等形式开展。

（四）风险评估

主要内容包括：风险评估的原则、框架和管理体系；风险评估项目的立项背景、依据和必要性；风险评估的方法、模型等技术信息；风险评估项目的进展；风险评估的结果解释；食品安全风险管理的建议等。食品安全风险评估相关的风险交流可以通过发布风险评估结果及配套问答、向食品安全监管机构的通报、学术界交流、公众活动、出版物等形式开展。

（五）突发事件

政府部门应采用快报事实、慎报原因的原则，妥善进行食品安全突发事件的风险交流。主要交流的内容包括：突发事件发生的时间、地点、原因（或可能原因），涉及的人数、影响的范围、政府已经采取的措施、风险控制效果、事件发展态势、企业应采取的措施、消费者应采取的措施等。突发事件风险交流可以通过广播、电视、报纸、新媒体、社区公告等形式开展。

四、典型案例

食品中铝残留的风险交流案例。2014年以前，媒体时常报道食品中铝超标问题的新闻，特别是与居民生活密切相关的油条、馒头、粉丝、挂面等铝超标新闻屡屡见诸报端，部分报道为博取流量，使用了"致癌物铝"的字眼，夸大铝残留对身体健康的影响，被互联网媒体转载后引起热议乃至恐慌。

为掌握我国含铝添加剂在食品中的使用现状和居民膳食铝暴露的健康风险，国家食品安全风险评估专家委员会组织开展了中国居民膳食铝暴露的风险评估。结果显示，我国全人群平均膳食铝暴露量低于 FAO 下的食品添加剂联合专家委员会提出的铝的暂定每周耐受摄入量［PTWI，2 mg/（kg 体重·周）］；然而，低年龄组和高食物消费量人群膳食铝暴露量均已超过 PTWI。面粉及面制品是我国膳食铝暴露的主要来源，特别是我国北方地区居民，由于面食消费量高，有60% 的居民铝暴露量超过 PTWI，说明我国需要采取措施降低居民膳食铝暴露量和由此带来的健康风险。

根据风险评估结果和专家建议，原国家卫生计划生育委员会立即启动含铝食品添加剂标准的修订工作，发布了调整含铝食品添加剂使用规定的公告，要求从 2014 年 7 月 1 日起，禁止将酸性磷酸铝钠等用于食品添加剂生产、经营和使用，膨化食品生产中不得使用含铝食品添加剂，小麦粉及其制品［除油炸面制品、面糊（如用于鱼和禽肉的拖面糊）、裹粉、煎炸粉外］生产中不得使用硫酸铝钾和硫酸铝铵。

随后，政府相关部门和专业机构以保障健康为宗旨、以科学事实为依据，通过各种形式对《中国居民膳食铝暴露风险评估》报告进行权威解读，并与企业、公众和媒体等开展多种形式的风险交流，帮助大众正确认识膳食铝摄入风险和如何降低铝暴露。通过在社会上广泛宣传和科普，食品生产经营者改进生产工艺，严格按照新标准使用含铝食品添加剂，政府监管部门加强食品生产经营监管和查处力度，严厉打击超范围超量滥用含铝食品添加剂的行为，近几年在我国食品安全监督抽检中，食品中铝残留量超标问题已大大减少。

第二节　食品安全科普宣传

食品安全科普宣传是提高公众食品安全素质的重要途径，也是构建我国食品安全体系的重要保障。科学有效的食品安全科普宣传一方面有利于提高政府的权威和公信力，促使民众了解正确的食品安全知识，避免造成不必要的恐慌和破坏；另一方面有利于推动我国食品科技进步和食品行业的发展，对保障民众的身心健康，减少不必要的食源性疾病或其他疾病做出重要贡献。

一、科普宣传的主要内容

（一）食品安全基本知识

许多消费者甚至是从业者缺少食品安全基本知识，容易对食品安全的一些现象产生误解，引起不必要的恐慌。因此，需要加强对食品安全基本知识的大力宣传，如食品安全的内涵、食品质量的基本要求、人体必需的营养素、食物成分、膳食平衡、食品添加剂、食品污染、食品标签内容、食品保质期、保健食品等基本概念和常识，帮助消费者正确认识食品安全的基本问题。

（二）食品安全法律法规及标准

加强《食品安全法》《食品安全法实施条例》等食品安全法律法规及食品安全标准的解读与宣贯，对于加强食品安全风险信息交流、保障食品安全意义重大。可以通过制作问答、媒体采访、标准宣贯培训、折页、手册、新闻稿、光盘、公众活动、新媒体传播等进行宣贯，对食品从业者和消费者从不同的角度、容易接受的方式进行宣传和培训，解读和宣贯食品安全法律法规和食品安全标准体系，食品安全法律法规和标准的制定、修订背景、依据、原则、程序、过程以及条款规定等信息。

二、科普宣教的主要形式

（一）制作和散发各种形式的科普载体

包括：文字与音像制品，如折页、展板、光盘等；日常生活用品，如购物袋、台历、冰箱贴等；网络及新媒体载体，如网络短视频、动画、短信、手机报等。

（二）通过公众活动开展科普宣传

如通过机构开放日、专家街头咨询、社区讲座、培训或座谈、科普展览、情景模拟、名人代言等开展科普宣传。

三、科普宣传的主要策略

（一）针对政府相关机构

其宣传的重点是食品安全法律法规、食品安全风险分析的基本理论和方法、食品安全标准、风险监测、评估相关知识、食源性疾病报告防治知识等，适宜的形式包括科普载体、线上线下培训、座谈等。

（二）针对食品企业和行业协会

其宣传的重点是食品安全法律法规、食品安全风险分析的基本理论和方法、食品安全标准、风险监测、评估相关知识、食品安全基本常识、食品安全典型案例、事件解读分析等，适宜的形式包括科普载体、培训、专家咨询等。

（三）针对各类媒体

其宣传的重点是食品安全法律法规体系、食品安全风险分析的基本理论和方法、食品安全标准、风险监测、评估相关知识、食品安全基本常识、合理膳食等，适宜的形式包括讲座、座谈、小组讨论、视频等科普载体等。

（四）针对一般公众

其宣传的重点是食品安全基本常识、食品安全典型案例警示教育、合理膳食等，适宜的形式包括公众活动、科普载体尤其是实物载体、网络及新媒体载体等。

四、加强科普宣传的主要措施

食品安全科普宣传是一个长期性、系统性的工作，应以有序、平稳的步伐不断推进。政府应持续完善食品安全科普宣传体系，优化食品安全科普宣传管理机制和工作机制，支持各方发展和推广食品安全科普工作。

（一）完善科普宣传规划，实行透明化监管

探索建立食品安全科普场所社会化营运机制，推进食品安全科普与文化、教育、商业结合，做好各类科技科普期刊和新媒体应用工作。不断健全科普工作组织架构，充分发挥工作职能，进一步完善基层科普工作机构，不断适应科普工作的需要。加强群众性科普工作网络建设，建立健全乡镇、街道、村、居委会的食品安全科普工作网络。

（二）统筹社会各界，发挥合力作用

社会各界发挥食品安全科普专家、学者、媒体、公众和自媒体的力量，加强政府、企业、媒体与学术界的协调与配合，站在食品安全科普工作的最前线，进一步认识食品安全科普工作的重要性。加强食品安全研究的深度与力度，形成食品安全科普统一战线，科学客观地普及食品安全常识、报道食品安全事件，形成正确的舆论导向，提高民众对食品安全科普的信任感和支持度。

（三）媒体增加责任意识，避免片面化宣传

新闻媒体要树立正确的舆论导向，充分发挥媒体的传播力、影响力，通过制度约束和行业自律来诚实、客观地报道食品安全事件，让公众对食品安全有客观及时的了解，正确引导社会舆情，以达到良好的社会效果。避免无视正面客观事实，为吸引眼球以扩大负面效应。

（四）加大科普宣传投入，提升群众科学素养

加强和督促食品安全科普方面的软硬件设施建设，加大在食品安全方面的投资力度，推进科普宣传工作的公益化发展。坚持把发展公益性食品安全科普作为向民众普及知识的主要途径，让广大人民群众享受公益性食品安全科普发展所带来的新成果，切实保障民众接受食品安全科普，努力提高民众自身素养以及科学知识水平。民众应以科学的态度对待四处传播的食品安全信息，在听到不确定的消息时，应通过多种渠道如电视、网络等权威再做确认，切忌盲目听信。

五、典型案例

上海市打造多元场景的食品安全科普项目案例。近年来，上海市不断创新食品安全科普宣传形式，提高食品安全科普宣传效果，提升民众在食品安全方面的自我保护能力。目前，针对公众的科普宣传主要以食品安全科普站、"食品安全宣传周"系列活动、食品安全宣传"六进"、保健食品"五进"等多种形式开展，推动食品安全知识的全民科普。其中，食品安全科普站是上海市推出的具有创设性、长期性、亲民性特点的交流平台，在全市范围内 16 个区都有部署，大多建在社区街道或公园，少数与企业合作建立。部分科普站配置了食品安全快检站，定期向居民免费开放。浦东新区、闵行区等区结合各自特色，延伸并拓宽科普项目，如开设科普讲座、科普电视节目，建设科普宣传与辟谣平台、新媒体交流平台（如公众号、视频号等）、食品安全科普基地、体验馆和线上食品安全科普 e 站等。针对青少年，上海市开设了第一家食品安全主题餐厅（科普体验基

地），以一些旋转猜题等游戏方式进行互动体验；首个食品安全主题公园特别融入了带有拼音、儿童画作等元素的食品科普知识展板墙，增强了趣味性。针对白领人群，徐汇区已开设"徐汇食品科普 e 站"，可通过公众号第一时间知晓最新食品安全辟谣信息、食品安全热点解读、专家咨询等一系列服务。针对某一固定区域的人群，宝山区"社区通"利用智能技术开展"智慧风险交流"，覆盖全区50 余万户家庭和 400 多个居委、100 多个村，线上线下互动交流食品安全相关科普知识和工作动态，及时获取居（村）民对食品安全方面的意见建议。

第三节　食品安全信息公开

信息公开是指国家行政机关和法律、法规以及规章授权和委托的组织，在行使国家行政管理职权的过程中，通过法定形式和程序，主动将政府信息向社会公众或依申请而向特定的个人或组织公开的制度。信息公开能够保障公民、法人和其他组织依法获取行政机关在履行行政管理职能过程中制作或者获取的，以一定形式记录、保存的信息，提高政府工作的透明度，建设法治政府，充分发挥政府信息对人民群众生产、生活和经济社会活动的服务作用。

食品安全信息公开应当遵循全面、及时、准确、客观、公正的原则。涉及国家秘密、商业秘密和个人隐私的，不得公开。但是，经权利人同意公开的或者食品安全监管部门认为不公开可能对公共利益造成重大影响的商业秘密、个人隐私，可以公开。

一、食品安全信息公开的意义

政府食品安全信息公开是指政府食品安全监管部门将其所掌握的与食品安全相关的信息向公众予以公开的一种工作方式。当下食品安全事件、食品安全问题已经成为公众所关注的热点话题，因而政府向公众公开食品安全信息，具有以下积极意义：一是有利于保障公民对食品安全的知情权。公民的知情权源自宪法，是宪法赋予公民的一项基本权利，而信息公开则是与公民知情权相对应的一项职能，政府对食品安全信息予以充分公开，是对公民知情权的尊重和保障。二是有利于政府依法行政、公开透明。政府将食品安全信息公开，等于是将政府行为公开在阳光下，使其在一个规范透明的制度框架下运行，真正实现权力在阳光下运行。正如"阳光是最好的防腐剂"，在公众和舆论的直接监督下，政府及其工作人员在履行职责时就有所顾忌，有效地监督了政府行政权力的行使，预防腐败滋生。

二、食品安全信息公开的内容

政府信息是政府部门所持有的一种具有特定价值意义的信息，是指行政机关在履行职责过程中制作或者获取的，以一定形式记录、保存的信息，其中食品安全信息是政府信息的内容之一。根据 2017 年原国家食品药品监督管理总局出台的《食品药品安全监管信息公开管理办法》的要求，食品安全监管部门在食品注册和备案、生产经营许可、广告审查、监督检查、监督抽检、行政处罚以及其他监管活动中形成的以一定形式制作保存的信息应主动公开。例如：本行政区内的年度食品安全总体状况、年度食品安全风险监测计划实施情况、年度食品安全国家标准的制订和修订工作情况、依照食品安全法规实施行政许可的情况，依法责令停止生产经营的食品、食品添加剂、食品相关产品的名录，食品抽样检验情况以及专项检查整治工作情况、查处食品生产经营违法行为的情况等管理信息均属于政府食品安全信息。

（一）食品安全标准信息

食品安全标准是衡量食品质量安全的一个重要依据，关系到人民群众的生命健康和食品产业的健康发展，对于该标准的内容，属于抽象行政行为的范畴。根据行政法的基本原理，抽象行政行为只有在公开公布之后才会发生效力，而标准的制定过程本来就是一个民主、公开、透明的过程，需要政府部门、食品安全研究人员、食品从业者和社会各界的充分讨论，综合各方意见后形成的，食品安全标准的制定属于必须公开的范畴。

（二）特殊食品注册和备案信息

特殊食品由国务院食品安全监管部门依法进行注册，注册的产品或产品配方信息应在部门官网上公开，公开内容包括申请企业名称、地址，产品名称、批准文号、主要工艺、标签或说明书内容等。

（三）食品生产经营许可信息

食品生产经营许可信息应在市场监管部门网站上进行公开，公开内容包括生产经营许可服务指南（包括申请事项、设定依据、申请程序、时限、需要提交的全部材料目录以及申请书示范文本）、许可结果、生产经营许可证（包括企业名称、法定代表人、企业负责人、住所、生产或经营地址、生产或经营范围、有效期、许可证号及其他有关内容）等。

（四）食品广告审查信息

食品安全监管部门应公开有关保健食品、特殊医学用途配方食品广告审查信息，公开内容包括广告审查服务指南（包括申请事项、设定依据、申请程序、时限，需要提交的全部材料目录和申请书示范文本）、审查结果等。

（五）食品生产经营监督检查信息

食品安全监管部门应公开监督检查相关信息，包括：食品年度监督检查计划，日常监督检查、专项监督检查和飞行检查结果信息，通过质量管理规范认证企业的跟踪检查结论信息（证后监管结果信息），以及需要公告的其他监督检查信息。公开内容包括检查的对象和地址、检查的时间、检查的事项、检查结论及其他有关内容。

（六）食品安全监督抽检信息

食品安全监管部门公开监督抽检相关信息，公开内容包括抽检产品名称、标示生产单位、产品批号及规格、检品来源/被抽样单位、抽样单位、检验依据、检验结果、检验单位等。在公开抽样检验相关信息的同时，应根据需要对有关产品特别是不合格产品可能产生的危害进行解释说明，必要时发布消费提示或风险警示。

（七）食品安全行政处罚信息

食品安全监管部门适用一般程序作出的行政处罚决定，要主动公开行政处罚决定书。公开的行政处罚决定书应包括以下信息：行政处罚案件名称、处罚决定书文号，被处罚的自然人姓名及身份证号码（公开身份证号码的应当隐去其出生月日四位），被处罚的企业或者其他组织的名称、社会统一信用代码（组织机构代码、事业单位法人证书编号）、法定代表人（负责人）姓名，违反法律法规或规章的主要事实，行政处罚的种类和依据，行政处罚的履行方式和期限，作出处罚决定的行政执法机关名称和日期。行政处罚案件的违法主体涉及未成年人的，应当对未成年人的姓名等可能推断出该未成年人的信息采取符号替代或删除方式进行处理。应当隐去的个人隐私或商业秘密等信息的，依据相关规定执行。

（八）突发食品公共安全事件及应对措施信息

突发食品公共安全事件是威胁到人民群众生命健康的事件，《国家重大食品安全事故应急预案》对于食品安全的事故分级、适用范围、工作原则、应急处理指挥机构、监测预警与报告、重大食品安全事故的应急响应、后期处置、应急保障等问题均有制度性的安排。政府在处理突发食品公共安全事件时应当严格执行应急预案的规定，并将执行情况适时向群众公开，接受群众监督，使群众不至于陷入恐慌。应及时公布食品安全事故处置相关信息，包括事故概况和事故责任调查处理结果等。

（九）不安全食品召回的信息

相关政府部门应当根据《食品召回管理办法》将不合格食品的召回信息及时向公众予以公布，使公众在第一时间掌握相关信息以避免消费风险，也有利于监督涉事企业进行整改。召回信息公开内容包括：生产者的名称、住所、法定代表人、具体负责人、联系电话、电子邮件等；产品名称、商标、规格、生产日期、批次等；召回原因、起止日期、区域范围；等等。

（十）信用等级和重点监管名单信息

食品安全监管部门应公开企业信用等级相关信息，包括企业名称、生产地址、生产范围、许可证号、信用等级情况及其他有关内容。重点监管名单相关信息，包括被列入重点监管名单的生产经营者名称、生产经营地址、法定代表人或负责人姓名，以及相关责任人员姓名、工作单位、职务、身份证号（公开身份证号码的应当隐去其出生月日四位）、违法事由、行政处罚决定、相关限制措施、公布起止日期等。

三、信息公开的主要途径

《中华人民共和国政府信息公开条例》规定，行政机关主动公开的政府信息通过政府公报、政府网站或者其他互联网政务媒体、新闻发布会以及报刊、广播、电视等途径予以公开。信息公开的主要途径如下。

（一）新闻发布会

政府新闻发布会是新闻发言人制度得以贯彻实施的传播方式。通常情况下，政府的新闻发言人会约见相关媒体的记者，通过新闻发布会的形式，将重大事件和社会热点的一系列相关内容传播给公众，以此实现和社会大众的沟通交流。这是政府部门中设立的一种较为稳定和规范的公共信息传播机制。

（二）传统媒介

利用报刊、广播、电视、政府公报、政务公开栏、公开办事指南等传统媒介公开政府信息。

（三）网络平台

充分发挥信息技术的作用，通过网络平台实现政府信息公开。随着电子技术的发展，通过网络平台，运用电子数据库技术将政府的相关信息向社会公开，让公众知晓和了解相关情况已经成为一种新型而有效的政府信息公开途径。

（四）公共场所

通过在公共场所设立信息查阅处向公众公开政府信息。政府部门应在一些档案馆、公共图书馆设置政府信息查阅场所，配备相应的设施、设备，为公民、法人或者其他组织获取政府信息提供便利。行政机关还可根据需要设立公共查阅室、资料索取点、电子信息屏等场所、设施，公开政府信息。

（五）其他

通过社会公示、听证会、专家咨询，以及邀请人民群众旁听政府有关会议等形式实现信息公开。

第四节　食品安全舆情监测与应对

食品安全涉及公众健康，受到社会高度关注。以食品安全舆情为主的公共卫生类舆情事件数量常常位列舆情类事件首位。当前互联网和新媒体高度发达，社会监督、舆论监督越来越受到重视，食品安全舆情的监测和应对是现代食品安全管理的重要内容。

一、舆情主要来源和监测应对策略

互联网是舆情的主要来源，包括门户网站、食品安全相关机构网站、论坛、博客、微博、微信、抖音、快手等。这类媒体信息即时性强、信息量大、传播范围广、互动性强、引发的舆情影响大。传统媒体如广播、电视、报纸、杂志等权威性强，但受众的广度和即时性不如现代互联网媒体。另外，投诉举报、公众信息咨询等也可以作为重要舆情来源。

食品安全舆情监测与应对涉及公共管理学、社会学、心理学、传播学、行政学等多学科的交叉，监测与应对的基本策略是：制定预案，分级响应；客观公正，科学合理；快速反应，及时报告；综合判断，灵活处置。面对食品安全突发事件，食品安全管理部门官方媒体应坚持第一时间原则、公开透明原则、第三方原则、坦诚原则、情感原则、口径一致原则和留有余地原则。

二、舆情监测与应对的方法和内容

（一）新媒体监测方法

互联网快速发展背景下的新媒体信息量大，仅依靠人工的方法难以应对海量的食品安全信息进行收集和处理。随着人工智能的发展，智能化的网络舆情分析系统可以通过链接高速自动采集页面，及时对网络舆情进行收集筛选，对热点话题、敏感话题进行识别，对事态发展进行倾向性和趋势分析，对受众情绪和反应进行感知判断，根据舆情分析结果生成报告提供决策支持。

（二）传统媒体监测方法

报刊、广播、电视等传统媒体上的舆情信息具有一定的权威性，公众的认可度也比较高。可以通过各种积极主动的方式对传统媒体上的舆情信息进行监测、汇集、分析、控制与引导。在可能或已经发生食品安全突发事件时，开展调查与访谈，关注报刊、广播、电视等媒体，举行各种会议，接受群众信访，广泛收集舆情信息，并进行比较、鉴别、筛选、总结、归纳、分类，拓展舆情分析的深度，从中挖掘有价值的信息。对于那些涉及国家机密、商业机密和个人隐私的舆情，以及被故意歪曲事实的舆情，管理部门应采取必要的控制措施。

（三）舆情监测与应对内容

一是开展舆情监测，搜集舆情信息及利益相关方诉求；二是开展舆情研判，内容包括舆情定性，分析舆情敏感因素、传播特征及趋势，可能存在的炒作或恶意竞争因素等，筛选出的重点舆情进行技术分析，提出应对建议，必要时召集相关领域专家进行专题研究；三是拟定有针对性的风险交流口径，并通过适宜的形式、时机和渠道发布信息；四是根据综合风险研判结果，对现实中的食品安全风险因素进行控制和管理，视情发布食品安全风险预警和消费提示；五是跟踪舆论反应，适时对应对措施进行调整和修正。

第十五章　食品安全智慧监管

第一节　食品安全智慧监管概述

一、智慧监管的背景

从全球来看，随着经济全球化进程的加快和国际贸易的迅猛发展，食品生产和销售更加国际化，食品供应链日趋复杂，涉及的环节越来越多，从农田到餐桌获取食物的方式，已经演化为一个复杂的多种因素相互依存的网络，食品受污染和腐败变质的风险也时刻存在。即使像美国这样的发达国家，同样无法避免食品安全事件频发。据 2010 年美国疾病控制与预防中心（Centers for Disease Control and Prevention，CDC）数据显示，美国每年约有 4 800 万人患食源性疾病，12. 8 万人住院，3 000 人死亡，造成重大的公共卫生负担，而这些是可以通过一些措施预防的。在此背景下，2011 年美国《食品安全现代化法案》应运而生，受到来自消费者、生产者等各方面的广泛支持，这部法案被誉为一部历史性法案。该法案确立了食品安全监管新模式，从建立食品产业全面预防控制体系、加强食品安全监管、强化进口监管和建立合作伙伴关系四个方面，提升美国的食品安全保障能力。随着互联网及人工智能、区块链、大数据分析等新技术的发展，2019 年 4 月，美国食品药品监督管理局（Food and Drug Administration，FDA）提出"智慧食品安全新时代"倡议，继续基于科学管理和风险管理的原则，倡导使用区块链、传感器、物联网和人工智能等新技术，建立一个更数字化、更可追溯和更加安全的食品安全保障体系，包括提升食品安全可追溯性和食源性疾病的暴发响应、采用更智能的食源性疾病预防工具和方法、适应食品新商业模式和零售的现代化转变、强化食品安全文化的核心地位四个方面。

在我国，食品安全形势虽然稳中向好，但保持这种良好态势的任务十分艰巨。如食用农产品面临土壤和地下水污染和农药、兽药使用不规范问题，食品生产经营环节食品添加剂使用不规范及微生物污染问题，加上食品产业规模化程度不高，食品从业者人数众多，一部分人诚信意识、法律意识薄弱等，这些问题的长期性、复杂性和艰巨性对食品安全监管工作带来巨大考验。截至 2022 年，我国食品生产经营主体多达 1 500 万家，数量庞大的市场主体给市场监管工作带来了前所未有的挑战。尤其是基层市场监管部门，面对食品安全监管对象众多、监管情况繁杂、监管责任重大、监管力量薄弱等现状，传统的监管方式和监管手段已不能适应新形势下食品安全监管需要。特别是"互联网+"时代孕育产生了不少食品新业态，如网络订餐、共享厨房、生鲜外卖、社区团购、无人自动售卖（如无人面馆、无人榨汁机、自动取餐柜等）、智慧餐厅等，这些快速发展的新业态对公众日常消费生活方式产生了巨大影响，食品经营品种、渠道、形式的多样化也产生了新的食品安全风险隐患。综上所述，我国迫切需要树立智慧监管理念，推进食品安全监管工作和现代信息化技术的深度融合，及时发现食品安全风险隐患，提升食品安全监管效能。

2019 年，《中共中央 国务院关于深化改革加强食品安全工作的意见》明确提出，要推进"互联网+食品"监管。建立基于大数据分析的食品安全信息平台，推进大数据、云计算、物联网、人工智能、区块链等技术在食品安全监管领域的应用，实施智慧监管，提升监管工作信息化水平。

2017 年，国务院印发《"十三五"市场监管规划》，明确提出要坚持智慧监管，进一步适应新一轮科技革命和产业变革趋势，适应市场主体活跃发展的客观要求，充分发挥新科技在市场监管中的作用。2020 年年初，包括食品安全在内的智慧监管被列入市场监管的年度重点工作，至此，市场监管部门正式开启了智慧监管建设和应用工作。2021 年，国务院印发《"十四五"市场监管现代化规划》，提出信用监管基础性作用进一步发挥、智慧监管手段广泛运用、多元共治的监管格局加快构建，以及监管效能全面提高的目标。规划提出要全面整合市场监管领域信息资源和业务数据，深入推进市场监管信息资源共享开放和系统协同应用，并将加强重点食品安全追溯，提升监测预警、评估分析、排查处置能力纳入智慧监管信息化工程。

二、智慧监管的内涵

智慧监管是近年来在社会治理多元化背景下新兴起的全新监管理论，提倡有意识地突破传统的"命令控制型"监管模式，寻求更智慧、更有效的监管模式，以最少的干预、最低的成本控制食品安全风险，实现全方位的食品安全保障。智慧监管强调监管主体的多元性和监管工具的策略使用，其本质是在食品安全监管理念中融入以科技为支撑的新思维和以共治为手段的新模式。宏观上，智慧监管的概念包括监管制度、监管方式和监管行动上的创新，如"双随机、一公开""审慎包容监管"等监管制度的创新，"信用监管""网格化管理"等监管方式的创新，"远程视频监控""明厨亮灶"等监管手段的创新。

在技术层面，智慧监管是要利用云计算、物联网、互联网、大数据、人工智能等新一代信息技术，实时汇集和分析生产经营、许可备案、监管执法、投诉举报、新闻舆情、食物中毒、社会评价等各领域、各环节食品安全相关信息，以集成共享、开放协同的方式使监管具备敏捷、高效、实时、自动化等一系列的智慧化特征，特别是将传统的海量人工数据分析与数据处理交由智能软件，或通过机器学习来完成，从而实现食品安全风险的早期发现、精准预警、智能决策、快速处置等目标。通过智慧监管，让监管全链条中的各项功能协同运作，让监管资源的分配更加合理和充分，让监管工作对需求做出更加智能的响应，让社会公众感受到更加便捷和高效的政务服务。

在完善的智慧监管体系中，政府部门、食品企业、消费者、其他社会组织既是食品信息数据的使用者也是食品信息数据的提供者。政府部门利用现代化的数据收集技术，全方位汇聚各类食品安全相关数据，并通过智能化分析自动研判风险特点和来源等，对不同类型的食品生产经营主体进行差别化监管，提高食品安全监管的针对性和有效性。政府部门也可以转变角色、变监管主体为服务主体，充分发挥数据资源聚合优势，为食品企业与消费者等提供专业的食品安全服务，如食品安全信息追溯查询、食品行业定期安全报告，食品安全风险预警、食品安全消费提示等，指导食品行业科学管理，引导人民群众安全消费，使得传统意义上监管部门、食品企业与消费者之间的对立关系变为目标一致、互赢互利的社会共建、共治、共享模式。

三、智慧监管体系的构建

（一）加强顶层设计，统一标准体系

智慧监管是实现食品安全治理体系和治理能力现代化的必经途径，应从战略高度统筹规划基于数据驱动、社会共治的食品安全智慧监管体系，将食品安全智慧监管纳入"大市场、大质量、大监管"的大格局中进行总体框架与运行模式的设计。围绕理念变革、机制优化、方式创新、工具运用、业务规划、监管效能等核心要素，加快推进智慧监管前瞻性、创新性、系统性研究，研究数字化转型与食品安全监管业务工作的融合，研究运用新一代信息技术加强智慧监管的措施和途径。在系统建设过程中，注重软环境和硬基础兼施、管理和服务结合、技术创新和制度创新并举。应完善智慧监管的法律保障，在现有法律法规的基础上嵌入智慧监管理念和要求，确定智慧监管在法律法规方面的创新定位，制定法规标准体系中长期规划和框架设计，规范智慧监管相关的技术、管理与应用规程，明确数据保密和共享的安全措施等。

（二）加强技术创新，推进数据共享

创建统一的食品安全监管智慧云平台，将行政部门食品安全监管全业务领域的应用系统有效整合，并进一步实现与食品行业运行数据、科研机构研究数据、社会组织管理数据、新闻舆情监测数据、公众消费维权数据等实时对接与共享。组织制定并完善技术体系、管理体系、安保体系等标准规范，统一数据标准格式，统一信息资源目录，统一数据交换接口，统一数据系统管理，保障数据时效、质量和安全。建立市场监管信息资源分布全景图，实现信息在全系统、跨地区、跨层级、跨部门、按需有效共享和流转。推进数据开放共享，完善横向互联、纵向互通、纵横联动的数据资源共享机制，实现各级监管部门间监管信息的静态和动态互联互通。

（三）加强数据挖掘，提升智慧应用

通过各类食品安全数据归集、挖掘、分析、应用和输出，提供综合评价、趋势预测、隐患排序、风险预警、决策分析、效果预判等服务，充分发挥大数据对精准监管的靶向效应，为服务决策指挥及政策制定提供科学参考。特别是需要将传统监管模式下"由果寻因"的治疗式思维转变为智慧监管模式下"由因及果"的预防性思维，将事前通过大数据预判的风险点形成分级分色自动预警，有效防范化解系统性、行业性、区域性安全风险。开放公众咨询、投诉举报、社会监督、大众评价等模块入口，使更多的政务资源和服务与食品企业、社会公众、电商平台等充分互动，将公众反映的信息对接到数据中心，进一步丰富食品安全云中心的数据维度和丰度，实现食品安全智慧监管中的多元治理目标。

（四）加强人才培养，筑牢安全保障

智慧监管需要既熟悉食品安全监管业务，又熟练现代信息技术应用的跨学科、复合型人才。应加强人才数字化能力的培养，可以通过任务外包、产业合作、学术交流等方式，充分利用全社会的专业人才资源，为智慧监管提供有效保障。注重食品安全云中心的安全保障，筑牢安全防线，突出应用安全、系统安全、网络安全三个方面。妥善处理便捷与安全的关系，跨业务系统必须进行统一身份认证，提高关键信息系统的访问控制能力，针对涉及隐私或敏感信息，做好数据安全保护方面的技术保障。

四、智慧监管云平台构建探索

当前，我国食品安全智慧监管云平台的技术框架仍在不断构建之中，并且随着信息技术和人工智能的新发展而不断完善。结合当前智慧监管的设计理念和预期目标，云平台在框架设计上需要强化以下四个方面的智慧能力。一是全链条数据智慧服务能力。立足政府监管职能和公共服务职责，打通部门之间、系统之间的业务鸿沟和数据孤岛，为食品安全监管部门、监管对象和社会公众提供跨层级、跨地域、跨系统的智慧数据服务。二是各类业务应用的智慧协同能力。立足数据共享和业务协同，突破业务系统之间的技术难点，进行应用场景的智能化改造，实现业务系统的协同联动。三是平台架构的智慧支撑能力。综合运用云计算、大数据、人工智能、区块链等先进信息技术，构建统一、开放、先进、有效的智慧信息系统架构，支撑便捷化、可拓展的系统部署和新技术的集成应用。四是面向决策的智慧应用能力。构建数据资源多维关联关系，深度挖掘食品安全监管数据的关联分析和综合利用，为食品安全监管业务运行、形势掌握、风险研判、科学决策提供更加智慧的技术支撑。食品安全智慧监管云平台应用架构示意见图 15 - 1。

在地方层面，为深入推进"放管服"改革、优化营商环境，2018 年 4 月，上海市闵行区以完善市场监管体制机制为着力点，以形成大市场、大监管、大服务的新格局为切入点，以提升人民群众获得感和满意度为落脚点，正式启动"智慧监管·云中心"项目建设，印发《智慧监管云中心数据管理办法》，"数智化、网格化、全覆盖、高效能"的市场监管模式初步建成。该平台于 2019 年 4 月正

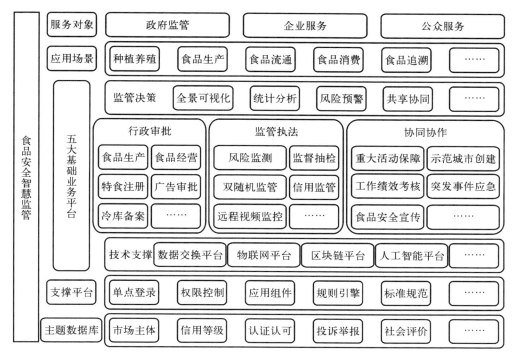

图 15-1　食品安全智慧监管云平台应用架构示意

式上线，包含"一个中心""九大系统"。"一个中心"即应急指挥中心；"九大系统"指主体信息、综合监管、远程监控、智能预警、投诉举报、稽查办案、数据分析、效能评价、社会共治等 9 个系统。该项目立足"人在做、数在转、云在算"的全新监管理念，对内整合了上海市一网通办、事中事后监管、企业信用信息公示、案件处罚等各类系统，运用大数据、物联网等信息技术，建设"源头可溯、全程可控、风险可防、责任可究、绩效可评、公众可查、精准洞察"的市场监管体系，对外构建联系市民、企业和政府的社会网络，推动食品专业监管向市场综合监管的融合，向社会共治模式变革。

第二节　食品安全信用监管

一、信用监管的背景

近年来，随着统一权威的监管体制和制度进一步完善，我国食品安全治理水平稳步提升，食品安全形势持续稳定向好。特别是进入新发展阶段，一方面，我国食品供给已经从数量型供给转变为质量型供给，人们对食品安全的要求越来越高；另一方面，随着食品大生产、大流通、大消费的快速发展和新技术、新模式、新业态的不断涌现，我国食品安全潜在风险、未知风险、人为风险和衍生风险仍长期存在，食品安全面临的挑战仍然严峻。如何改变传统人力资源密集型监管方式，推进有为政府和有效市场更好结合，发挥信誉机制在食品安全治理中的调节作用，从而破解我国食品安全监管领域从业人员不足、执法资源不足、专业能力不足等新老问题，从源头上减少食品安全风险，在全生命周期控制食品安全风险，是食品安全监管部门的重要任务。

2018 年修正的《食品安全法》规定，县级以上人民政府食品安全监管部门应当建立食品生产经营者食品安全信用档案，记录许可颁发、日常监督检查结果、违法行为查处等情况，依法向社会公布并实时更新；对有不良信用记录的食品生产经营者增加监督检查频次，对违法行为情节严重的食品生产经营者，可以通报投资主管部门、证券监督管理机构和有关的金融机构。2019 年修订的《食品安全法实施条例》规定，国务院食品安全监管部门应当会同国务院有关部门建立守信联合激励和失信联合惩戒机制，结合食品生产经营者信用档案，建立严重违法生产经营者黑名单制度，将食品安全信用状况与准入、融资、信贷、征信等相衔接，及时向社会公布。

信用是市场经济的基石，也是市场主体安身立命之本。2019 年 7 月，为加强社会信用体系建设，深入推进"放管服"改革，进一步发挥信用在创新监管机制、提高监管能力和水平方面的基础性作用，更好激发市场主体活力，推动高质量发展，国务院办公厅印发《国务院办公厅关于加快推进社会信用体系建设构建以信用为基础的新型监管机制的指导意见》（国办发〔2019〕35 号），提出以加强信用监管为着力点，创新监管理念、监管制度和监管方式，建立健全贯穿市场主体全生命周期，衔接事前、事中、事后全监管环节的新型监管机制，不断提升监管能力和水平。

2021 年 5 月，国家市场监督管理总局发布《市场监管总局关于加强重点领域信用监管的实施意见》（国市监信发〔2021〕28 号），提出以食品等生产企业监管为切入点，推进直接涉及公共安全和人民群众生命健康的市场监管重点领域信用监管，形成行之有效的重点领域信用监管工作机制和模式，提升监管效能。该意见还提出，通过信用监管有效举措，推动形成企业自治、行业自律、社会监督、政府监管的共治格局；坚持"管行业就要管信用、管业务就要管信用"，充分发挥信用基础性作用，推动信用与重点领域监管深度融合，加强协同联动，形成监管合力，提升监管效能。

二、信用监管的内涵

信用监管是指行政主体为实现政府规制的目标，以现代社会治理和信用管理理论为指导，以法律法规标准规范为依据，依法记录、收集、应用行政相对人的信用信息，并按相对人的信用状况对其进行等级评价，进而针对不同的行政相对人采取差异化监管，以及分别采取激励或者惩戒等措施的行为。对食品药品、生态环境等与人民生命财产安全直接相关的领域内产生严重失信行为的市场主体及相关责任人，在一定期限内实施市场和行业禁入措施，这样就大幅提升市场主体失信成本，让监管"长出牙齿"。

信用监管的理论基础是现代社会治理理论和信用管理理论。现代社会治理制度的主要特点是其公共性、多元性和共同性，信用监管本身也是社会治理的重要组成部分，是一种由多元主体参与的社会共治制度。由于信用风险有可能发生在市场主体全生命周期内的任何环节，因此，为防范化解信用风险，必须针对事前、事中和事后三个阶段进行全程信用风险管理，并以信息归集、共享、评价、分级分类监管和信用修复等为主要手段。从本质上讲，信用监管是根据市场主体信用状况而实施的差异化监管手段，实现对守信者"无事不扰"，对失信者"利剑高悬"，积极营造不敢失信、不能失信、不愿失信的良好氛围，从而促进社会诚信建设，优化营商环境，提高监管效率，提升社会治理能力和水平。在信息高度透明的互联网时代，基于大数据技术和互联网平台的信用监管是未来政府监管的重要趋势。

三、信用监管的主要做法

（一）建立企业清单，开展信息归集

对食品企业实施清单管理，厘清监管对象底数。对国家企业信用信息公示系统的相关食品企业进行分类标注，建立公示系统和食品企业审批、监管、执法办案等系统对接并实现动态调整。将食品企业行政许可、行政处罚、抽查检查（含监督检查、监督抽检等）结果等信息，依法依规及时归集到公示系统，记于企业

名下，并依法全面公示，充分运用社会力量约束企业违法失信行为。引导企业通过公示系统在企业登记注册、行政审批等环节主动公示信用承诺，强化企业信用意识，强化信用约束、社会监督。

（二）实施风险分类管理，合理安排监管资源

参考国家市场监督管理总局通用型企业信用风险分类管理模型，建立食品专业模型，针对不同信用风险类别的企业，采取差异化监管措施。根据区域和行业风险特点，建立重点监管事项清单制度，全面梳理职责范围内的重点监管事项，明确监管主体、监管对象、监管措施等内容，依法依规实行重点监管。在重点监管事项清单之外，与企业信用风险分类结果相结合，推进"双随机、一公开"监管，对信用状况好、风险小的市场主体，合理降低抽查比例和频次，尽可能减少对市场主体正常经营活动的影响；对信用状况一般的市场主体，则执行常规的抽查比例和频次；对存在失信行为、风险高的市场主体，则提高抽查比例和监管频次。

（三）建立严重违法失信名单，加大失信企业的约束惩戒

建立统一的食品企业严重违法失信名单管理制度，监管机构、执法办案机构、信用监管机构建立协同管理工作机制，做好严重违法失信名单列入、移出、公示和信用修复工作。将食品企业经营异常名录、严重违法失信名单等信息嵌入重点领域审批、监管业务系统，并主动向其他监管部门推送。建立相对统一的联合惩戒对象认定标准、列入程序、惩戒措施、公示方式等，依法依规实施联合惩戒、信息公示和信用修复。对风险程度较高的违法失信行为发布预警，作为市场准入、许可审批、行业监管、市场退出等方面工作的重要考量因素。

（四）加强信息共享应用，发挥市场和社会力量

开展食品企业数据产品和数据服务市场化应用，不断拓展应用场景，引导消费者和企业合作方根据企业信用程度评估消费风险和商业合作风险，切实用市场力量约束企业违法行为。充分应用新媒体等多种方式，加强诚信理念的宣传和推广。适时发布严重失信典型案例，加大对违法失信行为的曝光力度，引导公众加强对相关企业的社会监督。加强对行业组织的指导，发挥行业信用管理作用。

（五）探索完善新产业、新业态、新模式监管

在新产业、新业态、新模式食品企业中，对信用风险低和信用风险一般的企业，给予一定时间的"观察期"，探索推行触发式监管，在严守安全底线前提下，给予企业充足的发展空间；对信用风险高的企业，有针对性地采取严格监管措施，防止风险隐患演变为区域性、行业性突出问题。

四、严重违法失信名单及管理

（一）严重违法失信名单的确定

食品企业违反法律、行政法规，性质恶劣、情节严重、社会危害较大、受到较重行政处罚的，将被列入严重违法失信名单，通过国家企业信用信息公示系统公示，并实施相应管理措施。较重行政处罚主要包括：（1）依照行政处罚裁量基准，按照从重处罚原则处以罚款；（2）降低资质等级，吊销许可证件、营业执照；（3）限制开展生产经营活动、责令停产停业、责令关闭、限制从业；（4）法律、行政法规和部门规章规定的其他较重行政处罚。

食品企业可能受到较重行政处罚的情形主要包括：（1）未依法取得食品生产经营许可从事食品生产经营活动；（2）用非食品原料生产食品，在食品中添加食品添加剂以外的化学物质和其他可能危害人体健康的物质；（3）生产经营营养成分不符合食品安全标准的专供婴幼儿和其他特定人群的主辅食品；（4）生产经营添加药品的食品，生产经营病死、毒死或者死因不明的禽、畜、兽、水产动物肉类及其制品；（5）生产经营未按规定进行检疫或者检疫不合格的肉类，生产经营国家为防病等特殊需要明令禁止生产经营的食品；（6）生产经营致病性微生物，农药残留、兽药残留、生物毒素、重金属等污染物质以及其他危害人体健康的物质含量超过食品安全标准限量的食品、食品添加剂；（7）生产经营用超过保质期的食品原料、食品添加剂生产的食品、食品添加剂；（8）生产经营未按规定注册的保健食品、特殊医学用途配方食品、婴幼儿配方乳粉，或者未按注册的产品配方、生产工艺等技术要求组织生产；（9）生产经营的食品标签、说明书含有虚假内容，涉及疾病预防、治疗功能，或者生产经营保健食品之外的食品的标签、说明书声称具有保健功能；（10）其他违反食品安全法律、行政法规规定，严重危害人民群众身体健康和生命安全的违法行为。

（二）严重违法失信名单的管理

市场监督管理部门对被列入严重违法失信名单的当事人实施下列管理措施：（1）依据法律、行政法规和党中央、国务院政策文件，在审查行政许可、资质、资格、委托承担政府采购项目、工程招投标时作为重要考量因素；（2）列为重点监管对象，提高检查频次，依法严格监管；（3）不适用告知承诺制；（4）不予授予市场监督管理部门荣誉称号等表彰奖励；（5）法律、行政法规和党中央、国务院政策文件规定的其他管理措施。

如果当事人被列入严重违法失信名单满一年，且符合下列条件的，可以依照《市场监督管理信用修复管理办法》规定向市场监督管理部门申请提前移出严重违法失信名单：（1）已经自觉履行行政处罚决定中规定的义务；（2）已经主动消除危害后果和不良影响；（3）未再受到市场监督管理部门较重行政处罚。但依照法律、行政法规规定，实施相应管理措施期限尚未届满的，不得申请提前移出。

第三节 食品安全双随机监管

一、双随机监管的背景

近年来，我国积极推进"放管服"改革，不断优化营商环境，按照"市场化、法治化、国际化"的标准，尽力减少政府部门职权，降低市场主体准入门槛，培育壮大市场主体。通过简政放权举措和"宽进"原则激励，市场主体迅速增加、大量涌入，而监管力量并没有对应性地增加，监管方式的改革成为必然之选。食品行业是市场主体的重要组成部分，但总体呈现数量多、规模小、变化快的特点，特别是在人工智能、网络平台等快速发展下，产生出网络订餐、无人榨汁机、机器人餐厅等诸多新业态，而传统的监管模式存在检查任务重、随意检查、重复监管等问题，监管成本较大，企业疲于应对，也容易导致执法不公、执法扰民等乱象，这些都给食品安全监管带来新的挑战。

2019年2月，国务院印发《关于在市场监管领域全面推行部门联合"双随机、一公开"监管的意见》（国发〔2019〕5号），明确提出要在市场监管领域健全以"双随机、一公开"监管（以下简称"双随机监管"）为基本手段、以重点监管为补充、以信用监管为基础的新型监管机制，除特殊重点领域外，原则上所有行政检查都应通过双随机抽查的方式进行，取代日常监管原有的巡查制和随意检查，形成常态化管理机制，进一步营造公平竞争的市场环境和法治化、便利化的营商环境。

2019 年 2 月，国家市场监督管理总局印发《关于全面推进"双随机、一公开"监管工作的通知》（国市监信〔2019〕38 号），提出市场监督管理部门要全面推进双随机监管工作，将双随机监管理念贯穿到市场监管执法各领域，以实现监管效能最大化、监管成本最优化、对市场主体干扰最小化，营造良好营商环境、有序竞争环境和放心消费环境。要求在发挥双随机监管日常性、基础性作用的同时，对涉及重点领域食品药品、产品质量安全和特种设备安全，未列入抽查事项清单的事项，按照现有方式严格监管。

二、双随机监管的内涵

双随机监管主要是指在行政监管过程中，通过摇号、电子抽签等方式随机选择检查对象，随机抽调执法检查人员，检查过程及检查结果及时向社会公开的一项新型监管机制。双随机监管要求应结合企业信用风险分类，针对突出问题和风险特点开展抽查，提高监管精准性。抽查中发现的问题线索要一查到底、依法处罚，并将处罚结果记于相应市场主体名下，形成对违法失信行为的长效制约。对通过投诉举报、转办交办、数据监测等发现的具体问题要进行有针对性的检查，对发现的问题线索依法依规处理，严格行使自由裁量权。特别强调，除法律法规有明确规定外，抽查事项、抽查计划、抽查结果都要及时、准确、规范向社会公开，实现阳光监管，接受社会监督，杜绝任性执法，保障市场主体权利平等、机会平等、规则平等。

三、双随机监管的主要做法

（一）编制抽查事项清单

梳理法定职责内针对食品生产经营者抽查事项清单，针对不同风险等级、信用水平，科学制定工作计划。随机抽查事项分为一般检查事项和重点检查事项。重点检查事项针对安全、质量、公共利益等重要领域，抽查比例不设上限；抽查比例高的，可以通过随机抽取的方式确定检查批次顺序。一般检查事项针对一般监管领域，抽查比例应根据监管实际情况严格进行限制。

（二）建立随机抽查"两库"

建立与抽查事项相对应的检查对象名录库和执法检查人员名录库（简称"两库"）。检查对象名录库既可以包括企业、个体工商户等市场主体，也可以包括产品、项目、行为等。执法检查人员名录库除了综合管理类公务员、行政执法类公务员以外，还可适当吸收检测机构、科研院所和专家学者等参与。

（三）随机抽取检查对象

严格按照双随机抽查工作计划的安排逐批次抽取检查对象。在抽取过程中，要按照食品安全法律法规规定，食品产业状况、居民消费情况、执法队伍的实际情况，针对不同风险等级、信用水平的检查对象采取差异化分类监管措施，合理确定、动态调整抽查比例、频次和被抽查概率，既保证必要的抽查覆盖面和监管效果，又防止检查过多和执法扰民。抽取过程要确保公开、公正。

（四）随机抽取执法检查人员

综合考虑所辖区域地理环境、人员配备、业务专长、保障水平等客观因素，因地制宜选择随机抽取执法检查人员的方式。对执法检查人员有限，不能满足本区域内随机抽查基本条件的，可以采取直接委派方式，或与相邻区域执法检查人员进行随机匹配。

（五）确定抽查检查方式

根据监管实际情况采取现场检查、书面检查、网络检查、委托专业机构检查等方式。委托专业机构实施抽查检查的，市场监督管理部门应加强业务指导和监督。抽查检查中可以依法利用其他部门检查结论、司法机关生效文书和专业机构作出的专业结论。鼓励运用信息化手段提高抽查检查效率和发现问题的能力。

（六）开展抽查结果公示

除依法依规不适合公开的情形外，抽查部门要在任务完成后 20 个工作日内，将抽查检查结果通过公示系统、专业抽查系统和部门网站等渠道进行公示，接受社会监督。涉及市场主体的抽查检查结果，要及时归集至公示系统。各类违法违规行为要依法惩处，并积极向其他政府部门推送行政处罚、"黑名单"等相关信息，实施联合惩戒。

第四节　食品安全明厨亮灶

一、明厨亮灶的背景

餐饮服务量大面广，与消费者关系密切，最能让消费者切身感受食品安全状况。但在实际餐饮消费中，消费者无法看到后厨重地的卫生条件、无法知晓加工过程及使用的原料等是否符合要求。因此，"闲人免进"的厨房虽然在一定程度上保障了餐饮服务的正常秩序，但不可否认的是，这种全封闭、不透明给厨房提供了"藏污纳垢"的机会和胆量，也造成了食品安全信息不对称，令消费者对餐饮安全的满意度打了折扣。

当前，食品安全问题时有发生，群众期盼不断提高，提倡餐饮服务提供者主动向消费者乃至社会公开加工后厨，这不仅是对餐饮服务提供者主动落实主体责任的考验，更是激励消费者参与食品安全社会共治的有益途径。从 2014 年起，全国各地开始在餐饮服务业探索明厨亮灶工作。2015 年修订的《食品安全法》倡导餐饮服务提供者公开加工过程，公示食品原料及其来源等信息。餐饮后厨"公开透明"就是让"阳光"照进厨房，让消费者在就餐过程中，甚至在选择餐馆之前，就能通过网络视频看到餐饮环境和加工过程等，及时发现不符合卫生要求、操作不符合规范等情况。一方面，这是餐饮服务提供者对广大消费者的一种承诺，让消费者看得明白、吃得放心，体现维护食品安全的诚信；另一方面，这也是消费者直接获得食品安全信息的有效途径，是对餐饮服务提供者落实食品安全职责的有效监督。

为进一步落实《食品安全法》的有关规定，督促餐饮服务提供者加强食品安全管理，诚信守法经营，规范公开加工过程，推动餐饮服务食品安全社会共治，2018 年，国家市场监督管理总局发布了《餐饮服务明厨亮灶工作指导意见的通知》（国市监食监二〔2018〕32 号），对餐饮服务提供者如何实施明厨亮灶提出了指导性意见，并规定食品安全监管部门对餐饮服务提供者进行监督检查时，要对其明厨亮灶的情况进行检查和指导。社会公众通过明厨亮灶发现餐饮服务提供者有违法违规行为的，可以向食品安全监管部门举报。食品安全监管部门对社会公众投诉举报反映的线索，要进行调查核实，属于违法行为的，及时依法处理，并反馈投诉举报人等。明厨亮灶管理模式的实施，将食品安全监管从政府职能部门的"一双眼睛"变成群众的"无数双眼睛"，使食客订餐"心里有底"，监管部门实时监管"心中有数"。

近年来，全国很多省市将餐饮服务提供者明厨亮灶的倡导性要求纳入地方性法规或规章，或专门制定明厨亮灶建设的指导意见或规范性文件，部分省市将明厨亮灶要求纳入新申请或延续申请食品经营许可的前置审核条件，或将明厨亮灶工程建设情况和工作开展情况纳入食品安全绩效考核内容。目前，大中型餐馆、集体食堂、中央厨房、集体用餐配送单位等是明厨亮灶建设和运行的重点。2017年，上海市委、市政府专门印发《上海市建设市民满意的食品安全城市行动方案》（沪委办发〔2017〕1号），将餐饮服务提供者开展明厨亮灶作为建设市民"放心餐厅""放心食堂"和创建国家食品安全示范城市的重要内容。明厨亮灶作为落实企业主体责任，主动接受社会监督、推进社会共建共治的有效手段，有着广阔的发展空间。

二、明厨亮灶的内涵

餐饮服务提供者应当确保主体资质合法、原料来源清晰、加工过程规范、厨房环境卫生、工具用具洁净、人员衣帽干净等，并通过透明展示或视频传输，向社会公众展示餐饮服务相关过程，证明自身能够严格履行食品安全主体责任，并接受社会监督和政府监管。

明厨亮灶是指餐饮服务提供者采用透明、视频等方式，向消费者展示餐饮服务相关过程的一种形式，主要包括透明厨房、视频厨房和"互联网+明厨亮灶"三种方式。各类餐馆、小吃店、食堂、快餐店、集体用餐配送单位和中央厨房等餐饮服务提供者可结合自身实际，选取适宜方式开展明厨亮灶建设和运行。其中，透明厨房是指餐饮服务提供者采用透明玻璃窗、透明玻璃幕墙、矮墙隔断等方式，使消费者能够直观观看餐饮食品加工制作过程的展示方式。视频厨房是指餐饮服务提供者在餐饮食品加工制作场所安装摄像设备，通过现场屏幕展示等方式向消费者展示餐饮食品加工制作过程的方式。"互联网+明厨亮灶"是通过摄像设备采集信息，通过互联网实时向网站或手机 App 等传输影像，为消费者提供餐饮食品加工制作过程信息、环境温湿度信息、食品溯源信息、食品监督检查公示等信息。

三、明厨亮灶主要方式和要求

（一）透明厨房

透明厨房是指餐饮服务提供者采用透明玻璃窗（或玻璃幕墙）、矮墙阻隔等方式，向消费者展示餐饮食品加工制作过程的一种厨房展现形式。要求透明玻璃表面光滑整洁、通透明亮，无积尘、无油垢。玻璃上的粘贴画不得遮挡视线，玻璃两侧不宜存放遮挡视线的物品。透明玻璃要定期清洁，保持视线清晰。

（二）视频厨房

视频厨房是指餐饮服务提供者在餐饮食品加工场所安装摄像设备，通过视频传输技术（无线或有线）和显示屏，使消费者在就餐场所观看餐饮食品加工制作过程的一种厨房展现形式。要求视频探头应当覆盖关键区域及场所，主要包括：粗加工区，烹饪区，专间、专用操作区域（含凉菜间、裱花间、备餐间、分装间等），餐饮具清洗消毒区，食品库房等。要保证就餐人员在就餐场所能看到展示的内容。

（三）"互联网+明厨亮灶"

"互联网+明厨亮灶"是指餐饮服务提供者采用视频监控、系统对接等数据采集手段，通过电子屏幕、互联网等信息展示渠道和方式，向消费者及监管部门展示餐饮食品加工制作过程实时及历史视频信息、食品安全综合信息的一种形式。鼓励采用视频展示的入网餐饮服务提供者，特别是中小学食堂、养老院食堂、集体用餐配送单位等餐饮服务提供者，将视频信息上传至其加入的网络餐饮服务第三方平台。网络餐饮服务第三方平台为视频信息上传、社会公众观看提供接口，展示页面和评价区域。

四、公开展示的基本原则

一是真实性。餐饮服务提供者实施明厨亮灶展示内容应真实、准确、有效，不得有虚假内容。二是合规性。餐饮服务提供者实施明厨亮灶展示内容应符合相关法律法规的要求。三是完整性。餐饮服务提供者实施明厨亮灶展示内容应完整、全面。四是时效性。餐饮服务提供者应保证在就餐场所展示内容的时效性。

五是可获得性。餐饮服务提供者应保证在就餐场所能看到展示信息，并对监管部门、消费者开放及传输相应的展示内容。

五、公开展示的内容

（一）公开展示的信息类别

倡导明厨亮灶主动公开展示以下内容：（1）餐饮服务提供者基础信息，如现行有效的营业执照、食品经营许可证等许可信息；（2）从业人员信息，如食品从业人员的健康证明信息和培训考核证明等；（3）餐厨废弃油脂处置信息，如废弃油类型、废弃油数量、回收企业名称、回收日期等；（4）食品原料进货信息，如食品原料名称、进货日期、供应商名称、生产企业名称等；（5）消费者评价信息，如服务情况评价、食品变质评价、食品异物评价、禁烟情况、卫生情况等；（6）餐饮食品加工过程信息，如粗加工区、烹饪区、专间或专用操作区、餐饮具清洗消毒区等区域的卫生状况、整洁程度和人员穿戴等。

（二）食品贮存加工区展示的具体要求

1. 食品仓库

要求可看到卫生状况和工作情景，包括食品原料是否上架分类存放、员工工作期间是否有不良行为、是否有老鼠等病媒生物进入食品仓库等情况。

2. 食品粗加工区域

要求可看到卫生状况和工作情景，包括人员操作行为是否规范、工作期间是否有不良行为、是否按照水池标识的用途分类使用、食品是否上架分类存放等情况。

3. 食品加工烹调区域

要求可看到卫生状况和工作情景，包括地面、工作台面和设备设施是否干净卫生，员工是否穿戴干净的工作服帽，工作期间是否有不良行为，直接入口食品、半成品、食品原料是否分开存放，生熟容器是否有明显的标示并分开存放，食品或盛装食品的容器是否直接置于地上，是否将回收后的食品经加工后再次销售等情况。

4. 专间（专用操作场所）区域

要求可看到专间区域人员进出情况与工作情景，包括预进间的门是否自动闭合，人员进入专间工作时是否洗手、更衣、佩戴工作帽与口罩，是否在专间从事与之无关的活动，紫外线灯与空调等设施是否正常运转，操作台、砧板、工用具是否干净卫生，剩余的直接入口食品是否存放于专用冰箱中冷藏或冷冻，专间内是否存放非直接入口食品或其他杂物等。

5. 面点间区域

要求可看到该区域的卫生状况和工作情景，地面、工作台面和设备设施是否干净卫生，员工是否穿戴干净的工作服帽、工作期间是否有不良行为，食品添加剂存放、使用管理等是否符合要求等情况。

6. 洗消间区域

要求可看到工作场景，包括餐饮具回收、清洗、消毒、保洁全过程，热力消毒设备的工作状态，化学消毒液的配备与更换，餐饮具的保洁、存放，垃圾桶是否加盖、是否及时清运等。

7. 相关信息公示

餐饮服务经营者可通过现场公示栏、现场展示屏幕或网络餐饮第三方平台，向社会提供更多的食品安全相关信息，包括食品经营许可信息、餐饮服务食品安全量化信息、最近一次日常监督检查结果、最近一次餐饮服务食品安全自查报告、食品安全责任承诺书、餐饮服务食品安全管理员信息、从业人员健康检查信息、从业人员培训考核信息、使用的食品添加剂名称、大宗食品原料索证索票情况、食品安全追溯信息、监管部门的举报电话及监管部门发布的其他信息等。

另外，餐饮服务提供者要保证所采集的视频信息能清晰地展示在就餐场所显示屏或上传至网络平台，视频信息要保存一定时间备查。餐饮服务提供者一经启用视频展示设备，就要保证其在加工制作、就餐时间正常运行，在该时间段不得在展示设备上改播其他内容。

六、问题及展望

明厨亮灶通过向消费者实时展示餐饮加工过程，倒逼餐饮服务提供者严格履行食品安全主体责任，起到了很好的社会共治效果。但该工程自建设和运行以来，也出现了一些问题，如餐饮行业具有总体规模小、资金少、生命周期短等特点，难以承担摄像、传输、存储等设备的购置和运行费用；将餐饮后厨展示给消费者容易因操作不规范受到投诉举报而导致餐饮服务单位不愿安装；为了节约成本，安装的摄像头数量不足，可展示区域代表性不强，或设备运行不正常；互联网平台不愿接入视频厨房展示画面，以免增加监视工作量，逃避第三方平台应承担的管理责任；消费者还没有形成在就餐前通过互联网平台观看餐馆食品安全档案或厨房展示画面的习惯，现场就餐时在公示栏或展示屏幕前的驻足率不高，需要进一步加强社会宣传。

当前，明厨亮灶工程建设正在进一步结合大数据、互联网和人工智能识别技术等，进一步面向餐饮网络平台端、监管执法端和消费者端发展。在餐饮网络平台端，探索接入餐饮服务提供者已安装运行的视频探头，加强对入网餐饮服务者的日常监视管理，履行第三方平台食品安全责任。同时，通过订餐平台向社会公众实时展示后厨加工情况和食品安全信息公示情况，方便消费者知情和选择。在监管执法端，聚焦餐饮环节监管重点和难点，加强技术研发和系统整合，依托人脸识别、移动侦测、行为捕捉、温度监控等技术，对未佩戴或不规范佩戴口罩、帽子，以及吸烟、鼠害活动等影响食品安全的行为进行人工智能抓拍、智能判断，无须人工实时查看视频或定期查看录像，将监管时间延伸到八小时之外，如直接将违规行为的捕捉图像从线上发送至商家和平台，第一时间给予风险警示，或将电子罚单及时推送至商家和平台，动态调整商家量化等级记分，实现非现场执法，提升执法效率和商家认同性。在消费者端，可以在网络餐饮平台开放消费者对商家的评价功能，消费者发现商家存在食品安全违规行为时可以及时留言评价，激励消费者参与食品安全共治的积极性。第三方网络平台应当对消费者留言评价中反映的食品安全问题及时进行调查处理，必要时报告食品安全监管部门进行依法查处。

第五节　食品安全信息追溯

一、信息追溯的背景

"从农田到餐桌"的农产品及食品供应链涉及生产、加工、包装、运输、仓储、销售等不同环节，每个环节都可能存在不安全因素。20 世纪 80 年代以来，英国、比利时、法国等国家先后暴发了疯牛病（1986 年，英国）、二噁英鸡污染事件（1999 年，比利时）、李斯特杆菌污染熟肉（2001 年，法国）等重大食品安全事故，中国也发生震惊中外的苏丹红红心鸭蛋（2006 年）、三聚氰胺奶粉

（2008 年）等事件，由此引发了公众对食品安全的忧虑和恐慌。国内外已经普遍认识到食品追溯体系建设对于保障"从农田到餐桌"的食品安全具有重要意义。2002 年，欧盟建立起以《（EC）No 178/2002 号法规》为核心的一整套较为完备的食品饲料安全追溯体系。2003 年，日本开始实施《牛只个体识别情报管理特别措施法》，一年后立法实施牛肉以外食品的追溯制度。2004 年，美国农业部发布《食品追溯白皮书》，要求对畜产品、大宗谷物、果蔬等农产品的生产和流通行为进行信息采集和追踪。

我国充分认识到食品安全追溯在食品安全保障中的重要性。2015 年，《食品安全法》明确规定国家建立食品安全全程追溯制度，要求食品生产经营者建立食品安全追溯体系，特别是倡导采用信息化手段采集、留存生产经营信息，保证食品可追溯。同年，国务院办公厅印发《关于加快推进重要产品追溯体系建设的意见》，将食用农产品、食品、药品、农业生产资料等七大类作为追溯体系建设的重点推进品类。各部门、各地区根据国家政策和规划，陆续开展了本地区、本部门领域内食品安全追溯试点和示范工作。特别是 2015 年以来，随着"互联网+"理念获得越来越多的共识，国家对于运用互联网资源统筹不同层级和不同部门资源条件，建设全国统一食品安全追溯体系，有了更明确、更具体的目标内容和行动举措。

二、信息追溯的内涵

食品安全信息追溯是指在食品产供销的各个环节（包括种植养殖、生产、流通、贮存、运输、餐饮服务等），食品质量安全及其相关信息能够通过信息化技术等手段，被顺向追踪（生产源头→消费终端），或者逆向回溯（消费终端→生产源头），从而使食品的整个生产经营活动始终处于管理主体有效监控范围，最终实现来源可查证、去向可追踪、安全可控制、责任可追究。从这一概念可以看出，食品安全追溯实际上可以分为两部分，一是正向追踪，即实现供应链上游到下游的信息跟踪，进行信息记录，将产品流和信息流有效结合在一起，准确地记录下来。二是反向溯源，在第一步正向追踪的基础上，销售商在发现缺陷产品时，通过信息链路了解到产品的来源以及出现问题的环节，从而实现从供应链下游向供应链上游的溯源。

对于企业本身来说，并不需要对供应链上所有的追溯信息全盘掌握，只需要"向上一步追溯"和"向下一步追溯"，将其产品来源信息和产品输出信息记录完备。当供应链上的每一家企业都实现"向上一步追溯"和"向下一步追溯"时，全供应链就能够被连接起来，实现全供应链追溯。实现食品安全追溯有三个重要的步骤：一是内部流程要进行标准化统一标识；二是要建立关联链接，做好关键信息记录；三是要求每家企业都能够做到"向上一步追溯，向下一步追溯"。做到上述三个关键点后，一旦发生问题，即可按照从原料、成品、上市到最终消费的整个链条所记载的信息进行追溯，快速缩小问题范围，准确查出问题环节、原因和责任，直至追溯到生产源头，确保召回的高效性和准确性，也避免没有问题的产品受到牵连。

全面实施食品安全信息追溯意义重大。一是有利于落实食品生产经营主体责任。据统计我国现有食品生产经营单位 1 500 多万家，每天有 14 亿消费群体和近 20 亿千克食品消费量，建立食品安全信息追溯机制是落实主体责任的有效措施，特别是信息化技术的有效运用是提升食品安全追溯效率的重要支撑。二是有利于快速有效处置食品事故，各地实践已经证明，食品安全追溯体系信息化的推行，能有效提高食品安全事故的处置效率，及时排除安全隐患，降低食品安全风险。三是有利于保障消费者知情权。消费者有权通过信息追溯平台、专用查询设备等，查询追溯食品的来源信息，有利于打破市场上存在的信息不对称现状，进一步树立消费者食品安全信心，促进社会各方监督并实现共同治理。

三、主要编码方式和追溯技术

（一）GS1 全球统一标识系统

GS1 全球统一标识系统是由国际物品编码协会（EAN International, ENA）创立，其致力开发用于提高跨国供应链的效率和可视性的全球标准和解决方案，食品安全追溯也是该解决方案的一个主要应用领域。在中国，目前有 100 多万家商超采用商品条码技术，有超过 25 万家企业已经申请或使用了商品条码。GS1 全球统一标识系统中包含的内容有三个方面：第一，编码标识，使用全球唯一的标识符（标识关键字），为追溯参与方（人、产品、企业等）制作编码；第二，数据采集，能够自动进行数据采集，并通过条码（包括一维条码、二维条码）、电子标签的形式表示；第三，数据共享，使用标识和条码符号，转换为计算机可以采集的数据，并能够进行关键商业信息的交换。GS1 全球统一标识系统使用关键字来进行编码标识，具有全球唯一性和高度稳定性。

（二）RFID 识别技术

RFID，指无线射频识别技术，通过阅读器与标签之间进行非接触式的数据通信，达到识别目标的目的。例如，农场主或企业将一种包含一个 16 位数序列号的 RFID 芯片植入动物皮肤或植物组织中，然后将信息链接到一个数据库，这个数据库可以被任何兼容的阅读器读取。射频识别技术的载体一般具有防水、防磁、耐高温等特点，保证射频识别技术在应用时具有稳定性，并可重复使用。

（三）二维码技术

二维码是用某种特定的几何图形按一定规律在平面分布的、黑白相间的、记录数据符号信息的图形，可以通过图像输入设备或光电扫描设备自动识读以实现信息自动处理。例如，在食用农产品或食品包装上打印代码，这一代码是一个储存特定数据（包括公司名称、产品名称、各质量参数的日期和结果等）的标签，标签中的所有信息在公司网站上发布，通过特定的二维码扫描器对这一代码进行扫描后就可获取代码中的所有信息。二维码技术不仅制作成本较低，还可以对 RFID 技术实现数据完全对接转移，可以简单快速地实现食品安全信息识别。

（四）胴体标签与编码技术

将电子识别（electronic identification，EID）系统应用于动物胴体追踪或动物屠宰加工过程的追踪，在每个动物耳朵上使用全双工 EID 耳标，以弥补单个耳标无法与屠体识别号码完全匹配的问题。由于胴体标签与编码技术与 RFID 技术原理相似，在一些方面也可以相互弥补劣势，因而很多大型农场、食品企业在采用这种技术时常常会与 RFID 联合使用。

（五）区块链技术

区块链可以理解为一种分布式数据库，将存储数据的区块按照诞生时间以链条的形式不断连接而成，数据的记录与存储都为分布式，所有节点均拥有并管理链上全部数据，具有去中心化、数据不可篡改、信息透明、可追溯等特性。区块链技术由共识算法来确保数据的一致性，单一节点的数据篡改行为会受到全网所有节点监控和排斥，因此供应链系统中各主体的每条数据都可以被追溯，保证了信息流通和交易各方数据的公开透明，打破了传统系统存在的信息孤岛问题，实现了供应链的流通、交易，以及信息传递的数据的可靠性、准确性和透明性。

四、信息追溯体系建设

食品供应链具有参与主体多、环节链条长、生产经营分散、信息多源异构等特点，极易造成供应链上下游信息断链和不透明。为保证供应链的食品流和信息流同步传递，就必须进行科学的顶层设计、合理的路径安排、严格的标准执行。2019 年，我国颁布重要产品追溯体系建设和技术应用的系列标准，为食品安全全程信息追溯提供了基础。

（一）建设原则

食品安全信息追溯体系建设应符合国家相关法规和标准的要求，充分考虑该体系涉及的各类食品特点和追溯特性，合理确定追溯单元。追溯体系应覆盖初级生产、生产加工、包装、仓储、运输、配送、销售、消费等供应链相关环节的追溯信息，确保追溯信息的全面性、真实性、合规性和安全性。追溯体系建设应符合相关标准规范，不但实现追溯数据在体系内的数据互联互通，还能实现跨部门跨区域业务协同、资源整合、信息共享。

（二）体系构成

食品安全信息追溯体系主要由产品追溯系统、追溯服务平台和追溯管理平台构成（图 15-2）。产品追溯系统、追溯服务平台和追溯管理平台可以在一个系统或平台中实现，也可以分布在不同的系统或平台中实现。其中，产品追溯体系主要针对企业，可分为粮食追溯系统、蔬菜追溯系统、水果追溯系统、肉品追溯系统、水产追溯系统、乳品追溯系统、酒类追溯系统等。系统对应的食品链包括产品的初级生产、生产加工、包装、仓储、运输、配送、销售、消费（使用）等多个环节的相关信息追溯模块以及生产经营主体信息、追溯码编码信息、标识管理信息和交易信息等。

（三）数据管理

系统与平台数据采用电子信息手段存储，建立数据库数据备份和应用程序数据备份机制，实现防篡改、防泄密、完整性保护和有效性验证等功能，采用权限管理确保不同用户对不同数据有访问权限。系统与平台应对追溯数据采集、传

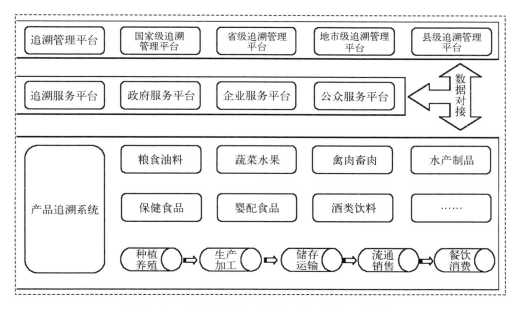

图 15 - 2　食品安全信息追溯体系的系统与平台构成

输、审核、分类存储进行管理，数据交换接口应提供接入验证机制，保证交换数据的有效性，并提供数据传输过程中的隐私保护和防篡改功能。

第六节　食品安全风险预警

一、风险预警的背景

党的十八大以来，食品安全工作得到了党中央、国务院的高度重视，我国在食品安全体制机制、法律法规、监督管理、技术研发等方面都采取了一系列重大举措，使食品安全形势不断好转。但是，由于在传统食品污染因素并未得到有效解决的同时，食品领域新产品、新工艺、新技术和新原料在不断涌现，食品安全未知风险隐患防控形势仍然十分严峻，不容忽视，发生食品安全重大事件的概率依然较大。海恩法则指出，每一起严重事故的背后，必然有 29 次轻微事故和 300起未遂先兆以及 1 000 起事故隐患。食品安全事故的发生规律同样如此。近年来对食品安全事故调查发现，事故发生前总会有食品危害因素在不受控的环境条件下不断增长集聚而导致，特别是风险监测不到位或信息滞后是影响政府部门及早防控食品安全事故的主要原因。因此，早发现、早研判、早预警、早处置是实现食品安全预防为主、风险管理、避免和降低食品安全事故发生的关键所在。

我国《食品安全法》明确规定，国务院食品安全监管部门应当会同国务院有关部门，根据食品安全风险评估结果、食品安全监督管理信息，对食品安全状况进行综合分析。对经综合分析表明可能具有较高程度安全风险的食品，应当及时提出食品安全风险警示，并向社会公布。针对出入境食品规定，当境外发生的食品安全事件可能对我国境内造成影响，或者在进口食品、食品添加剂、食品相关产品中发现严重食品安全问题的，应当及时采取风险预警或者控制措施。

2008 年之前，根据法律法规要求，原卫生部、原国家食品药品监督管理局、原国家质量监督检验检疫总局等部门启动过食品安全风险预警系统建设，但由于分段监管体制和信息分散的原因，上述预警系统并未在 2008 年三聚氰胺事件中发挥有效作用。2018 年，我国正式组建国家市场监督管理总局，将食品安全放在大市场、大质量、大监管的背景下实施综合监管，不断推进监管主体多元化、监管范围最大化、监管内容动态化、监管方式多样化、监管手段智慧化。特别是在当前互联网、大数据、人工智能等新技术的飞速发展下，食品安全风险预警的内涵不断拓展、手段不断丰富，迎来了前所未有的发展前景。

从全球范围来看，国际组织、发达国家和地区均十分重视食品安全预警体系建设。例如，由世界卫生组织与联合国粮食及农业组织共建的国际食品安全当局网络（INFOSAN），是一个连接世界各国食品安全当局的全球性网络，其宗旨是促进全球食品安全相关事件信息的快速交流，监控各类食品安全突发事件信息资源，核实、评估信息后向全球的网络成员发出警报。历史上，INFOSAN 曾经就牡蛎中的诺如病毒、食品材料中的三聚氰胺等向网络成员发出警报和处理建议。又如，由联合国环境规划署（United Nations Environment Programme，UNEP）、联合国粮农组织和世界卫生组织共同组建的全球食品污染物监测规划（GEMS/Food），是国际上食品安全监测和预警成功合作的范例，通过采集、编辑、评价和分享来自不同国家的食品污染数据，及时发现和处置食品安全风险隐患。我国是 GEMS/Food 成员国，定期向 GEMS/Food 提供中国食品污染数据，为开展总膳食研究与风险评估提供专业支持。再如，欧盟食品和饲料快速预警系统（RASFF）是一个连接欧盟各成员国食品与饲料安全主管机构、欧盟委员会以及欧洲食品安全管理局的网络，旨在为各成员国政府提供交流食品与饲料风险信息的工具。任何一个成员国主管机构发现与食品及饲料安全有关的信息后都应通过RASFF进行上报，RASFF对各种信息进行审核评估后，决定是否发出预警通报和信息通报等。另外，由美国疾病控制与预防中心、食品药品监督管理局和美国农业部（United States Department of Agriculture，USDA）于1995年联合建立的美国细菌分子分型国家电子网络（PulseNet），通过病原菌DNA指纹识别网络，能够对食源性疾病暴发进行早期识别，协助对病原及其传播途径进行溯源，通过实时交换信息使各方尽快获得疾病暴发的早期预警信息。

二、风险预警的内涵

食品安全风险预警是指通过食品安全相关信息的收集、评估和通报，对可能发生的食品安全风险隐患做到早发现、早通报、早控制，以有效防止食品安全事故的发生或蔓延，以及对消费者造成的健康危害。一般来说，预警通常有两层含义：一是对目标事件进行常规监测，对事件的状态及其变动趋势进行风险评估，防止事态的非正常运行或超限度变化，这一层意义重在预防；二是目标事件因风险积累或放大，从量变到质变而引发危机或事故，需对危机或事故进行调控以消除影响，恢复稳态，这一层意义重在控制。总体上，食品安全风险预警程序主要由食品安全风险信息收集、风险信息研判和风险预警响应三部分组成。第一部分是预警的基础，主要是快速收集海量、多源、异构食品安全数据；第二部分是预警的关键，通过科学分析多维度数据，早期识别食品安全潜在风险隐患；第三部分是预警的实现，为及时查处食品安全风险隐患提供信息支撑。食品安全风险预警流程见图15-3。

风险预警的能力体现了政府对食品安全问题的综合管理和防控水平，特别是在政府食品安全监管资源相对不足、违法行为多发而又难以控制的情况下，加强风险预警能力建设有助于提高食品安全监督管理的科学性和针对性，是一种比较经济的方法。根据风险预警的特点，开展风险预警应当满足以下要求：（1）在风险评估结果基础上综合分析相关的风险管理信息；（2）以健康保护为必要性前提分析研判可能具有较高程度的安全风险；（3）依法依规发布预警信息，即预警信息的公布有别于日常监管信息，应由法律授权的部门按程序发布，任何组织、个人和媒体不得自行制作发布预警信息。

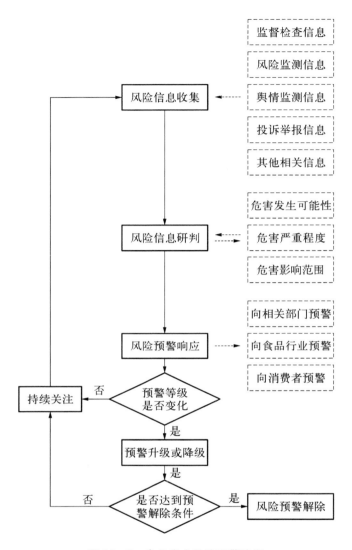

图 15 - 3　食品安全风险预警流程

三、风险信息的收集

（一）监督检查

　　风险信息的收集可以通过现场检查、抽样检验、查验资料等措施进行。其中，现场检查是指执法人员进入生产经营场所对生产经营的设备设施、环境场所、操作行为等实施监督检查。抽样检验是指以发现问题为导向，采集样品进行检验，旨在评价企业食品生产经营的合规性。查验资料主要是指查验生产经营者的生产经营记录，如查验供货者的许可证和产品合格证明，食品出厂检验记录、食品安全信息追溯信息等食品安全管理制度落实情况。

（二）风险监测

风险监测是指通过系统和持续地收集食源性疾病、食品污染以及食品中有害因素的监测数据及相关信息，进行食品安全的综合分析和及时通报。风险监测是收集食品安全基础数据，开展风险评估和预警的重要基础。

（三）舆情监测

舆情监测是指通过收集、整理、筛选传统媒体或网络平台发布的可能或已经引起公众普遍关注的食品安全相关信息，分析研究舆情热度、影响范围、受众情绪，挖掘事件发展趋势和风向苗头的一种专业活动，目的是从海量的舆情数据中精准抓取有关食品安全重要信息，为食品安全监管和风险交流等提供科学依据。

（四）投诉举报

投诉举报是指公民、法人或者其他组织向各级食品安全监管部门反映食品生产经营等环节中有关产品质量安全方面存在的涉嫌违法行为。投诉举报由于参与人数多、反映信息广，已经成为食品安全早期预警信息的重要线索。2014 年震惊全国的上海福喜公司使用过期肉事件的曝光正是得益于企业内部举报。

（五）其他来源

根据风险预警目标需要，其他需要收集的信息还包括有关部门通报的食品安全信息、食品行业协会反映的食品产业状况和相关食品安全信息，国际组织、其他国家（地区）和境外相关机构通报的食品安全突发事件和相关食品安全信息，专业机构发表的食品安全相关科技文献等。

四、风险信息的研判

（一）风险评估

风险评估是指对食品、食品添加剂、食品相关产品中的生物性、化学性和物理性危害对人体健康造成不良影响的可能性及其程度进行定性或定量估计的过程，包括危害识别、危害特征描述、暴露评估和风险特征描述等。风险评估以科学为基础，以人体健康保护为目标，在已获得的人群流行病学、毒理学、膳食调查、污染物和食源性疾病监测等科学数据的基础上，采用国际通行的原则和技术方法独立开展。食品安全相关监管部门在监督管理中发现的问题或在工作中收集的风险信息，经核实后认为需要进行专业性风险评估的，应向卫生行政部门提出风险评估的建议，并提供风险来源、相关检验数据和结论等信息、资料。风险评估与风险管理过程相对分离，可最大限度地减少风险管理机构和利益相关方对风险评估过程的干预。

（二）综合研判

根据我国《食品安全法》的规定，食品安全监督管理部门应当会同有关部门，根据食品安全风险评估结果、食品安全监督管理信息，对食品安全状况进行综合分析。对经综合分析表明可能具有较高程度安全风险的食品，食品安全监督管理部门应当依法及时提出食品安全风险警示，并向社会公布。因此，在具体实践方面，食品安全监管部门在风险评估的基础上，还需对更多相关信息进行核实与分析，并考虑特定环境下食品安全风险的社会关注度、社会承受度和人群避险能力等，对食品安全风险预警等级进行综合研判。综合研判内容包括风险来源、可能危害、影响范围、发展态势、严重程度等，以及需要采取的防控措施等。风险研判结果一般采用严重风险、较高风险和一般风险等进行分级。

五、风险预警的响应

（一）预警方法

预警方法主要有指标预警、统计预警和模型预警。其中指标预警是指选择合适的食品安全评价指标，利用指标信息的变化对食品安全进行预警。统计预警是指采用统计分析的方法对食品安全进行预警。例如，根据连续监测的数据经过统计分析后表达的状况、趋势进行预警。统计预警的特点是需要有连续的统计数据和合适的统计方法。模型预警是指建立了相应的数学模型，利用数学模型进行定量计算和分析，并对食品安全状态进行评价，对可能产生的变化进行预测预警。

（二）预警程序

根据我国《食品安全法》的规定，我国实行食品安全信息统一公布制度。

食品安全风险警示信息的影响限于特定区域的，可以由有关省、自治区、直辖市人民政府食品安全监督管理部门公布。未经授权不得发布上述信息。公布食品安全预警信息，应当做到准确、及时，并进行必要的解释说明，避免误导消费者和社会舆论。在具体实践上，政府主管部门、经授权的行业组织及食品生产经营企业等根据风险信息研判结果，形成预警通报，在一定范围内进行预警发布。风险预警发布后，政府主管部门需要持续关注食品安全事件的发展，随时对风险水平进行动态评价，及时更新风险预警等级或解除风险。

（三）预警发布

政府主管部门根据风险研判结果，按照流程在一定范围内进行预警发布。预警发布的内容主要包括风险预警级别、风险涉及范围、健康危害程度、风险防范对策、消费安全提示等。发布预警信息应科学、客观、及时、公开。各相关部门和单位应根据应急预案依法进行风险处置。具体实践上，政府主管部门可以向相关部门发布风险预警通告，提醒相关部门协同做好职责范围内的食品安全风险防控；或向生产经营企业发布风险预警通告，提醒或通知其及时采取措施，降低风险；或向社会发布风险预警公告，提醒消费者重视、预防、规避相关食品安全风险。

第七节　食品安全智慧监管典型案例

一、辽宁省食品安全信用监管系统

近年来，辽宁省在推进以信用监管为基础的新型市场监管机制，加强食品安全社会共治方面，从食品安全信用监管制度、系统、应用等方面开展了丰富的实践探索，取得了一些显著成效。

一是信用监管制度不断完善。2018 年以来，辽宁省相继出台《关于加快推进失信被执行人信用监督、警示和惩戒机制建设的实施意见》《辽宁省市场监管系统食品安全信用信息管理办法（试行）》《关于做好严重违法失信企业信用修复管理工作的通知》等制度文件，对食品安全信用信息进行充分数据挖掘，实施差异化监管，结合食品生产经营企业许可信用承诺制度、食品安全风险动态分级管理制度，从信用角度保障企业在准入、经营、发展等全生命周期的管理。

二是信用监管系统常态运行。辽宁省在对食品生产经营者基础信息、行政许可以及监督检查、监督抽检、行政处罚、失信名单等信息采集的基础上，自主开发并于 2020 年 12 月上线试运行"辽宁省食品安全信用监管系统"，重点包括信用信息采集、信用信息查询、信用信息分析、信用信息公示四大主要功能。建立了"以数据自动归集为主，基层录入为有效补充"的常态化信息采集机制，对接国家市场监督管理总局、省级内部、互联网第三方等 11 个系统，自动归集各类食品市场主体登记、行政许可、监督检查、监督抽检、行政处罚、市场监督管理部门失信名单、投诉举报、第三方平台消费评价八大类食品安全信用信息 76 万余条，同步开发了监管手机移动端和微信小程序，方便了日常监管信息的随时调用。

三是信用信息应用不断拓展。首先是积极推广应用"食安辽宁"二维码。"辽宁省食品安全信用监管系统"可将食品生产经营者的食品安全信用信息档案直接生成"食安辽宁"二维码，二维码载有食品生产经营者行政许可、监督检查、监督抽检、行政处罚、失信名单、示范创建等信息，可动态更新。社会公众可通过网站、微信小程序和生产经营场所显著位置张贴的"食安辽宁"二维码，方便、快捷查询食品监督抽检不合格、行政处罚、经营异常单位、严重失信单位的食品生产经营者相关信息。"辽宁省食品安全信用监管系统"及"食安辽宁"二维码的应用，提升了日常监管的科学性、精准性、有效性。其次是与第三方网络平台开展联动监管，实施网络食品消费评价预警。通过可视化数据，实现第三方平台推送的食品安全负面消费评价信息自动分配、核查、反馈功能，为有效实施线下监管提供数据参考，切实提升食品安全监管的靶向性。支持第三方平台强化内部管理，为第三方平台加强对平台内食品生产经营者的日常管理提供数据支持，向第三方平台等相关食品互联网企业依法共享负面信用信息，推动平台在对应商户页面显著位置公开展示，改变消费者在网上选购食品时信息不对称的弱势地位。

二、食品生产企业的双随机监管

双随机监管是市场监管的一种基本手段，体现监管的公平性、公正性，但如果要发挥双随机监管在食品安全保障中的最大成效，就还必须综合食品生产企业食品安全风险与通用信用风险，建立食品安全信用档案，动态确定食品生产企业风险等级，以便统筹监管任务与监管力量，对不同风险等级食品生产企业实施差异化、精准化监督管理。近年来，全国各地对基于食品企业信用分级和风险分级的双随机监管做了大量的理论研究和实践探索。

以食品生产企业为例，监管部门应结合食品生产企业食品安全静态风险因素、动态风险因素与通用信用风险因素，确定食品生产企业风险等级，并动态调整。其中，食品安全静态风险因素包括食品生产企业生产的食品类别、企业规模、食用人群等情况；食品安全动态风险因素包括市场监督管理部门通过监督检查、监督抽检、责任约谈等确定的食品生产企业生产条件保持、生产过程控制、管理制度运行等情况；通用信用风险因素包括食品生产企业基础属性信息、企业动态信息、监管信息、关联关系信息、社会评价信息等情况。食品生产企业风险等级从低到高划分为 A 级、B 级、C 级、D 级四个等级。

监管部门确定食品生产企业风险等级，可以采用评分方法进行，以百分制计算。其中，静态风险因素量化分值为 40 分，动态风险因素量化分值为 40 分，通用信用风险因素量化分值为 20 分。风险分值越高，食品生产企业风险就越高。食品生产企业的静态风险可通过组织相关监管人员、技术专家等，从主要食品原料属性、食品配方复杂程度、使用食品添加剂多少、生产工艺复杂程度、食品贮存条件要求及保质期、抽检发现的问题、食用人群、社会关注程度等 8 个要素对各类食品进行打分评价，每个要素 5 分，计算每类食品的平均分，按照量化分值划分为 Ⅰ 档、Ⅱ 档、Ⅲ 档和 Ⅳ 档。例如，可将 0～15（含）分为 Ⅰ 档；15～20（含）分为 Ⅱ 档；20～25（含）分为 Ⅲ 档；25～40 分为 Ⅳ 档。

食品生产企业的动态风险因素按照对食品生产企业的监督检查、监督抽检、责任约谈等情况量化打分。例如，可将监督检查发现《食品生产监督检查要点表》中一般项不符合的，每项次量化打分 1 分；重点项不符合的，每项次量化打分 5 分；监督抽检发现不合格食品的，每批次量化打分 5 分；监督抽检发现非法添加等不合格问题的，酌情增加量化打分分值；依法对食品生产企业的法定代表人或者主要负责人进行责任约谈的，每次量化打分 5 分等。

食品生产企业信用风险因素的量化打分直接使用通用型企业信用风险分类结果，具体分值通过企业通用信用风险分值（总分 1 000 分）按照 50∶1 折算。食品生产企业静态风险因素量化分值、动态风险因素量化分值和通用信用风险因素量化分值之和，为食品生产企业风险分值。可将风险分值之和为 0～30（含）分的定为 A 级风险；风险分值之和为 30～45（含）分的定为 B 级风险；风险分值之和为 45～60（含）分的定为 C 级风险；风险分值之和为 60 分以上的定为 D 级风险。

评定新获证食品生产企业的风险等级，可以按照食品生产企业食品安全静态风险与通用信用风险，初步确定风险等级。在企业获得食品生产许可证之日起 3 个月内，由监管部门开展一次监督检查，根据监督检查结果进行食品安全动态风险因素量化打分，并确定新获证食品生产企业首次风险等级。

为发挥食品安全双随机监管的实效性，当食品企业被发现存在特定情形的违法行为时，可以即时对其风险等级进行调整。例如，被列入严重违法失信名单的食品生产企业，直接定为 D 级；故意违反食品安全法律法规，且受到罚款、没收违法所得（非法财物）、责令停产停业等行政处罚的；连续 2 次及以上监督抽检不符合食品安全标准的；违反食品安全法律法规规定，造成不良社会影响的；发生食品安全事故的；不按规定进行产品召回或者停止生产经营的；拒绝、逃避、阻挠执法人员进行监督检查，或者拒不配合执法人员依法进行案件调查的等，可以在食品生产企业风险等级评定基础上调高一个或者两个等级。当食品生产企业连续 2 年未受到食品安全行政处罚，获得良好生产规范、危害分析与关键控制点体系认证（特殊医学用途配方食品、食品企业除外），获得地市级以上人民政府质量奖等时，可在食品生产企业风险等级评定基础上调高一个或者两个等级。

监管部门根据食品生产企业风险等级，结合当地监管资源和监管水平，合理确定对企业的监督检查频次、监督检查内容、监督检查方式及其他管理措施，对较高风险生产经营者的监管优先于较低风险生产经营者的监管，实现监管资源的科学配置和有效利用。例如，对风险等级为 A 的食品生产企业，原则上每两年至少监督检查 1 次；对风险等级为 B 的食品生产企业，原则上每年至少监督检查 1 次；对风险等级为 C 的食品生产企业，原则上每年至少监督检查 2 次；对风险等级为 D 的食品生产企业，原则上每年至少监督检查 3 次。

市场监管部门采用信息化方式开展食品生产企业风险分级管理工作，风险分级结果通过信息系统自动计算，实时生成。根据食品生产企业风险等级和检查频次，确定本行政区域内所需检查力量及设施配备等，合理调整检查力量分配。通过信息化方式，随机选择检查对象，随机抽调执法检查人员，及时排查食品安全风险隐患，实现双随机监管的公平公正和精准高效的目标。

三、餐饮业"互联网＋明厨亮灶"

近年来，由于网络餐饮行业呈快速增长态势，通过第三方网络订餐平台订餐的消费模式早已深入百姓日常生活中。但是，由于缺乏消费者的现场体验和监督，导致通过网络供餐的线下餐饮单位对食品安全管理相对松懈。面对餐饮行业的新格局，仅仅依靠现有的监管方式难以实现有效的监管，"互联网＋明厨亮灶"便成为餐饮业食品安全有效监管的重要辅助手段。近年来，上海市从政策、立法和实践等多方面大力推进餐饮业"互联网＋明厨亮灶"工程。2017年3月20日起实施的《上海市食品安全条例》提出："鼓励餐饮服务提供者采用电子显示屏、透明玻璃墙等方式，公开食品加工过程、食品原料及其来源信息。"同年，市委办公厅、市政府办公厅印发的《上海市建设消费者满意的食品安全城市行动方案》中将"明厨亮灶"作为落实餐饮服务单位主体责任、建设消费者"放心餐厅"的重要内容。上海市市场监管部门积极落实有关要求，以商业街区、旅游景区等消费密集区域为突破口，将集体用餐配送单位、中型以上饭店、学校食堂、连锁餐饮门店、重大活动接待点等作为重点单位，稳步推进餐饮服务提供者实现"互联网＋明厨亮灶"，不断提升餐饮业食品安全公开透明度以及消费者的感受度和参与度。2020年上海市食品安全联合会、餐饮行业协会等单位组织编制并发布的团体标准 TSFSF 000005～000009—2020《餐饮业明厨亮灶技术规范》（第1～5部分），系统阐述了"互联网＋明厨亮灶"的建设规范要求（图15－4）。

上海市奉贤区积极探索并率先实现"互联网＋明厨亮灶"的落地运行。以奉贤区南桥镇网络餐饮单位较集中区域为范围，2022年以来，市场监管部门试点选取了51家网络餐饮单位，推行"互联网＋明厨亮灶"工程。一是建立综合监管机制。在各餐饮单位的各功能区域（主要包括餐饮企业的食品粗加工区、烹饪区、专间、餐饮具清洗消毒场所、外卖食品分装包装、取餐等）安装视频监控，视频接入南桥镇城运中心运行的"一网统管"系统、移动监管 App、第三方网络订餐平台等，实现24小时全天候远程集中监管，实时掌握网络餐饮加工场所和食品加工过程人员操作等情况。二是建立智慧执法机制。由上门执法检查的传统方式向数字化远程监管方式转型。运用远程视频、人脸识别、AI 智能分析、物联智能感知等功能，实现视频画面的动态智能分析，自动抓拍未戴口罩、未规范着装、抽烟、垃圾桶未盖、地面积水积污、活鼠出现等动态行为和静态景象，违法违规线索即时通过"一网统管"推送属地监管部门和涉事商家，依法快速处

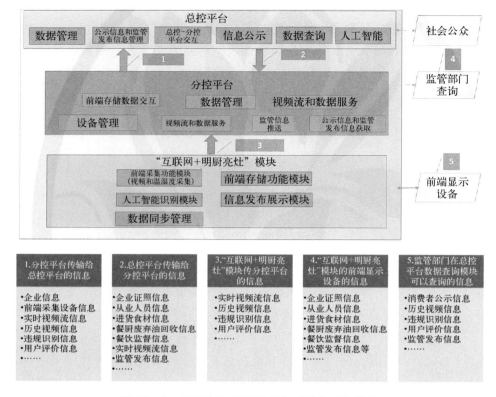

图 15-4 "互联网+明厨亮灶"系统各功能模块

置。同时，通过数据分析及统计，为各餐饮企业进行违规排名，以问题为导向，为分类分级的精准监管提供依据。三是建立社会共治机制。推进网络餐饮单位在第三方网络订餐平台的"阳光厨房"建设工作，在某网络餐饮外卖第三方平台设置"互联网+明厨亮灶"模块，接入实时监控视频，接受社会公众监督。例如，在某比萨店后厨的各个角落，一只只"电子眼"实时帮助消费者监督着每份比萨的制作过程。消费者只需要打开某网络餐饮外卖第三方平台的后厨直播模块，即可查看到该店后厨实时视频，了解每个比萨的制作过程和制作环境。"互联网+明厨亮灶"项目形成了监管部门、网络平台、社会公众共同监督的食品安全共治格局，将传统的执法部门检查模式升级为"人人可参与，点餐更安全，监管更有力"的城市食品安全数字化监管新模式。

四、上海市食品安全信息追溯系统

2015 年 7 月，上海市发布《上海市食品安全信息追溯管理办法》，明确由政府主导建立统一的食品安全信息追溯平台，要求食品生产经营者利用信息化技术手段履行信息上传等义务。这是国内首部规范食品安全信息追溯的省级政府规章，对于落实生产经营者的主体责任、完善监管手段、提高监管效能、保障食品安全，具有重要意义。根据该办法，同年9月，上海市配套发布《上海市食品安全信息追溯管理品种目录（2015年版）》公告，根据食品安全风险、居民消费量、供应链成熟度等因素，对粮食、畜产品、禽产品、蔬菜、水果、水产品、豆制品、乳品、食用油、其他等十大类食品中的重点品种实施信息追溯管理。2021年11月，上海市发布《上海市食品安全信息追溯管理品种目录（2021年版）》公告，将特殊食品、酒类纳入追溯管理品种目录名单。另外，结合新冠肺炎疫情防控需要和长江禁渔需要，将进口冷藏冷冻水产品、禽畜产品和5种长江野生水产刀鲚、凤鲚、长吻鮠、鲫鱼、中华绒螯蟹纳入新的追溯管理品种名单。按照规定，上海市食品和食用农产品生产经营的生产企业、农民专业合作经济组织、屠宰厂（场）、批发经营企业、批发市场、兼营批发业务的储运配送企业、标准化菜市场、连锁超市、中型以上食品店、集体用餐配送单位、中央厨房、学校食堂、中型以上饭店及连锁餐饮企业等14类市场主体应当按照《上海市食品安全信息追溯管理办法》的规定，利用信息化技术手段，履行相应的信息追溯义务，接受社会监督，承担社会责任。

上海市食品药品安全委员会办公室在牵头整合有关食品和食用农产品信息追溯系统的基础上，建设全市统一的"上海市食品安全信息追溯平台"（图15-5），该平台与相关部门已建成的食品信息追溯系统相对接。制定食品和食用农产品信息追溯之编码规则、数据元、数据接口、标识物等系列技术标准，推动实现有条件的生产经营者、行业协会、第三方机构自建的信息追溯系统与平台无缝对接。平台通过图像识别、语音识别、神经元网络、机器学习等人工智能技术，不断提升追溯数据的应用水平，实现追溯链条可视化和信息应用场景化。以智慧监管为抓手，建成"6+3"追溯应用场景，具体包括来源可查、去向可追、风险可防、线索可究、案源可挖、应急可控6个食品安全应用场景和特殊食品、沪冷链、长江禁捕管理3个重点专项管理专题。对重点食品探索采用"一品一码"或"一物一码"等形式，实现食品安全信息的"赋码传递"。推广追溯二维码的终端应用，如在超市、标准化菜市场等推广电子秤称重时自动打印追溯二维码，以及货架上放置具有追溯二维码的商品标价签等方式，方便市民扫码获取食品安全追溯信息。

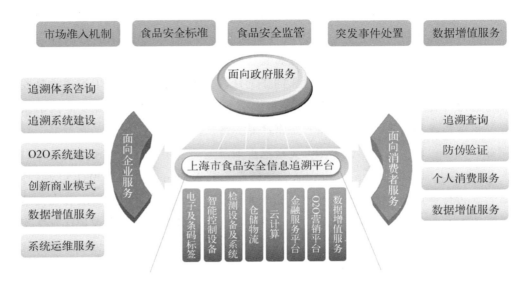

图 15 - 5　上海市食品安全信息追溯平台

近年来，上海市强化食品追溯信息在应急处置中的运用，特别是在进口冷链食品新冠肺炎疫情防控（如厄瓜多尔冻虾）、媒体问题食品曝光（如沧州"瘦肉精"羊肉）等事件中，运用上海市食品安全信息追溯平台，第一时间进行查询，迅速提供全市面上精准的排查线索，为短时间内处置突发事件提供有力支撑。截至 2023 年 9 月，上海市食品安全信息追溯平台共计上传追溯数据 21.2 亿条，已上传企业有 12 万余家。另外，为进一步推进长三角食品安全信息追溯一体化发展，将南京、无锡、合肥的食品安全信息追溯平台同上海、杭州、宁波的食品安全信息追溯平台对接，实现追溯信息互联共享。截至 2023 年 9 月，长三角食品安全信息追溯（区块链）平台共计接入追溯数据量 2.14 亿条，已上传企业有 10 万余家，为我国食品大生产、大流通、大消费背景下的信息追溯提供了有益的经验。

五、上海市细菌性食物中毒预警系统

食品安全风险预警的目的是预先发现食品安全隐患，避免或减少食源性疾病的发生。上海市历年来的食物中毒统计资料显示，细菌性食物中毒占本市食物中毒总数的 75% 以上，是本市食物中毒的主要类别。文献表明，细菌性食物中毒发生具有一定的规律，与影响食品中致病性细菌存在和消长的各项因素（如温湿度等气象条件、食品中微生物污染等）密切相关。如当气温升高、湿度增大或食品污染物监测发现致病菌检出率增高时，细菌性食物中毒就呈现高发态势。因此，对细菌性食物中毒开展风险预警，能提醒有关单位和个人采取针对性措施，提前消除食品中致病菌所引起的食物中毒隐患，有着非常现实的意义。

2010 年以来，原上海市食品药品监督管理局通过系统收集细菌性食物中毒资料，以及通过上海市气象局收集同期气象资料，联合开展细菌性食物中毒风险预警工作。具体技术路线如下：一是收集整理本市近 20 年来发生的集体性（10人以上）细菌性食物中毒历史资料（1992—2011 年），包括每起事件的进食时间、发病时间、发病人数、中毒食品、致病因素、中毒原因、中毒现场、肇事单位等，建立细菌性食物中毒历史数据库。二是收集同期本市的历史气象资料，主要包括中毒发生前三天内每一天的最低温度、最高温度、平均温度、平均相对湿度等，开展细菌性食物中毒相关气象因素历史信息分析。三是利用细菌性食物中毒及气象资料，拟合细菌性食物中毒与各主要影响因素之间的相互关系，通过统计学多因素分析方法建立细菌性食物中毒预报数学模型，并利用随后两年的食物中毒和气象真实数据对上述模型进行验证和修正（图 15 - 6）。四是在建立模型的基础上，按照细菌性食物中毒发生的概率大小，建立可向社会公布的分级预警系统。该系统可对本市未来 3 天细菌性食物中毒发生的可能性进行预报，并在具有较大食品安全风险（指易发生食物中毒和可能发生食物中毒）时，通过 IPTV数字电视、东方明珠移动电视每天定时滚动播放细菌性食物中毒预警信息，以提

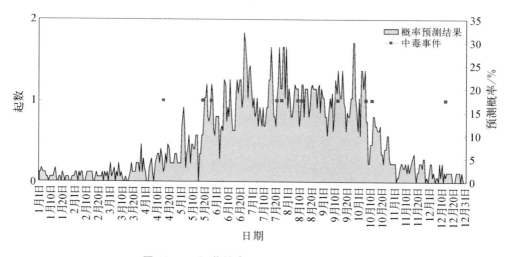

图 15 - 6 细菌性食物中毒事件与预测概率

醒市民和食品生产经营单位积极采取有关措施预防食物中毒，监管部门加强针对性指导和执法检查（表 15－1）。

表 15－1　细菌性食物中毒预警等级描述和提示用语

预警等级	中毒发生可能性	提　示　用　语		
		针对监管部门	针对食品企业	针对市民
Ⅰ级	易发生	加强对餐饮单位、集体食堂、集体用餐配送单位等高风险行业的突击检查；加大宣传预防食物中毒知识的力度	严格控制食品加工、贮存过程中温度、时间等关键点，避免交叉污染，防止带菌操作，落实消毒措施，不供应生拌菜、改刀熟食等高风险食品	生、熟食品存放和加工应严格分开，制作各类凉拌菜要特别注意操作卫生，尽可能不食用生食水产品，饭菜应尽量做到当餐加工、当餐食用，隔顿饭菜食用前要彻底加热回烧
Ⅱ级	可能发生	加大对餐饮单位、集体食堂、集体用餐配送单位等高风险行业的检查力度；加强食品安全知识的宣传和培训	控制食品加工、贮存过程中温度、时间等关键点，避免交叉污染，防止带菌操作，落实消毒措施，食品从业人员必须保持个人卫生	生、熟食品应分开存放和加工，制作凉拌菜要注意操作卫生，饭菜不能当餐食用完的，应及时冷藏，并在下一餐食用前彻底加热回烧
Ⅲ级	不易发生	做好对餐饮单位、集体食堂、集体用餐配送单位等高风险行业的日常监督检查和指导工作；做好食品安全知识的宣传和培训工作	做好食品安全自身管理工作，落实各项预防措施，做好对食品从业人员食品安全知识的培训和教育	注意饮食卫生，增强自我保护意识，自觉抵制无证食品和不洁食品，在食品加工过程中注意操作卫生

参 考 文 献

［1］陈谓. 餐饮服务食品安全行政监管［M］. 北京：中国医药科技出版社，2013.

［2］胡颖廉. 改革开放 40 年中国食品安全监管体制和机构演进［J］. 中国食品药品监管，2018（10）：4－24.

［3］WHO，FAO. Assuring food safety and quality：Guidelines for strengthening national food control systems［R］. Rome：Food and Agriculture Organization of the United Nations，2003.

［4］任筑山，陈君石. 中国的食品安全：过去、现在与未来［M］. 北京：中国科学技术出版社，2016.

［5］孙长颢. 营养与食品卫生学［M］. 8 版. 北京：人民卫生出版社，2017.

［6］张守文. 餐饮服务单位食品安全管理人员培训教材［M］. 天津：天津科学技术出版社，2012.

［7］上海市食品安全工作联合会. 上海市食品从业人员食品安全知识培训教程食品生产分册［M］. 上海：华东理工大学出版社，2019.

［8］张磊. 食品安全就在您的手中-1［M］. 上海：上海文化出版社，2011.

［9］WHO. WHO estimates of the global burden of foodborne diseases［R］. Geneva：WHO，2015.

［10］孙娟娟. 食品安全比较研究——从美、欧、中的食品安全规制到全球协调［M］. 上海：华东理工大学出版社，2017.

［11］赵学刚. 食品安全监管研究：国际比较与国内路径选择［M］. 北京：人民出版社，2014.

［12］胡颖廉. 食安监管 70 年　向治理现代化迈进［N］. 中国食品报，2019－09－30（5）.

［13］张伟清，曹进，陈少洲，等. 英美加三国食品监管法规及监督检查现状

[J]. 食品安全质量检测学报，2017，8（2）：683-689.

[14] 宋丹. 食品安全管理法律制度研究［D］. 沈阳：东北大学，2008：73.

[15] 孙杭生. 日本的食品安全监管体系与制度［J］. 农业经济，2006（6）：50-51.

[16] 张锋. 我国食品安全多元规制模式研究［M］. 北京：法律出版社，2018.

[17] 如何认定是否损害社会公共利益？：最高检第八检察厅负责人就印发《探索建立食品安全民事公益诉讼惩罚性赔偿制度座谈会会议纪要》答记者问［EB/OL］.（2021-06-08）［2021-08-15］. https：//www. spp. gov. cn/xwfbh/wsfbt/202106/t20210608_520675. shtml#3.

[18] 董家伟，刘少军，梁雪琰，等. 民事公益诉讼惩罚性赔偿机制探究：以危害食品安全刑事案件为例［J］. 淮南职业技术学院学报，2022，22（3）：114-116.

[19] 朱炳璋，朱有刚. 山东省首例食品安全领域刑事附带民事公益诉讼案在青岛审结［J］. 食品安全导刊，2019（20）：49.

[20] 李泰然. 食品安全监督管理知识读本［M］. 北京：中国法制出版社，2012.

[21] 孙晓红，李云. 食品安全监督管理学［M］. 北京：科学出版社，2017.

[22] 袁杰，徐景和. 《中华人民共和国食品安全法》释义［M］. 北京：中国民主法制出版社，2015.

[23] 国家市场监督管理总局食品安全抽检监测司. 《食品安全抽样检验管理办法》条文解读［M］. 北京：中国工商出版社，2020.

[24] 顾振华. 食品药品安全监管工作指南［M］. 上海：上海科学技术出版社，2017.

[25] 李雅，陆雯，李文娟，等. 预包装食品标签的基本要求浅析［J］. 现代食品，2021（19）：15-18.

[26] 王璇璇. 探析食品标签要求和信息的审核要点［J］. 食品安全导刊，2021（25）：148.

[27] 金展帆. 农村食品安全现状及监管能力提升的建议［J］. 现代营销（经营版），2019（9）：60-61.

[28] 上海市奉贤区整治农村办酒场所取得实效［J］. 食品与生活，2012（7）：21.

[29] 王晶. 食品安全快速检测技术［M］. 北京：化学工业出版社，2002.

［30］孙远明. 食品安全快速检测与预警［M］. 北京：化学工业出版社，2017.

［31］WHO，FAO. Food safety risk analysis：A guide for national food safety authorities［R］. Rome：Food and Agriculture Organization of the United Nations，2006.

［32］李华明，李董，祭芳，等. CAC 框架下食品安全风险交流机制对我国的启示［J］. 江苏农业科学，2018，46（19）：392－394.

［33］刘旻璋，朱培武. 我国食品安全科普现状与对策建议［J］. 安徽农业科学，2015，43（30）：321－323.

［34］高睿思. 政府食品安全信息公开的"刚性标准"［J］. 商情，2014（11）：254－255.

［35］王宏. 我国政府信息公开途径的探索与完善［J］. 黑龙江省政法管理干部学院学报，2014（6）：26－28.

［36］郑雷军，吴振科，彭少杰，等. 食品安全舆情监测与应对策略研究［J］. 上海食品药品监管情报研究，2014（5）：6－10.

［37］王建华，沈旻旻. 食品安全治理的风险交流与信任重塑研究［J］. 人文杂志，2020（4）：96－103.

［38］丰苏，杜琳，袁刚，等. 运用智慧监管理念　构建统一的食品安全监管平台［J］. 中国市场监管研究，2021（11）：30－34.

［39］马宇飞. 以信息化助力智慧市场监管创新发展［J］. 中国市场监管研究，2020（9）：18－20.

［40］刘鹏，钟晓. 智慧监管真的智慧吗？：基于地方政府食品安全监管改革的案例研究［J］. 广西师范大学学报（哲学社会科学版），2021，57（2）：28－39.

［41］郭文波. 我国信用监管制度的构建与建议［J］. 征信，2021，39（4）：39－43.

［42］韩家平. 信用监管的演进、界定、主要挑战及政策建议［J］. 征信，2021，39（5）：1－8.

［43］辽宁省市场监管局食品安全信用监管课题组，刘建平. 食品安全信用监管对策研究［J］. 中国市场监管研究，2021（6）：29－32.

［44］乐湘军. 加强与改进信用监管的思考［J］. 中国市场监管研究，2021（7）：72－73.

［45］李德惠. 优化营商环境视角下"双随机、一公开"智慧监管模式问题研究［J］. 延边党校学报，2021，37（2）：52 - 56.

［46］戴婵. 食品安全监管方式创新研究：以上海市明厨亮灶工程为例［D］. 上海：上海交通大学，2019：22 - 68.

［47］胡云锋，孙九林，张千力，等. 中国农产品质量安全追溯体系建设现状和未来发展［J］. 中国工程科学，2018，20（2）：57 - 62.

［48］何德华，史中欣. 食品质量安全可追溯系统研究与应用综述［J］. 中国农业科技导报，2019，21（4）：123 - 132.

［49］董云峰，张新，许继平，等. 基于区块链的粮油食品全供应链可信追溯模型［J］. 食品科学，2020，41（9）：30 - 36.

［50］卢江. 对我国食品安全重大风险早期识别与快速预警机制建设的思考［J］. 中国食品卫生杂志，2020，32（2）：113 - 117.

［51］付文丽，孙赫阳，杨大进，等. 完善中国食品安全风险预警体系［J］. 中国公共卫生管理，2015，31（3）：310 - 312.

［52］郑雷军，穆海振，张磊，等. 上海地区细菌性食物中毒预警模型研究［J］. 中国科技成果，2014（17）：41 - 44.